软件开发珠玑

穿越50年软件往事的60条戒律

[美] Karl Wiegers 著

死月 译

Software Development Pearls

Lessons from Fifty Years of Software Experience

電子工業出版社

Publishing House of Electronics Industry

北京•BEIJING

内 容 简 介

本书像牡蛎一样，去芜存菁，将作者五十年来在软件工程领域摸爬滚打得来的经验教训凝结为软件开发珠玑。它围绕需求、设计、项目管理、文化与团队合作、质量、过程改进几个方面，在软件工程的各个角落中挖掘出也许对大家有用的经验教训，让大家在自己的相关职业生涯（包括但不限于研发各领域的工程师、产品经理、设计师、项目经理等）中少走一些弯路，更能如鱼得水。

图书在版编目（CIP）数据

软件开发珠玑：穿越50年软件往事的60条戒律 /（美）卡尔·魏格斯（Karl Wiegers）著；死月译. —北京：电子工业出版社，2024.3

书名原文：Software Development Pearls: Lessons from Fifty Years of Software Experience

ISBN 978-7-121-47352-4

Ⅰ. ①软… Ⅱ. ①卡… ②死… Ⅲ. ①软件工程—研究 Ⅳ. ①TP311.5

中国国家版本馆CIP数据核字（2024）第040064号

责任编辑：张春雨
印　　刷：三河市良远印务有限公司
装　　订：三河市良远印务有限公司
出版发行：电子工业出版社
　　　　　北京市海淀区万寿路173信箱　　邮编：100036
开　　本：787×980　1/16　　印张：15　　字数：329千字
版　　次：2024年3月第1版
印　　次：2024年3月第1次印刷
定　　价：100.00元

凡所购买电子工业出版社图书有缺损问题，请向购买书店调换。若书店售缺，请与本社发行部联系，联系及邮购电话：（010）88254888，88258888。

质量投诉请发邮件至zlts@phei.com.cn，盗版侵权举报请发邮件至dbqq@phei.com.cn。

本书咨询联系方式：faq@phei.com.cn。

一如既往地，献给 Chris！

推荐序

这本书的作者是 Karl Wiegers。Karl Wiegers 经常在国际会议上发表演讲，并为各种组织提供培训和咨询服务。他的专业知识和经验使他成为软件开发和管理领域的权威人物。

《软件开发珠玑》一书，以作者亲身经历，用案例的形式讲解软件开发过程中的各种经验教训。与传统软件工程领域中的图书相比，本书的特点十分鲜明：放弃说教和理论，以各种真实案例来阐述核心观点与方法论。

作为一名在互联网和软件行业工作十余年的老兵，我在读此书时总能被唤起一些美好或者痛苦的回忆；读到有些段落，不禁会心一笑。作者的文风带一点儿冷幽默，讲到某些案例时，本书尽管严格保持着严谨、中立的语气，却能让人感受到十分鲜活的人物情绪，使读者在阅读的时候能与作者共情。本译本尽可能地保持了原文的风貌。由于对于案例背后所涉及的软件知识，作者有深刻的分析和巧妙的解决方案，因此阅读本书好像在听一位业界前辈在分享他过往取得的经验。

本书译者死月是我的好友和前同事，他有阿里、字节跳动等大厂的工作经验，同时他也是技术社区的热情贡献者，是中国为数不多的 Node.js 开源项目的 Collaborator（协作者）。多年来，死月在技术图书的编写和翻译领域保持着令人惊叹的投入度，除了翻译本书，他自己著有《Node.js：来一打 C++ 扩展》，译有《JavaScript 悟道》《精通 Vim》，同时他还是《趣学 Node.js》掘金小册的作者。这位有实际开发经验又有丰富写作及翻译经验的译者，保证了本书的质量。希望未来能看到他的更多作品。

程劭非 @winter

中国计算机学会技术前线前端组执行主席，手机淘宝前前端负责人

2023 年 11 月 6 日

推荐语[1]

很多人认为软件开发就是一个与写代码相关的技术活儿，所以一开始看到《软件开发珠玑》这个书名时，我也以为这是一本讲“怎么让你的代码写得更优美”的图书，但后来我发现我错了。从更广义的角度来说，职业领域的软件开发是一个综合性的大工程，它包括与客户的沟通交流，需求对齐与功能设计，项目统筹与团队协作，架构设计与代码开发等，是产品、研发、质量管控、项目管理等多种专业岗位通力合作的过程。本书从宏观的角度，通过需求、设计、项目管理、文化与团队合作、质量、过程改进等章节分享了大量的实战经验，全面地展示了软件开发过程。不论你处在什么岗位，处在软件生命周期的哪个环节，只要打开此书，都将受益良多。

陈希宁

启明星辰云安全专家，华为云前 IaaS 网络开发工程师

经过几个周末的阅读，我终于完成了对这本书的学习。这本书精彩地总结了软件开发过程中的实践经验和教训，深入剖析了各种挑战，并系统地总结了可行的应对策略。中文版的翻译非常流畅，让人几乎感觉不到这是一本译著，毫无违和感。在阅读的过程中，我产生了两种明显的情绪。一种是:我曾经历过这个经验教训，书中对其进行了结构化的梳理，加深了我的认知。另一种是：尽管我没有直接体验过某些部分介绍的经历，但书中的阐述拓宽了我对这个场景的视野。总的来说，这本书是软件工程领域难得的经验教训总结，绝对值得我们细细品味。

董必胜

字节跳动 Dev Infra 产品负责人

1　国人推荐语按姓氏拼音排序。

读本书就像和一位老师傅交谈，他娓娓道来，想把自己在软件开发方面的经验教训都讲给你听。本书包含作者在软件开发领域的系统性的经验总结，还包含各种他踩过的“坑”，其中不少地方让我会心一笑。作为一名软件开发者，如果你遇到一些困难或者困惑，不妨带着你的问题来向这位“老师傅”请教一番，他很可能让你获得启发。另外，值得一提的是本书的翻译，语言轻松、流畅，为本书增添了几分色彩。

房燕良

腾讯 IEG 技术专家，《仙剑奇侠传 3》主程

通读全文，我认为这是一本非常全面、实用和有价值的软件开发图书。作者作为软件开发领域的资深专家，在书中分享了他几十年积累的经验和见解，内容涵盖了软件开发的所有重要环节。从需求分析、设计、项目管理、团队合作、代码编写到质量测试、改进，作者结合具体案例和经验教训，辅以图表说明，提供了大量的实用建议。作为一名从事软件开发多年的人员，我深感其中的复杂性和多样性，但这也正是软件开发的魅力所在。

强烈将这本书推荐给所有软件开发人员，无论是初学者还是经验丰富的开发人员。对于初学者来说，这本书通俗易懂，可以帮助他们快速掌握软件开发的基本知识和技能，少走弯路；对于经验丰富的开发人员来说，这本书可以帮助他们巩固和提高软件开发水平，并能从中获得新的见解。这是一本非常值得一读的软件开发图书。

胡久霖

谷歌高级软件工程师

阅读这本书时，我能深刻感受到作者在写本书时，是多么想将他多年在软件开发过程中积累的宝贵经验教训分享给大家。软件开发是一个复杂的系统性工程，本书从需求、设计、项目管理、文化与团队合作、质量及过程改进 6 个方面，通过丰富的经验教训和实际案例，环环相扣，全面展示了各个环节中可能会踩到的“坑”，便于读者理解精华并将其应用到实际软件开发过程中。作为大型系统软件的开发人员，我非常荣幸地将这本实用且语言轻松的图书推荐给所有软件开发行业的从业者，相信大家在阅读过程中一定会有所收获。

胡庆达（执壹）

阿里巴巴高级技术专家，PolarDB 基础设施负责人，清华大学博士

这是一本涉及需求、设计、项目管理、文化与团队合作、质量及过程改进 6 个方面的

软件开发和管理领域的图书。它提供了丰富的经验教训和实际案例，阅读后可让你在工作中更加游刃有余。作为一名从业多年的产品经理，我对其中需求与设计两个方面深有感触。作为开发人员，如果可以更好地理解需求，那么就可以和产品经理一起从用户视角去思考更合理的解决方案；如果在设计系统时预留了较好的可扩展性，就可以让那些不太靠谱的产品经理无机可乘。总之，本书是一本非常实用的图书，如果你想在软件开发和管理领域获得更多的“避坑”经验，那么这本书一定要放在你的电脑旁。

黄继久

阿里巴巴、网易前资深产品经理

这不是一本关于编程的图书，它介绍了软件是如何设计开发的。相较于其他介绍软件工程的图书，本书提供了一个更贴近实战开发者的视角，通过需求、设计、项目管理、文化与团队合作、质量、过程改进等方面一系列的经验教训告诉读者应该怎么做，以及应该避免怎么做。软件开发工作实属不易，开发人员在软件开发过程中面临着各种各样的失败风险，希望本书能够给参与软件开发的实战者提供一个生存指南。

李启雷

浙江大学软件学院副研究员

本书是一本集结了作者 Karl Wiegers 在其丰富的软件和管理领域经验教训的图书。通过详细的分析和实用的例证，书中呈现了 60 个深刻的经验教训，旨在帮助读者不要陷入常见的软件开发陷阱。书中介绍的每个经验教训都被细致解释，以便读者可以将这些知识应用于实际工作，不仅为软件开发人员提供了宝贵的指导，同时对项目经理和其他涉及软件开发的专业人士也有着重要的参考价值。译者死月准确地传达了作者的观点和经验教训，为中文读者提供了一个无缝的阅读体验。

李玉北

字节跳动工程师

这是一本非常接地气且易于理解的图书。本书作者依据其多年丰富的工作经验，辅以其清晰实用的观点，并选择其职业生涯中遇到的各种有代表性的例子来为读者解读软件工程在实际工作中的应用场景。

虽然本书并未过多涉及具体的技术细节和代码样例，但个人认为不论是从开发、设计的角度出发，抑或是在产品、项目层面思考问题，本书都能为软件从业者提供非常具有参考意义的案例分析，以及对其背后软件工程思想的具体解读。

作为深耕一线多年且参与过多个大型系统研发的软件从业人员，我很荣幸能阅读此书并将其推荐给所有有需要的同行。

马安东
EA 高级软件工程师

如果你想在软件开发和管理领域积累更多经验，那么这本书绝对是你不可错过的宝藏。本书包含需求、设计、项目管理、文化与团队合作、质量、过程改进 6 个方面的内容，它不仅提供了丰富、实用的工具和方法，更重要的是，作者分享了许多宝贵的经验教训，让人印象深刻。阅读完毕，你会对这些经验教训深深地产生共鸣，并能够预先掌握书中介绍的实践中的技巧。对于产品经理而言，需求和设计方面的内容尤为精彩。当开发人员更好地理解了需求时，便能够从用户的角度出发思考更优秀的解决方案。同时，在设计系统时预留良好的可扩展性，也有助于防止不够靠谱的产品经理导致的问题。总之，这本书是一本非常实用的软件开发指南，一定能让你受益匪浅。

谭敏仪（覃一）
蚂蚁集团体验设计专家

软件开发从来不是一件简单的事。这本书很有意思，从多方面提供了一些实践与认知，让软件开发变得也不是那么复杂了。有趣又有用的一本书，值得收藏。

王保平（玉伯）
语雀创始人

很多时候，我们的行为和选择都基于潜意识，直到事情做完后，我们才意识到自己的错误。通过复盘、反省，在发现问题的同时，将正确的处理方式转化成默认的行为，当外部条件触发时，自动执行正确的行为方式，如此一来，我们便完成了底层能力（操作系统）的升级。要知道，好的软件在低版本的操作系统上运行，会限制其卓越性能的发挥，而吸纳、借鉴他人成功与失败的经验有助于我们快速升级自身的操作系统。

徐磊（啊磊）
蚂蚁集团 RichLab 前端技术专家

这是一本非常适合软件开发从业者阅读的优秀图书，它涵盖了软件开发生命周期中几个主要的主题，包括需求、设计、项目管理、文化与团队合作、质量及过程改进。书中的不少观点是基于作者在软件开发领域丰富的经验产生的，并结合了许多现实中的例子来进行阐述。这使读者更易于理解这些并将其应用到实际工作当中。作者还提供了许多有用的技巧和方法论，用以预防缺陷和其他问题。

总之，我向所有软件开发行业的从业者或是想要进入此行业的人强烈推荐这本书，无论你是新手还是已有多年开发经验，阅读这本书都能让你有所收获。

赵星安

字节跳动质量架构资深工程师

读完这本书，我有很多收获和惊喜。虽然书名是《软件开发珠玑》，但是作为一名 UI 设计师，我认为书中介绍的每一条经验教训都是可以反复阅读、思考和实践的。

朱胜格

浙能数科 UI 设计师

这是一个关于 Karl 在其漫长而杰出的职业生涯中取得的经验和教训的集合。本书回顾了 Karl 在这一路上学到的所有好东西（以及一些不好的东西）。然而，这并不是一系列“在我那个年代是这样的”的格言，而是与今天的软件开发密切相关并能使任何参与其中的人受益的经验和教训。这本书非常令人惊讶。它不仅是智慧珠玑的一览表——每一条经验教训都经过了仔细的论证和解释，每一条经验教训都解释了它对你为什么重要，而且最重要的是，告诉了你如何将每一条经验教训应用到现实工作中。

James Robertson

《掌握需求过程》的作者

要是能在职业生涯初期就获得一生的经验——这个时候它最有用，且不必为自己的经历中不可避免的错误买单，那该多好啊。Karl Wiegers 在半个世纪的软件和管理生涯的大部分时间中都充当着顾问的角色，他经常被要求处理其他人制造的灾难。在本书中，Karl 列出了他遇到的最常见和最严重的问题。了解最昂贵的“坑”在哪里及了解人们一次又一次地犯哪些错误是很有价值的。

Karl 不仅是一位“灾难拯救者”，他还精通业务分析、软件工程和项目管理方面的技术。因此，从 Karl 的经验和学识中，你将获得简洁且重要的见解，了解如何从挫折中恢复及如何避免这些挫折。

46 年前，我很幸运地偶然读到了 Fred Brooks 的经典著作《人月神话》，它让我对新职业有了深刻的见解。Karl 的书与之相似，但范围更广，更适应当今世界。我的半个世纪的职业经验证实了他在本书中选择的经验教训是非常正确的。

Meilir Page-Jones
Wayland Systems 公司高级业务分析师

Karl 又创作了一本充满建议的精彩图书，适合软件开发人员阅读。他的智慧将与所有开发专业人员和学生产生共鸣——无论年轻的人还是年长的人，新手还是经验丰富的人。尽管我已经从事软件开发多年，但这本书及时提醒了我和我的团队哪些事情应该做得更好。我迫不及待地想让我们的新手团队成员阅读这本书。

本书的根基在于作者多年来实际操作项目的经验，以及作者为支持这些经验而进行的深入研究。与 Karl 的所有著作一样，本书保持轻松愉快的风格，充满了令人感同身受的故事和一些有趣的评论。你可以从头到尾地阅读，也可以直接阅读与你今天想要改进的领域相关的特定部分。这是一本既有趣又实用的书，你绝对不会失望！

Joy Beatty
Seilevel 公司副总裁

Karl 的这本书成功地实现了一个具有挑战性的目标：捕捉和阐述许多你在培训中可能无法接触到的、大多数从业者通过艰苦摸爬滚打才能学到的，并且的确对开发优秀软件有重要作用的见解。

虽然本书的结构让你不得不与自己的经验建立联系，以及确定如何改变自己的行为，但它的内容才是闪光点：包含了“59+1”条教训，涵盖了软件开发生态系统的广泛领域。这些见解将帮助你节省时间，更有效地与各方协作，构建更好的系统，并改变你对常见误解的看法。本书易于阅读，并得到了很多其他领域的专家的支持，这些专家在他们的工作中也发现了这些相同的见解。

这些经验教训确实是珍珠：永恒而宝贵的智慧元素，让你在开发优秀软件方面变得更出色，无论你在职场中承担的是什么角色。你应该考虑购买两本《软件开发珠玑》：一本给自己，一本给团队中的其他人，让他们也能拾起并发现属于他们自己的珍珠。

Jim Brosseau

Clarrus 公司创始人

这是一本对任何参与软件开发的人都非常适用的优秀图书。本书一个独特（且不寻常）的挑战是如何将内容组织成一条条独立的经验教训。一旦你阅读它们，它们就会成为令人难忘的浓缩知识块，在你需要它们时涌现在你的脑海中。最近，当我与一位高级主管讨论敏捷开发项目中对需求能力的要求时，我立即想到了“经验教训 8：需求就是要清晰沟通，不要用鬼话迷惑涉众”。

从个人经验来看，我可以证实“经验教训 22：系统问题，接口尤甚”的价值，仅仅因为我没有给予足够的关注，系统就受到严重伤害。从事软件开发的人最终都会痛苦地积累到这些关于将来该做什么和不该做什么的经验。这本书将有助于减少未来遇到的痛苦。正如 Karl 在经验教训 7 中所说的，“好记性不如烂笔头”，这不仅是对实践者的良好建议，而且也清晰地表达了你为什么应该购买这本书。

Howard Podeswa，

The Agile Guide to Business Analysis and Planning: From Strategic Plan to Continuous Value Delivery

一书的作者

译者序

相较很多同龄人来说，我的编程之路更长一些。从小学开始，接触过的语言有很多，从 HTML 到 ASP，再到 PHP、Pascal 等，直到大学我读上了小时候梦寐以求的计算机科学专业。从某种意义上来说，我可以算得上所谓的“科班出身”了。

然而，在这么长的路上，我对“软件工程”的认识一直在变化，从一无所知，到嗤之以鼻，再到现在的开始仰望。早期过于追逐技术，忽略了在整个软件开发体系中非常重要的“软件工程”这一组成部分。现在回过头来看，我非常后悔在大学、研究生学习期间过早地把相关课本“压箱底”了，学得也很随意，只求不挂科。这导致我在后来的实际工作过程中走了很多的弯路。在这里给我大学、研究生时期相关课程的老师道个歉——学生调皮了。

软件开发从来不只是“技术活儿”，这里的“技术”特指编码。它涉及方方面面，更多时候都是事关“人”的问题。在工作多年后，踩了足够多的“坑”，也遇到过职业瓶颈，那时我才明白这个道理——属实开窍得有些晚了。在实际的工作过程中，我们会发现，“写代码”通常是最简单的一件事情，甚至不一定会成为最重要的事情。如何参与梳理需求以让后期开发更稳健，如何看待设计、体验相关的事情，如何进行项目管理以让各方面达到预期，如何使团队上下一心往一处使劲，如何抓质量，如何进行过程改进等，这些才是我需要狂补的课程。

以前我自己也写过图书——《Node.js：来一打 C++ 扩展》，也翻译过图书——《JavaScript 悟道》《精通 Vim》。我一直秉持着“最好的学习方式就是输出”的原则，之前写作和翻译的过程，同样是我对相关知识学习、精进的过程。就像我前面写的，我一直想找个机会加强一下“软件工程”相关知识的学习，但苦于一直没有精力，其实这也是我为自己“摆烂”找的一个借口。当听到有一个机会可以翻译《软件开发珠玑》这本神奇的软件工程图书时，我毫不犹豫地就答应了下来——终于有压力迫使我去学习这方面的知识了。边学边做一些微末的贡献，何乐而不为呢？

在翻译完这本书之后，我对软件工程，对需求、设计、项目管理、文化与团队合作、质量和过程改进有了全新的认知，我也可以尝试着为自己摘下“只会写代码”的标签了。相信在未来的职业生涯中，这本书给我带来的知识能让我在各个地方发光发热，在某种意义上可以帮我突破一些瓶颈。

同样，我期望这本书也能在正在阅读此书的你未来的职业生涯中，以某种形式为你带来一些不一样的视角，帮你更轻松地解决一些可能本来不那么容易解决的问题。能翻译这本书，对我来说，已经很值了；如果这本书还能为更多人提供价值，那真的是超值了。

最后，我非常感谢这个计算机技术高速发展的时代，让 1998 年尚是孩童的我就接触到了计算机。感谢给本书写推荐语的同行们，其中有好几位都是我在高中 OI（Olympiad in Informatics，信息学奥林匹克）竞赛时期的战友，他们现在大多都在各自行业中成了专家。感谢我在 OI 时期的教练、在计算机之路上为我启蒙的王震老师。

感谢我的妻子，她的支持是对我最大的鼓励，如果没有她，这本书的问世也许会更晚。感谢我的父母，在背后默默支持我的事业，在我很小的时候，他们就一直支持我的梦想，从不反对我异想天开的想法，这才让我能在软件开发领域一路走下来。最后，感谢博文视点的侠少约我翻译这本书，感谢本书的编辑刘舫协助完成这本书的出版。

死月

2023 年 10 月 21 日于杭州

读者服务

微信扫码回复：47352

- 获取本书配套资料[1]
- 加入本书读者交流群，与译者交流互动
- 获取【百场业界大咖直播合集】（持续更新），仅需 1 元

1　扫码可获取本书参考文献的链接列表。

序言

Karl Wiegers 在获得有机化学博士学位后，来到位于纽约州罗切斯特的柯达公司担任研究科学家。Karl 在接受这份工作之前通过了柯达的面试，他认为自己了解这份工作的性质。他的研究将涉及摄影胶卷、照片冲洗及相关项目。

当 Karl 来到柯达时，他被引导穿过一道光感锁，进入实验室。光感锁就像潜艇上的气闸，确保没有光线进入保持完全黑暗的房间。Karl 穿过光感锁后，他的眼睛需要几分钟才能适应微弱的实验室光线。没人告诉 Karl，他的研究实验室竟然是一间暗房。

Karl 很快意识到了这一点，他可不想真的在黑暗中度过职业生涯，于是转行成为软件开发者，然后是软件经理，最后成为软件过程与质量改进领导者。后来，他创建了自己的公司——Process Impact。

这本实用的图书是 Karl 试图将他人对软件开发的认识从黑暗引领至光明的尝试。与 Karl 的其他图书一样，这本书里更多介绍的是实践而非理论。本书重点关注 Karl 直接参与的领域，尤其是需求、过程改进、质量、文化与团队合作。

Karl 并未解释为何将这本书命名为《软件开发珠玑》。珠玑的生成过程始于一颗沙粒等刺激物陷入牡蛎体内。为了保护自己免受刺激物的侵害，牡蛎逐渐分泌物质包裹住刺激物。这个过程漫长，但最终刺激物变成了一颗有价值的珍珠。

Karl 是我认识的最有思想的软件开发者之一。他对职业生涯中遇到的软件开发问题进行了深入的思考，本书收录了他总结的最有价值的 60 个观点。

Steve McConnell

Construx Software 公司，《代码大全》作者

致谢

在超过五十年的时间里，我这可爱的大脑里装满了软件开发、项目管理和过程改进的奥秘。从图书、文章、专业课程和各种会议演讲中学习的机会，我一个都没落下。我感谢所有的教育者，无论是传授一点儿有用的知识，还是让我对某个领域的某个部分有全新的理解的人。在心存感恩的同时，我还要向 Steve Bodenheimer 和 Joyce Statz 博士致敬。几十年后，你心中还能记住多少专业讲师的名字呢？

翻开软件工程的大量文献，智慧如海，我如痴如醉。诸如 Mike Cohn、Larry Constantine、Alan Davis、Tom DeMarco、Tom Gilb、Robert Glass、Ellen Gottesdiener、Capers Jones、Norm Kerth、Tim Lister、Steve McConnell、Roxanne Miller、James Robertson、Suzanne Robertson、Johanna Rothman 及 Ed Yourdon 等大师的著作，让我豁然开朗。如果你还没有读过他们的著作，那么现在就去读吧。多年来，能与如此众多睿智的作者和顾问成为朋友是我难得的荣幸。

与才华横溢的软件工程师共事，简直是洪荒之力与我同在。观察别人的工作方式，你可以学到很多。作为我的公司 Process Impact 的首席顾问，我为约 150 家公司和政府机构提供过培训和咨询服务。我感谢所有客户及参加我培训课程的学员与我分享他们的失败和成功的故事。这些分享帮助我了解在各种现实情况下哪些技巧管用，哪些不管用。我已经将从这些众多来源学到的所有东西提炼成本书中的经验教训。

在写书的过程中，很多朋友与我探讨了他们的宝贵经历，如 Jim Brosseau、Tanya Charbury、Mike Cohn、David Hickerson、Tony Higgins、Norm Kerth、Ramsay Miller、Howard Podeswa 和 Holly Lee Sefton。特别感谢 Meilir Page-Jones、Ken Pugh 和 Kathy Reynolds，他们慷慨分享故事，耐心解答疑惑。也感谢那些提供有见地的引文来补充我个人观察的人。

还要感谢那些提供了深刻见解的朋友，Joy Beatty、Jim Brosseau、Mike Cohn、Gary K. Evans、Lonnie Franks、David Hickerson、Kathy Iberle、Norm Kerth、Darryl Logsdon、

Jeannine McConnell、Marco Negri、Meilir Page-Jones、Neil Potter、Ken Pugh、Gina Schmidt、James Shields、John Siegrist、Jeneil Stephen、Tom Tomasovic 及 Sebastian Watzinger，他们的智慧让我豪情满怀。也感激那些对原稿提出宝贵意见的同仁，Tanya Charbury、Kathy Reynolds、Maud Schlich 和 Holly Lee Sefton，是他们让这本书更上一层楼。要特别感谢 Gary K. Evans，他允许我修改了一幅关于设计接口的有用图表。

感谢 Haze Humbert、Menka Mehta 及出版社的编辑和制作团队，他们的辛勤工作让我的手稿脱胎换骨。

最后，我要感激我的妻子 Chris，她忍受了我又一次的写书狂潮。

关于作者

自 1997 年起，Karl Wiegers 一直担任位于美国俄勒冈州欢乐谷的一家软件开发咨询和培训公司——Process Impact——的首席顾问。在此之前，他在柯达公司工作了 18 年，曾担任过摄影研究科学家、软件开发人员、软件经理及软件过程和质量改进领导。Karl 拥有伊利诺伊大学的有机化学博士学位。

Karl 共著有十二本书，包括 *The Thoughtless Design of Everyday Things*、《软件需求》、*More About Software Requirements*（《更多软件需求：实际问题解决方案》）、《成功软件项目管理的奥秘》、《软件同级评审》、《聪明的商业咨询师》及一本侦探推理小说 *The Reconstruction*。他还撰写了许多关于软件开发、管理、设计、咨询、化学和军事史的文章。Karl 有几本书获得了较高的奖项，最近一次是，他与 Joy Beatty 合著的《软件需求》（第 3 版）获得了美国技术传播协会的卓越奖。Karl 曾担任 *IEEE Software* 杂志编辑委员会的成员，以及 *Software Development* 杂志的特约编辑。

在工作之余，Karl 热衷于品酒、在图书馆做志愿服务、为孤寡老人送餐、弹奏吉他、创作并录制歌曲，他还酷爱阅读军事、历史和旅行方面的资料。

目录

第7章 过程改进 174

第1章

吸取经验教训

就我所知，没人敢打包票说自己打造的软件是有史以来最好的。人们都是一边学习更好的工作方式，一边使自己的软件变得更好，如此良性循环。这本书就可为这些工作方式提供一些捷径。

亲自实践是最能让我们一路坚持的学习机制，当然也是最痛苦的一种学习方式。每当我们尝试一种新的方法时，总免不了磕磕绊绊，或者干脆直接失败。在这种学习方式下，我们必须遵循合理的学习曲线，同时还要接受由于学习、理解以及尝试新方法所带来的短期效率低下。

不过幸运的是，我们有其他替代的学习机制。很多人也许已经踩过相应的“坑”了，他们会得出一些经验以及奇技淫巧，我们可以通过学习这些内容来使我们的学习曲线变得平缓。本书就是一个软件工程和项目管理的珠玑藏馆——由我的个人经验与平日从其他人身上挖掘到的见解组成。当然，你肯定会有自己的一些经验与教训，也不一定百分百同意书中介绍的内容。这自然是极好的，毕竟每个人的经历都独一无二。但我仍要说，本书中的内容都是我在我的软件开发生涯中探寻到的珍宝。

我的视角

我先介绍一下我的背景，以说明我是如何积攒这些经验的。1970 年，我在大学期间学习了我的第一堂计算机编程课，毫无疑问，学的是 FORTRAN 语言。第二年夏天，我开始了我的第一份工作，将我大学的经济资助基金管理处的一些操作进行自动化——我一个人完成了它。当时我修了两个编程学分，所以我应该算是一个软件工程师了吧。虽然我的背景有限，但项目出乎意料的成功。后来我又上了两门与编程相关的课程，不过也就仅此而已了。我其他的关于软件工程的知识都是我自己从图书、培训课、实践以及同事那里习得的。这种野路子出身的软件工程师在当时并不少见，我们以不同背景汇聚到一起，缺乏正规的计算机相关教育。

早些时候，我在各种软件相关的工作上花了大量时间：需求开发、应用设计、用户界面设计、编程、测试、项目管理、撰写文档、质量工程及过程改进。一路上，我也会走一些旁门左道，例如获得了一个有机化学博士学位。我当时的博士论文中有三分之一的内容是分析实验数据和模拟化学反应的软件代码。

在我于伊士曼柯达公司（当时是一家非常成功的巨头公司）任职研究科学家的职业生涯早期，我使用计算机来设计和分析实验。不过很快我就转岗成为一名全职的软件开发工程师，为柯达研究实验室编写应用程序，并且在短短几年内就开始管理一个小型的软件开发团队。我发现我的科学背景与思维能引导我采取相较于他人更系统化的方式进行软件开发。

我于 1983 年写下了我的第一篇关于软件的文章。从那时起至今，我已经写了 8 本书及许多文章，涉及该学科的许多方面。自 1997 年以来，我作为一名独立顾问与培训师已在不同领域服务了将近 150 家公司与政府机构。这些沟通经历让我观察到了在软件项目中那些有用的技术——当然包括一些在当时还不那么有用的技术。

我对软件开发与管理的许多见解都来自我自身的项目经验。有些是有益的，但也有些挺令人失望的。还有一些知识是从我的咨询客户中习得的，这些知识通常都来自一些进展不那么顺利的项目——毕竟没人会在一切顺利的时候找顾问。我写这本书的目的是不让你们走我“踩坑”的老路、步我的后尘。一位经验丰富的软件工程师在读了本书的教训清单后评论说：“每一点都太扎心了，有些还不止扎过我一次。”

关于本书

本书介绍了关于软件开发和管理的 59 条经验教训，分为 6 个领域，每个领域占用 1 章的篇幅。

第 2 章：需求

第 3 章：设计

第 4 章：项目管理

第 5 章：文化与团队合作

第 6 章：质量

第 7 章：过程改进

最终，在第 8 章还会介绍一个需要你时刻牢记的经验，它会助你前行。所有的这 60 条经验教训都会收录在附录中，以便大家参考。

我并没有想着给大家提供一份这 6 个领域大而全的经验集合。每个领域都复杂至极，没人能完全梳理明白。而且我也没有过度涉及软件开发的其他领域，如编程、测试及配置管理等。我在这里推荐几本由其他作者编写的图书：

- 《编程珠玑》，Jon Bentley，2000 年。
- 《软件测试经验与教训》，Cem Kaner、James Bach 与 Bret Pettichord，2002 年。
- 《代码大全》，Steve McConnell，2004 年。
- 《Google 软件工程》，Titus Winters、Tom Manshreck 与 Hyrum Wright，2020 年。

本书中介绍的经验教训的主题大多彼此独立，所以你可以按你自己喜欢的节奏与顺序进行阅读。每一章都以相关的软件领域概述开始。然后通过几个“初体验”来让你在深入阅读本章内容之前复习一下你之前在该领域可能获得的经验。比如帮助你回想一下你的团队之前在该领域遇到的一些问题、这些问题的影响，以及问题的根源。

每一条经验教训都会简要阐述一个核心观点，然后就该观点对团队可采取的措施进行讨论和建议。当你读完每一章时，你都有可能发现其与你息息相关。在本书中，“书本”图标表示一个故事，该故事可能来自我的个人经历，也可能来自与我的咨询客户的互动，又或者是同事与我分享的经验。所有的故事都是真实的，但为了保护隐私，里面人物的名字都不是真名。除了“书本”图标，我还会在每条经验教训描述中的关键点边上标注一个“钥匙”图标。若一条经验教训中交叉引用了其他的经验教训，那我会用一个由箭头表示引用的图标表示。

在每一章的末尾，我都会提供一节“下一步”的内容，它会帮助你梳理和计划如何将本章学到的内容应用于你的项目、团队或组织。无论你目前开展的是何种项目，遵循哪种生命周期，也无论你正在做什么产品，都应该寻找一下每条检验教训背后的想法，思考一下如何采取措施来让你的项目更成功。

相对于独自思考来说，跟你的同事一起完成“初体验”和“下一步”可能会更好。我曾开过上百堂课，在每堂课的开始，我都会让大家分组讨论他们团队曾遇到过的与课程相关的问题，也就是“初体验”；在每堂课的最后，我又会让大家分组探讨解决这些问题的方法，也就是“下一步”该怎么做，集思广益，举一反三。我的学生们一致认为这种做法对于他们来说是很有用的。不同的利益相关者对项目不同方面的进展有不同的观点。结合这些观点，可以对他们目前的做法有一个全面的了解，并让他们有机会选择最佳实践方案。

我希望我的许多经验教训能与你产生共鸣，并且可以激励你在项目中尝试不同的东西。当然，这个过程不可能一蹴而就。个人、团队及组织只能以一定的速度吸收这些经验并产生变化，以把项目完成好。本书的最后一章“然后呢”，将帮助你规划出一条将经验教训转化为行动的道路。那一章还会提供一些关于实施变革优先级的建议，并帮你制订一个计划，让你在行动上能得到一定的提升。

术语说明

在本书中，我或多或少地交替使用了系统、产品、解决方案和应用这些术语。它们只是指你的项目所创造的一些可交付成果，不要对我在特定地方使用的任何术语进行过度解读。无论你从事的是企业或政府的信息系统、网站、商业软件应用，还是带有嵌入式软件的硬件设备，这些经验教训及其相关实践都将广泛适用。

你的收获

除非你已站在构建软件领域金字塔的顶端，否则我认为你还是有一些可以改进的空间的。无论是作为个体从业者、项目团队或者是组织，我们都需要不断提高自己的能力；我们都需要尽量少“踩坑”。

2020 年，一位名叫 Zachary Minott 的初级开发者对他是如何胜过更有经验的开发者提出了一些深思熟虑的看法。他坦然接受并承认自己的“无知”，对于那些他不知道的内容，系统地去学习，并付诸实践。“如果说我有什么超能力的话，那就是快速学习并立即将我所学的东西应用到我正在做的事情上。”Zachary 如是说。这就是他发现的可以掌握学科知识的关键因素。

我们都需要不断提高自己的能力；我们都需要尽量少“踩坑”。

也许你想过去参加一门课程，以此来学习新的技能或改进你目前的工作方式。然而在你上课的时候，工作内容可不会减少，它会堆积如山。然后你就很容易忽视你所学到的东西，继续像往常一样工作——急于求成。这只是为你求了个心安——至少我学了，但这只是掩耳盗铃，并不是真正的改进方法。

而我则采取了另一种方式——在每个项目中选两个领域，使其变得更好。我会为学习对应内容预留出一些时间，并尝试将新的理解应用起来。并非每次都能成功，但我的方法使我逐渐积累了一些有用的技能。

你也试一下吧。不要只是“阅读”这本书，而是要采取“下一步”行动。请与你的同事一起尝试应用所学到的实践，然后为其制定一个预期目标，希望它能帮助你完成什么事。接着列一个你想学习的其他知识的清单，然后继续学习，如此循环往复。从长远来看，你会一直走在他人前面。

第2章 需求

何谓需求

每个项目都有其指向的目标或结果。同样，每个项目都有需求，这些需求或满足商业需求，或填补市面上产品的空白。大多数项目在初期对需求细节有着相当大的不确定性。随着客户了解更多信息，开始着手对项目团队的初始调查信息及其探索出的解决方案给出反馈，这些细节会逐渐变得清晰。需求可能被精确地记录下来，也可能只存在于相关人员的脑海里。无论是哪种情况，如果我们对需求没有明确和共同的理解，团队就不可能实现目标。

团队总归会发现客户的所有需求，或者至少是大部分需求。在团队自认为开发工作完成之前，我们应该尽早发现这些需求——越晚发现，投入的成本就越高，开发人员也会越痛苦。

不同的需求类型

需求需要探索，而不是仅仅简单询问用户想要什么。（参见经验教训11。）而对这件事的第一个挑战就是——每个人对需求的定义不同。相关的文献对“需求”给出了很多定义，如下就是一个广泛的定义（Wiegers和Beatty，2013）：

> 对于客户需求或目标的陈述，或对于产品满足此类需求或实现此类目标必备的条件或者能力的陈述。一个产品为其相关方提供价值所必备的属性。

需求这个词包含了大量信息。表 2.1 梳理了几种不同的需求类型（Wiegers 和 Beatty，2013；IIBA，2015）。软件从业者对每一类的称呼并不一致。如何称呼不重要，重要的是要认识到我们需要探索、记录并将这些不同类别的信息传达给工作中的上下游伙伴。

表 2.1：需求的几种类型

需求类型	简释
业务需求	定义了项目的业务目标。可记录在项目的愿景与范围文档、项目章程或商业案例中
用户需求	定义了用户能通过产品完成的活动、任务或目标。通常以用例或用户故事的形式表示。有时被概括为涉众需求，它包含了产品用途以外的更广泛需求
解决方案需求	定义了解决方案满足涉众需求所需要的能力
功能需求	定义了产品在特定条件下必须表现出来的行为。大部分解决方案的需求都是功能需求。开发人员通过编码来满足功能需求，而这些功能需求与特定的用户需求是一致的
非功能需求	是解决方案需求的一个方面。在最常见的情况下是指产品必须表现出的质量和运行特征，也叫质量属性
外部接口需求	定义了产品与外界的联系。包括用户、其他软件系统、硬件设备和通信机制
转换需求	定义了产品必须满足的条件，以便于从当前状态转换到未来状态

简而言之，业务需求描述了组织为什么要开展这个项目。用户需求描述了用户能用产品做什么。功能需求告诉开发人员要构建什么。对齐业务需求、用户需求和功能需求是成功规划的一个重要组成部分。

需求知识的核心是一系列用于描述产品特性、功能行为和特征的需求。项目通常有额外的转换需求，其描述项目在构建产品本身之外必须完成的活动（IIBA，2015）。如创建与交付培训资料、创建与产品证书相关的文档、创建支持文档、迁移数据，以及其他一些帮助用户从当前状态转换到未来状态所需的系统中的活动。

需求工程的子领域

我们可以将泛需求工程领域划分为需求开发和需求管理这两个主要的子领域。这些子领域的主要内容列在了表 2.2 中，包含 5 个主要行为（Wiegers 和 Beatty，2013）。软件团队不会按顺序进行各种需求的开发活动，因为它们是渐进的、相互交织的。

表 2.2：需求工程的子领域

子领域	行为	描述
需求开发	启发	发现和了解客户诉求，以及满足这些诉求所需的解决方案需求
	分析	清晰化与丰富化对于需求的理解，将需求细化到适当粒度，对其进行优先级排序，并梳理它们之间的关系
	定义	描绘需求信息，将其记录下来并传达给受影响的涉众
	验证	确认满足指定需求的解决方案确实满足了客户诉求
需求管理		在开发过程中跟踪需求状态，对需求变化做出反应，并将需求追溯到后续产品开发中

与大多数其他软件工程相关工作不同，与需求相关的工作很少涉及技术，更多的是人际沟通。由于需求开发具有一定的挑战性，所以期望项目团队中的每个成员都能完全熟练掌握它是不现实的。许多组织培养了一批高度熟练掌握需求活动的人，如训练有素、经验丰富的业务分析师（或称商业分析师，Business Analysts，BA）、项目经理，或者是使用敏捷模式开发项目的产品负责人。业务分析师在很大程度上涵盖了其他在信息技术（Information Technology，IT）项目中承担需求职能的岗位，如需求工程师、需求分析师、系统分析师，或者就是分析师。除非角色区别很大，否则我将统一使用“业务分析师”来指代在项目中进行需求活动的人，无论他们的工作头衔或其他职责是什么。

与大多数其他软件工程相关工作不同，与需求相关的工作很少涉及技术，更多的是人际沟通。

业务分析师

近年来，通过建立一些专业组织，如国际商业分析协会（IIBA），业务分析师（BA）作为专业项目角色的重要性得到了认可。这些组织已经开发了知识体系和认证项目（IIBA，2015）。即使一个项目团队中没有一个专门的 BA，其他负责理解需求和定义解决方案的团队成员也会承担 BA 的角色。

熟练的 BA 可以发现用户的真正需求，并制定规范来指导设计人员、开发人员、测试人员与其他人员的工作。一个专门的 BA 拥有在广泛的业务背景下评估需求所必需的系统或企业层面的视野。当客户将他们的需求直接传达给开发人员时，双方都只能从各自有限的角度对系统有一个孤立的看法。BA 可提供更高层次的视野，跨越所有的开发者和客户。

不同的组织要求他们的 BA 履行不同的项目职能。BA 通常领导项目的需求开发和管理工作。他们指导与客户代表的讨论，通过各种方式来激发需求。有相关知识的涉众提供大部分的输入，而 BA 则负责对这些知识进行组织、记录和传播。

需求是基石

需求是所有项目的基石。处理需求没有银弹。软件开发项目可以在众多的生命周期和开发模型中做出选择，不同的模型主张用不同的方式来表达需求。但请记住，无论项目团队的开发方式如何，开发人员都需要使用正确的信息来正确地构建正确的软件。（参见经验教训 6。）并非所有的项目团队都创建了书面的需求规范，但他们总归是积累了各种类型的需求信息，并将其储存在一些介质中，为了方便起见，我将这些介质统称为需求文档或需求集。

我的几个咨询客户曾问我："那些真正擅长处理需求的公司到底是如何做的？"我只能实话实说："我并不知道；他们也不给我打电话。"除非他们通过出版物或者演讲来分享他们的经验，否则我们很难了解到那些掌握了需求真谛的组织到底是怎么做的。也有不止一个客户告诉我，"处理这些需求实在是太令人头疼了，所以我们就把你请来了。"其实，很多时候，这种痛苦主要缘于需求中的缺陷。

所有的项目团队都应该认真对待需求，采用或调整既定的需求工程技术，以适应其项目的性质和团队文化。如软件团队忽视需求，其项目失败的风险会增加。自 1985 年以来，我一直对改善"软件和系统开发项目团队处理自身需求的方式"感兴趣。本章描述了我在这段时间学到的十六条宝贵的经验教训。

初体验：需求

我建议你在阅读本章中与需求有关的内容之前，先花几分钟时间进行以下活动。当你阅读这些内容时，思考它们在多大程度上适用于你的组织或项目团队。

1. 列出你的组织特别擅长的与需求相关的实践。思考有关这些实践的信息是否被记录下来，以提醒团队成员注意这些实践，并使其易用。
2. 尝试找出一些痛点问题，你可以将其归因于项目团队处理需求的方式上的缺陷。
3. 梳理每个问题对你成功完成项目所产生的影响。分析这些问题是如何阻碍开发组织及其客户取得商业成功的。这些问题可能会导致计划外返工、进度延误、额外的产品支持与维护、产品差评及客户的不满意，从而产生有形和无形的成本。
4. 对于第 2 项中的每个问题，找出引发问题或使问题恶化的根因。有些根因是由项目团队或组织的内部问题产生的；有些则来自团队以外、你无法控制的来源。问题、影响和根因可能会被混淆，尝试将它们分开，看看它们之间的联系。你可能会发现，同一问题存在多个根因，同一根因亦会引发多个问题。

5. 当你阅读本章时，列出任何对你的团队有用的做法。

经验教训1 需求不对，项目要废

我的一个咨询客户的业务分析师曾为我讲述了一个不幸的项目经历。他们的IT部门正在建立一个供公司内部使用的新信息系统。开发团队认为，他们已经了解了系统的需求，不需要额外的用户输入。这并不源于他们的傲慢，他们就是这么自信。然而，当开发人员将完成的系统展示给用户时，用户的反应是："道理我都懂，大兄弟，但我们需要的应用在哪儿呢？"用户拒绝了这个系统，认为它是完全不可接受的。

震惊！开发团队精心打磨的产品被用户义正词严地拒绝了！其实，他们错就错在忽视了与用户的接触，充分接触才能确保开发团队正确理解了需求。

当你自豪地向世界展示你的"大宝贝"时，你肯定不希望听到："噫！丑货！"然而很不幸，这就是在这个案例中发生的事情。那么，这家公司后来做了什么呢？他们重构了整个系统，这次有了充分的用户输入。（参见经验教训45。）这是一个昂贵的教训，说明了客户参与对明确需求的重要性。

无论你是创建一个新产品还是改进一个现有产品，需求都是所有后续项目工作的基础。设计、构造、测试、记录文档、培训及从一个系统或操作环境迁移到另一个系统或操作环境都取决于是否有正确的需求。许多研究发现，有效地开发和交流需求是所有项目的关键成功因素。而导致项目陷入困境的常见因素则有不充分的项目愿景、不完整和不准确的需求，以及不断变化的需求和项目目标（PMI，2017）。需求的正确获取是确保解决方案与开发组织的产品愿景和业务战略相一致的核心点（Stretton，2018）。需求不对，项目要废。

如果没有高质量的需求，开发团队提供给客户的产品就会是一个"惊喜"，而软件中的"惊喜"通常就是"惊吓"。

何时

我并不是说在开始实现项目之前你就要有一套完整的需求。除非产品规模特小和几乎达到品质稳定，否则这并不现实。新的想法、变化和修正总是会猝不及防地出现，必须将其纳入你的开发计划。但是，你对正在构造的系统的所有部分都需要拥有尽可能正确的需求，无论它是单一的开发迭代、某次特定的发布还是完整的产品。否则，我认为有必要在你认为完成项目之后，立即为你的项目制订返工计划。敏捷项目使用开发迭代来验证进入迭代的需求。初始需求与客户的实际诉求相差越远，需要返工的地方就越多。

有人声称，你永远都得不到正确的需求。他们说客户总会天马行空地想到更多东西，总会有一些值得做的改变，而且环境也在不断发展。不得不说，可能的确如此。但我要说道说道："在这种情况下，你可能永远完不成这个项目。"从你的"总是可以添加一些东西"的角度来看，你永远不可能完美满足需求。在一个既定开发部分的约定范围内，你必须完成"对的需求"，否则你无缘成功。

如果你正在制造一个高度创新的产品，那情况就有点儿不同了。一个从未有人做过的东西，你是不可能第一次就把它完全做对的。你的第一次尝试基本上是一个对假设进行测试并通过实验来确定需求的计划。但最终，你的探索都将成为你对新产品能力与特征的理解，即对其需求的理解。

何法

在开发一套需求精准、清晰且实时的系统时，没有什么是持续的客户参与可以替代的。（参见经验教训 12。）你不能只在早期举行一个研讨会，并在会后直接告诉客户，"我们开发好后再给你回电。"在理想情况下，在整个项目周期中都应有客户代表参与。团队会有很多问题要问，也会有需要向客户确认的地方。团队需要在适当的时机将早期探索的高层次需求阐述为适当的细节。团队需要经常得到客户与其他涉众的反馈，以验证自己对需求的理解，以及构思的解决方案。

不过，要让客户达到这种广泛参与的程度可能是一个挑战。他们有自己的工作要做；他们的经理可能也不希望自己的尖兵花很多时间在这个项目上。"你可以去参加一两个研讨会，"经理可能会说，"但我不希望那些软件开发人员一直用问题来骚扰你。"

上述问题的一种解决方法就是跟客户讲道理，说一些以前由于其他客户参与度不足而遇到的问题，甚至可以说一些客户积极参与后得到的不菲回报。另一种解决方法则是为需求约定提出一个结构化的框架，而不是让它完全没有限制。这个框架可能包含一些非正式讨论、启发研讨会、需求审查，并且用上了屏幕草图、原型和增量发布。

如果客户对进展"看得到，摸得着"，那他们就更有可能对项目感到兴奋并愿意做出贡献，例如，定期发布正在开发的软件。如果他们看到自己的投入真正影响了项目的发展轨迹，那么也会更加热情。说服客户接受用来替换旧系统的新软件系统，有时真的是一件极其困难的事。客户代表愿意与IT团队合作并了解新系统及其原理，可以极大地帮助新旧系统的平滑切换。

我曾与几个客户代表合作过，他们对项目的成功有着很大的影响。除了提供需求方面的意见，他们中的一些人还提供了用户界面草图，以及做了一些测试，以验证软件的某些部分是否得到了正确的实施。这些尽职的客户代表对开发团队正确获取需求和交付最佳解决方案的帮助，我都不知该怎么赞扬了。

如果没有高质量的需求，开发团队提供给客户的产品就会是一个“惊喜”，而软件中的“惊喜”通常就是“惊吓”。当他们看到产品时，我希望客户的反应是：“哇，卡尔，这是你做的？绝了！”这是双方都能接受的软件“惊喜”。

经验教训2　需求开发成功，大家就都能懂

需求开发的有形产出是以某种持久化的形式对调查结果进行记录。这种形式通常是一个书面文件，我们常称其为软件需求定义、业务需求文件或者市场需求文件。另外，你也可以用索引卡、墙上的便签、图表、验收测试、原型或这些方式的组合来表示需求。所有这些制品都是有用的交付物。

然而，核心的一点则是客户对于项目团队即将提供的解决方案的共同理解和协议。项目的建议范围和预算是否与解决方案所需的功能特征相一致？这种理解为其提供了现状核实。

期望管理是项目管理的一个重要方面。需求开发的目的是在项目的涉众之间建立一个共同的期望，也就是共同的愿景。前面提到的需求制品就传达了其具体内容。这个愿景将整个项目的活动统一了起来（Davis，2005）：

- 项目发起人拨款立项的工作。
- 客户期望能让他们实现商业目标的解决方案。
- 测试人员所验证的软件。
- 市场和销售团队向世界推销的产品。
- 项目经理和开发团队制订的计划和开列的任务清单。

我们很难确保对于像软件开发这样复杂的事情，大家在多人协作过程中能有共同的理解。我曾经参加过这样的会议：一群人达成了一些协议，但后来我们才发现，我们对协议的某些方面还是没有达成共识，导致理解还是不一样。这些差异可能会导致参与者在工作中产生分歧。

愿景声明为大家提供了一个共同的战略目标，所有项目参与者都应朝着这个目标努力。

愿景声明有助于实现多方共同的理解和一致的期望。我使用了以下愿景关键词模板来统一项目涉众的思维（Wiegers 和 Beatty，2013；Moore，2014）：

对于（for）	[商业需求或机会的声明]
谁（who）	[目标用户]
来说，（the）	[项目名或产品名]
是一个（is）	[项目类型或产品类型]
其（that）	[主要产品能力；它将提供的核心利益；购买产品或开展项目令人信服的理由]
相较于（unlike）	[当前的商业现实或替代产品]
我们的产品（our product）	[简明扼要地总结该产品相对于竞品的主要优势]

举一个简单的例子，下面是我为一个网站写的愿景声明，这个网站是我为支持我写的一本书而建立的。尽管这个小项目的规划都是在我的脑子里进行的，但我在一开始就写下了愿景声明。这个声明使我期望通过这个网站所能完成的任务变得清晰起来。

> 对于那些对 PearlsFromSand 一书感兴趣的读者来说，PearlsFromSand.com 是一个网站，其提供有关该书及其作者的信息，允许网站访问者购买各种格式的副本，并促进建立一个有兴趣分享其人生经验的社区。相较于仅仅描述和宣传一本书的网站，PearlsFromSand.com 将允许访问者分享自己的人生经验，并阅读和评论他人发布的人生经验。

如果你的项目没有愿景声明，现在写一个也不晚。在我教授的软件需求培训课上，我要求学生们使用这个关键词模板为他们当前的项目写一份愿景声明。我总是对他们在短短五分钟内产生的简明总结印象深刻。我可以从他们的愿景声明中迅速了解项目的内容。

当同一个项目团队的几个人一起上课时，他们的愿景声明有时差异巨大。我建议代表不同观点的多方涉众分别写一份愿景声明。通过对比这些声明，我们可以分析涉众是否站在最高层面上对项目的目标有共同的理解。对于不一致的地方，团队成员需要努力统一他们的期望。

我的一位顾问朋友在一个客户项目中恰好有过这样的经历。她说：“我要求四个主要的项目涉众分别写出他们自己理解的愿景声明——当时我们都在同一个房间中。但结果却差异巨大，甚至在某些地方完全不兼容。我们最好在早期就能发现这一问题。”

愿景声明为大家提供了一个共同的战略目标，所有项目参与者都应朝着这个目标努力。如果愿景在项目开发过程中发生了变化，那么项目发起人就必须将这些变化传达给每个受影响的人，以便他们仍然可以保持一个共同的焦点。愿景声明并不能取代需求分析和规范，它只是提供了一个参考点，以确保团队的解决方案需求与实现该愿景相一致，从而取得成功。

经验教训 3　涉众的兴趣点都“长”在需求上

Tim Lister，一位作者，同时也是一位顾问，他将项目的成功定义为“满足关键涉众所期望的所有需求与约束”。这句话意味着项目团队必须确定其涉众，并确定如何与他们接触以了解这些需求与约束。

涉众即所有积极参与项目、受项目影响或能影响项目发展方向的个人或团体，也可称为利益相关者。涉众与项目之间的关系非常广泛。一些涉众只是与项目成果被强行关联起来；另一些涉众则深刻地塑造了项目的需求；还有一些人可以改变项目的方向，甚至终止项目。

涉众即所有积极参与项目、受项目影响或能影响项目发展方向的个人或团体，也可称为利益相关者。

涉众可以是项目团队的内部人员，可以是开发组织的内部人员，也可以是组织的外部人员。图 2.1 展示了大多数软件开发项目需要考虑的一些典型涉众群体。根据产品类别的不同，还可能有其他的涉众，这些产品类别包括：企业信息系统、商业软件应用、政府系统，或是包含嵌入式软件的实体产品。

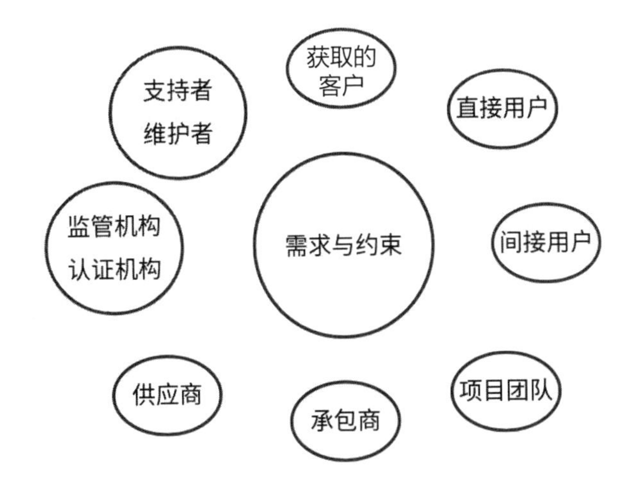

图 2.1：多个涉众提出了项目必须满足的需求及必须遵守的约束

涉众分析

项目团队应该在早期就“广撒渔网”，以确定潜在的涉众群体。即使你的涉众名单跟裹脚布一样长也不要感到惊讶。的确，甄别与了解你的涉众是需要花上一些时间的。但这总比忽略这么一个关键群体，以至于后期不得不进行一些调整要好得多。

终端用户以及购买产品供他人使用的客户是产品需求的核心来源。指定、选择或支付产品的客户并不会一直使用它，并且这些群体可能会描述不清他们到底需要什么样的产品来完成自己的工作。很多产品通常有着各式各样的终端用户。为了简化对需求的探索，我们可以把有着不同需求的用户统一归类为*用户涉众*（Wiegers 和 Beatty，2013）。还有一种可能——你的用户甚至可能都不是人类，而是与你的产品对接的硬件设备或其他软件系统。对于这种情况，你需要确定那些能够代表这些非人类组件提出需求的人。

我们通常会考虑那些与产品亲自互动的*直接用户*，但你也需要考虑可能的间接用户。间接用户可以为信息系统提供输入数据，也可能会接收系统的输出——可能这些输出并不由他们自己产生。我曾经参与开发过一个公司的项目指标系统，该系统整合了几十个项目的数据，并产生月报，分发给许多位经理。这些经理就是间接用户，他们并没有接触到指标系统本身。然而，作为系统报告的分发对象，他们是核心涉众。

我的一位同事曾用一句话描述间接用户：你在，或不在，你都在那里，是我的客户。你需要跳出应用程序的直接上下文，在一到两层外去识别你的间接用户，看看他们究竟是哪些人群和第三方系统。此外，还有一类用户需要确认——不速之客，如黑客。他们不是涉众，不会提供需求或约束，但你需要预判并挫败他们的阴谋诡计。

对于你所确定的每个涉众群体，你都需要考虑以下问题：

何人？描述每个涉众群体，让所有项目参与者都了解他们是谁。对于涉众的描述可以在组织的多个项目中复用。

有多感兴趣？思考项目的结果对该群体有什么影响，以及他们希望参与到项目中的程度。你需要了解每个涉众群体的期望、兴趣、关注点、约束和忧虑。

何种影响？确定每个涉众能做决定的权限。哪些群体对项目拥有最大的权力？他们的态度和优先事项是什么？你特别需要让那些对项目既有高度兴趣又有高度控制权的群体参与进来。

挑选一下？为每个群体挑选适当的使者，与他们一起工作。他们应该是确切的信息来源。

何处？需求启发是一个反复的过程，需要多次接触。若你能直接接触到相关成员，那么收集相关涉众群体的意见将非常容易。但若不能，你就要建立远距离的沟通机制和协议。

何取？确定你需要从每个群体获得的信息、决策以及数据。这将帮助你选择在正确的时间以正确的方式获取正确的信息的最佳方式。对于用户涉众，你需要了解他们的用户需求、产品必须实现的功能，以及他们对质量的期望。一些涉众群体会对项目团队附加约束，项目团队必须对其尊重。限制条件可以分为以下几类：

- 财务限制、进度限制及资源限制。
- 适用的政策、守则和标准（商业规则）。
- 与其他产品、系统或接口的兼容性。
- 法律或合同约束。
- 认证需求。
- 产品能力的限制（即不包括的功能）。

何予？一些涉众只需要被告知对他们有影响的重大问题，所以你必须知道哪些项目信息与哪个群体有关。还有一些涉众可能需要审查需求，以确保需求不与相关的政策或限制发生冲突。与你的涉众合作时，请务必了解他们对你的期望，就像你也需要向他们传达你的期望一样。成功合作的一个重要部分就是通过有效的沟通建立和保持相互信任。

何晤？当你确认了自己可以成为与涉众互动的使者后，就需要考虑用哪种最佳合作方式来交换你们都需要的信息。如果你无法触达某一特定用户类别的真实代表，可以将一个角色假想为替身（Cooper et al.，2014）。

何尊？当出现需求冲突或优先级问题时，我们要评估如何取舍才能与项目的商业目标最一致。某些用户涉众可能需要更受重视；请满足他们的需求，这比满足其他用户涉众类型的需求更有助于商业成功。在项目早期就需要通过涉众分析来了解这些优先级的影响，不要等到你面对第一个冲突时才去做。

仲裁人

为了奠定项目成功的基础，我们需要识别仲裁人。仲裁人可以是一个人，如项目发起人或产品负责人。这是最有效的方法，前提是这个人拥有做出适当决定的信息，在必要时可以迅速做出决定。然而更多的时候，你需要确定合适的人群来做每一类的决定。诚然，团体决策意味着更长的时间，但这的确能更好地判断出真实项目目标的综合利益。跨涉众群体做决策时，应该以项目的商业目标为基础。目标、愿景声明、项目约束以及一些其他业务需求通常记录在项目的愿景和范围文档或项目章程中（Wiegers，2007；Wiegers 和 Beatty，2013）。一个没有明确业务需求的项目几乎没有做出重大决策的依据和理由。

统一战线

我们并不能让所有涉众对项目结果持续感到兴奋。不同涉众之间可能存在紧张的关系，这也许会演变成一种对抗性的局面，人们会为了保护自己的利益而争论不休。与你的关键涉众建立合作关系，这对项目成功有很大帮助。因为你在未来可能不得不与这些人合作，所以请从一开始就建立沟通的途径，做到相互尊重。

经验教训 4 以人为本，用途为先

我的一个内部企业用户曾要求我的团队为他们使用的一个应用程序添加一个新功能。他强调这个功能是多么必要，所以我们尽责尽能地新增了这个功能。然而后来我了解到，这个功能根本没人使用。所以，后续我并不会再轻易接受那个客户提出的改进需求。

在软件行业有个民间传说——有 50% 到 80% 的软件功能是根本没人用的，或者很少有人用（The Standish Group，2014）。这个百分比虽然是个虚值，不同的地方有不同的说法，但无论如何，它的含义都一样——很多软件功能实际上只为终端用户提供了少量价值。你的个人使用习惯是否涵盖了软件的所有功能？反正我不是。我用微软的 Word 写了很多书和文章，但仍有非常多的 Word 功能是我从没接触过的——以后也接触不到。还有很多其他的 App 也是如此。也许我的这种用法是异类（但的确存在这种可能），如果不是，那就意味着软件行业在开发那些很少被用到的功能上花费了很大的精力。这些消耗巨大的功能却明珠暗投，只能等着有人有一天能用上一用。

哪儿来那么多多余的功能

如果将需求探索的重点放在产品本身的功能上，就会导致某些*僵尸功能*（dormant functionality）的扩散。从客户处征集开放式的功能清单，会招致功能的膨胀。以功能为中心的观点也可能导致产品看起来确实拥有正确的功能，但仍不能让用户通过软件完成他们的任务。

我的建议是，将需求对话从“产品本身”转移到“用户需要用产品做什么”。我们将重点从“功能”转向“用途”，从“解决方案”转向“诉求”。以用途为中心的策略有助于业务分析师和开发团队迅速了解用户的背景与目标。从这些知识中，业务分析师可以更好地确定解决方案必须具备哪些功能，这些功能为谁设计，为什么需要这些功能，以及这些功能如何使用。

以功能为中心和以用途为中心都可以为开发者确定必须实现的需求。然而，关注用途有助于确保我们涵盖用户执行任务所需的所有功能。这种做法可以减少我们构建多余功能的问题，即使这些功能看起来很美好，但实际上它们并不能帮助用户实现特定的目标。以用途为中心，可以增强软件的可用性，因为开发者可以深思熟虑地将每一个功能都整合到一个任务流，或者用户目标中（Constantine 和 Lockwood，1999）。

我的建议是，将需求对话从“产品本身”转移到“用户需要用产品做什么”。

用途先行

业务分析师在需求启发活动中可能会问,“你想要什么？”或者“你想让系统做什么？”但在以用途为中心的需求探索过程中，这需要做一个重要的小转变——不要提那两个问题，直接问：“你要用系统做什么？”由此，通过对话可以确定用户需要在系统帮助下完成的任务或目标。

用用例来代表这些任务是一个好方法（Kulak 和 Guiney，2004）。对用户来说，他们一般不会为了使用某个功能而启动一个应用程序；他们启动应用程序通常是为了完成一个目标。每当我打开我的商业会计软件时，我的内心都会浮现出一个或多个目标——也许我想核对我的信用卡、将资金转移到我的个人银行账户、支付账单或是记录一笔存款。这些目标中的每一项都是一个用例，其字面意思就是一个用途的案例。我会带着特定意图打开应用程序，然后按照一系列的步骤去调用完成任务所需的功能。如果一切顺利，那就意味着我成功完成了我的目标，可以关闭它了——任务完成。

用例之所以吸引人，有几个原因。它是用户代表思考自身需求的一种自然方式。用户很难为一个产品阐述正确的功能集，但他们很容易谈论自己日常生活中的使用场景。而用例就提供了一种结构化的方式来组织相关功能的描述。一个用例模板会有一些空位，你可以在其中记录或简或繁（无论繁简，团队认可即可）的信息以提供用例描述（Wiegers 和 Beatty，2013）。用例的相关功能就是描述任务最典型的或默认的交互序列（即基本流，normal flow），以及该典型序列的各种变体（即备选流，alternative flow）。业务分析师或开发人员将以此推断出解决方案必须提供的功能，从而让用户可以执行这些任务。一个恰当的用例描述还可以确定在系统执行过程中可能出现的错误，并定义系统应该如何处理它们（即异常流，exception flow）。

以用途为中心的分析有助于确定优先级。最高优先级的功能需求就是那些可以实现最高优先级的用户任务的需求。一些用例会比其他用例更重要、更紧急，那么就要先实现这些用例。在一个单一的用例中，基本流的优先级最高，其次就是伴生的异常情况。备选流的优先级则低一些，可以之后再实现——甚至可能都不需要实现。业务概况评估可以帮你确定各用例的执行频次，从而有效确定优先级。（参见经验教训 15。）

站在用户角度思考，会带来更好的用户体验设计。这可以让你对实施的局限性有独到见解，而这些见解可能是你从以产品为中心或以功能为中心的思维方式中得不到的。如果用户不能用产品做他们需要的事情，或者用户就是不喜欢使用它，那么增加再多功能也不会提高他们的满意度。

关注用户故事

许多敏捷项目开发团队都以用户故事的形式记录需求。根据敏捷开发专家 Mike Cohn（2004）的说法，“一个用户故事描述一个对用户或购买者有价值的功能”。用户故事通常是按照一个简单的模板来写的：

作为一个 < 用户类型 >，我想 < 执行一些任务 >，以此 < 达成一些目标 >。

或

作为一个 < 用户类型 >，我要 < 达成一些目标 > 来 < 满足一些诉求 >。

用户故事的目的是，用简短的占位符来提醒团队成员在实施故事前，记得进行对话，以填补缺失的细节。

我对用户故事的一个担心是，它自身不具备内在的组织方式。如果我们仅仅收集一堆用户故事，那么即使它们是按照上述这种模式写的，也与直接问用户“你想要什么”这种古老的启发方式没有什么本质区别——你会得到许多重要但随机的信息，这些信息会与不相干的内容混在一起。

一个大型的项目会从众多涉众那里收集成百上千个用户故事，并将这些故事写在便笺上。一些用户故事难以理解；一些则与其他故事相冲突；一些看起来很可能是重复的；还有一些好像说了什么，但好像又什么都没说。这么多不同种类的未经组织的信息，都被标记为用户故事。从这堆资料中很难分辨出哪些功能与用户任务有关，哪些与项目的商业目标相一致，哪些故事只是人们的想法。

在这些用户故事中，有些是以用途为中心的，有些则不是。它们在细节、长短和重要性上都天差地别。它们天马行空，可能是“作为一个用户，我想让屏幕字体是无衬线的，以方便我阅读”，也可能是“作为一个工资管理人员，我想让系统计算出每个有我们雇员的州的失业税，来正确支付失业税”。像这样的故事，并不针对用户和他们想实现的用途，而仅针对系统的功能和属性。

假设我们需要有人自下而上地汇总这些包含单独功能片段的大量故事，以识别与用户任务相关的主题。自下而上地组织这些信息就像拼图一样——每次拿起一块，然后说，“嘶，这块应该放在哪儿？”对我来说，自上而下地组织这些信息更友好。我更喜欢先宽泛地定下用户任务，然后逐步细化和阐述它们的细节，这样不会错过一些重要的东西，而且比拼拼图要省力。

从表象来看，简单的用户故事模板似乎是一种记录用户需求的合理方式。我们需要知道每一个功能分别被哪类用户涉众所需要，如此就能在适当时机与对应的人交谈以充实相应的故事细节。把对细节的探索推迟到真正需要信息的时候——这是对有限时间进行有效分配的方法。以这种形式编写的语句可以是面向用途的，描述一项任务并说明用户希望实现的目标。然而，Raj Nagappan（2020a）指出了这种方式的一些局限性，比如，人们可能会对这种用户故事模式进行误用——比如在写故事的时候把重心放在了解决方案上，而不是问题本身，用户故事会被刻意隐去一些必要的细节。一个替代方案是以下形式的工作故事模板，它更清楚地强调了问题（或者情形）（Klement，2013）：

当出现 < 情形 > 时，我要 < 进行一些任务 >，这样就可以 < 达成结果 >。

用途规则

我在 1994 年开始采取以用途为中心的方法来开发需求。我很快就认识到与我以前的征询方法相比，它是多么紧凑和有效。如果适当地从任务和目标的角度来写，用例、用户故事和工作故事都会让受邀的需求参与者更关注如何使用产品，而不仅仅是其功能性的行为。哪怕你采用精益方法，而不是完全填充一个丰富的用例模板，以用途为中心的思维也会使解决方案在满足客户需求方面做得更好。

经验教训 5　需求不赖，得看迭代

在我编程生涯的早期，哪怕已经开始编码了，我也经常对我的程序到底要做什么没有清晰的概念。有时候我就会开始发呆，然后删删改改，结果事倍功半。这时候我就会开始慌乱——毕竟意识到自己做了无用功，而后我幡然醒悟——一切都归因于我没有充分考虑程序的需求。我本该在脑海中进行迭代，而我却从代码开始迭代。毫无疑问，前者效率更高。醍醐灌顶之后，我就开始在探索需求上花更多的时间，然后再开始编码。自此，我再也没在编码时感到慌乱。

后来我开始为他人写代码。在与客户讨论的时候，我经常会提前离席，自认为理解了他们的诉求，并获取了所需的信息。然而很多问题很快会在处理初始需求的时候暴露出来，信息分歧也会逐步展现。这使得我经常不得不回到客户那边去厘清问题，刷新脑海中的内容，并消除这些分歧。客户并不总是欢迎我去叨扰他们，但我们发现需求开发是一个反复的、渐进式的过程。

渐进式完善细节

自从我意识到“在编码之前要先确定大方向”的重要性后，我就明白哪怕程序再小，谁也不可能在一开始就对所有需求了如指掌。自然，我们也更不可能对所有需求的每个细节都了如指掌。我又悟了——别慌。我们其实不需要一开始就了解所有细节，只需有足够的信息可供思考即可。

你需要在构建产品的每一部分前获得足够准确的需求信息，不然你就只能等着重新构建它了。

要完成有效的需求开发，你需要渐进式地完善你的需求集，以及这些需求集的细节和清晰度。你不可能在初次讨论时就得到所有的需求，但需要在构建产品的每一部分前获得足够准确的需求信息，不然你就只能等着重新构建它了。下面给出一个我归纳出来的非常有效的确定项目业务需求的流程。

第一步　列一个用户需求（用例或者用户故事）初步清单。充分了解每个需求，理解其适用范围、规模及相对重要性。

第二步　根据用户需求优先级进行排期。有的急，有的则可以等一等。

第三步　进一步引出并完善下一个开发周期中的需求细节，从用户需求中引出功能需求。

第四步　重排优先级。在这个过程中记得把新排进来的需求也列进去，并在开发过程中将优先级列表逐步下移。

第五步　返回第二步，循环往复。

持续的优先级排序非常重要。深入探索那些不紧急的需求的细节价值不大。随着项目推进，一些预测性的需求很可能被无限制推迟实现，甚至直接被放弃。正如 Mike Cohn（2010）指出的，“团队应该在决定投入大量早期工作之前，要确保真正的需求已经被彻底理解，而不是浅尝辄止……”

突发功能需求

当人们使用一个应用程序的时候，会有一些想法：“如果这样就好了……”或者“如果我可以……就好了。”也许用户想要一些更便捷的方法来执行某项操作，或者当他们执行 A 操作的时候，同时又想执行 B 操作。如果这些想法足够重要，那么你就需要修改你的系统来满足他们的想法。那些你无法事先预料的功能点被称作突发需求（Cohn，2010）。无论你采用哪种开发生命周期，项目计划必须适应自然的、有益的需求增长。

这并不意味着为了给这些额外功能打补丁，而需要在我们已有的基础上建立一个全新的系统，甚至都不一定需要进行一个全新的迭代。我们可以用各种技术手段来展示这些突发需求。例如，为需求创建多种视图。与其只写用例、功能需求或者用户故事，不如画一些图。可视化的分析模型可以在一个更高的抽象维度对需求进行描述，让人们可以从细节中抽离出来，看到工作流的全貌，以及其中的各种关联关系。

还有另一个审视需求的角度——编写测试。测试定义了如何判断一个系统的功能是否满足我们的预期。编写测试涉及另一个不同的思维过程，即描述我们期望系统在特定条件下的行为。如果我们在早期就对测试进行准备，那么就可以发现需求中存在的歧义和错误，还可以发现缺失的需求——如未处理的异常。我们可能会意识到，对于一个需求来说，如果想不出它会被哪个测试所需要，那么这个需求就根本没有必要。早期测试思维的概念是测试驱动开发敏捷方法（Beck，2003）的基础。

原型是将需求变为现实的有效方式。它在用户面前展示了比功能需求清单或者一叠故事卡片更生动的东西。原型可繁可简，可精可糙，可书可行（Wiegers 和 Beatty, 2013）。迭代式地进行原型化可以推进需求对话，帮助用户在你投入大量精力打造产品之前发现需求错误和遗漏。（参见经验教训 17。）

突发非功能需求

与功能需求一样，非功能需求所需的参数也很难在早期就确定下来。例如，应用程序的可用性、可靠性和易用性应该保持在什么水准？我们需要制定一些学习周期，为每个关键的质量属性确定可量化、可实现且具有成本效益的目标。

在你首次询问某个用户："你的可用性要求是什么？"时，不要期望能得到一个有意义的答案。你将从"可用性很重要"这类基本理解开始。随着时间的推移，你将把它扩展到理解可用性的各个方面，并最终确定每个方面的目标。尽管如此，对于质量属性而言，我给你的建议还是要尽早获取足够的信息，以便团队可以为实现每个属性的目标而做出架构上的决策。鼓捣新功能可比修复基础架构上的缺陷简单得多。（参见经验教训 20。）

为任意类型的需求开发有用集合，都需要耐心地迭代，在恰当的时间渐进式地获取更多知识，以便开发人员可以正确地构建产品。我个人是不知道有什么捷径可言的。

经验教训 6　敏捷需求并无不同

许多软件组织在他们的某些项目的开发中都会用上敏捷开发方法。业务分析师和产品负责人有时候会用*敏捷需求*来描述他们的工作（Leffingwell，2011）。*敏捷需求*这个术语意味着敏捷开发项目的需求在某种意义上与其他生命周期的开发项目的需求有本质的区别。然而在我看来，二者并没有什么不一样（Wiegers 和 Beatty，2016）。

无论哪种开发流程，开发人员对于实现正确功能所需的信息都是一样的。

关键的一点是，无论哪种开发流程，开发人员对于实现正确功能所需的信息都是一样的。诚然，敏捷开发项目与传统开发项目在处理需求的方式上有所区别，但大多数经过实践验证的既定需求工程和业务分析实践在敏捷开发项目中同样适用。

敏捷开发方法旨在努力适应各种不可避免的变化，而不是想象所有需求在早期就能被很好地理解，并在整个项目进程中保持稳定。然而，所有的项目需要的基本需求活动都是一致的。我们仍然需要分析涉众、从不同渠道获取需求并验证基于这些需求的解决方案可以实现对应的业务目标。敏捷开发项目和传统开发项目在处理需求活动方面的主要区别有以下几点。

角色与职责

大多数传统开发项目的团队中都包含一个或多个专职的 BA，以进行或领导项目需求的启发、分析、规范化、验证和管理活动。许多敏捷开发项目缺乏正式的 BA 角色，取而代之的是产品负责人角色，由其定义项目的范围与边界，创建和维护产品待办项的工作，并让用户故事就绪以待实施（Cohn，2010；McGreal 和 Jocham, 2018）。需求开发是一个多人协作的过程，参与者包括产品负责人、适合的用户代表和其他涉众。（参见经验教训 12。）开发人员负责确保用户故事包含足够的信息，而不是 BA。开发者接受用户故事后开始他们的开发工作。

术语

传统开发项目通常使用用例和功能需求。大多数的敏捷开发团队则不谈需求，取而代之的是用户故事、史诗（Epics，高阶功能或者任务会被切割成小的用户故事）、验收测试及其他产品待办项，所有这些都代表着待完成的工作（Cohn，2004）。但是，无论用的是什么“马甲”，这些都是相同的需求信息。你可以随意表示它、称呼它，但团队必须产生及交流这些信息，这样每个成员才能有效地完成各自的工作。

文档细节

敏捷方法遵循轻量、实时的文档原则。客户与开发人员在敏捷开发项目中紧密合作，通常这也代表着其需求比传统开发项目所需的细节更少。涉众会在他们需要的时候，通过对话和适量的文档来提升必要的精确度。某些用户故事包含的细节可能很少，而那些复杂、高风险或者影响面大的功能则会被详尽描述。

不过，主要依靠口头沟通会带来风险。人类的记忆是不完整、不一致，且无常的。项目团队里的成员也会进进出出。当然，在最初的开发工作完成后，系统还会继续存在很长一段时间。这时就需要有人去维护、更新，以提供生产上的支持（有时会在半夜），最终系统会退役。每个项目团队都需要创建足量的文档来管理这些事情，而不是浪费时间去记录那些没人会使用的信息。（参见经验教训 7。）

活动定时

以广泛探索高度抽象的需求为始，让你在采用任何软件开发方法时都可以做一些初步的估计、优先级排序。传统的方法的目标是在项目早期创建一个完整的需求规格文件。这种做法在某些情况下很有效，但在另一些情况下却不太有用。

敏捷开发团队则不同，仅在实现某项功能之前才生成需求细节。这种方法减少了信息过时的风险，减少了开发人员、测试人员在采取行动时发现需求是不必要的的风险。如图 2.2 所示，涉众和产品负责人进行一些初步的讨论和分析。然后，产品负责人将用户故事和其他待办项分配到特定迭代中去实施。产品负责人、开发人员和客户通常通过日常的需求开发活动来进一步确定每个故事的细节，他们创造的书面文件都是必要的，不会多也不会少。团队将在整个项目生命周期中持续接受和实现需求。

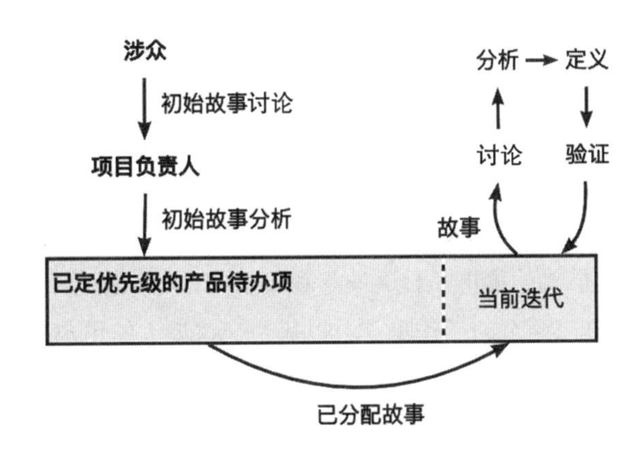

图 2.2：每次敏捷迭代中的需求活动

“实时”可以减少无用功，但这使得我们更难意识到需求的依赖和架构的影响，这些问题应尽早被解决，才能促进产品的稳定发展。为了减少架构缺陷带来的风险，敏捷开发团队应该在早期迭代中审视更宽的范围，并考虑可能需要哪些重大的架构决策。同样地，团队应该尽早开始探索非功能需求，以便设计能够实现关键的功能，以及其他跨产品的质量目标。

可交付形式

从更高的视角看，用户故事与用例类似，它们的区别在于阐释的详尽程度及是否记录相关信息。传统开发项目的业务分析师可能会根据用例来开发一系列的功能需求；而许多敏捷开发项目团队则通过编写验收标准和测试来充实每个用户故事的细节，这些标准和测试用来检验开发人员是否正确实现了这个故事。如果你的项目使用测试来表示需求的细节，那么当你阅读本章中关于需求的其他内容时，可以想想它们如何适用于你的测试。

在现实中，功能需求及相应的测试是相同信息的不同表示方式。需求规定了要建立什么；测试则描述如何判断系统行为是否符合预期。编写需求和编写测试是一个强大的组合。不同的人基于同一信息源（如用例）编写需求和测试时，效果最好。

每当我创建并比较两个需求视图时，都能从中发现其中的不一致、歧义和解释差异。在需求探索的过程中纠正这些错误要比在已实现的软件中发现这些错误的代价小得多。另一种策略则是让开发人员以验收测试的形式记录用户故事细节，然后由测试人员审查。

当你创建了多个需求视图，且它们之间表现出不匹配时则意味着出了问题。如果你只创建了一个需求视图，那么无论使用何种技术，你都只能相信它是准确的。

优先级排序的时机

对于优先级，我们要考虑每个需求对客户的贡献，以及实现它所需付出的努力，以及所需承担的风险和成本。传统开发项目可能会在早期就对需求进行优先级排序，且少有走回头路的。而在一个敏捷开发项目中，对产品待办项进行优先级排序则是一个持续的活动。你需要选择哪些项目需要进入之后的迭代，而哪些则需要从最终的待办项中移除。团队总会问："接下来要做的最重要的事情是什么？" 在现实中，所有的项目团队（不仅仅是敏捷开发团队）都应该管理自己剩余的工作重点，以尽快交付最大的用户价值。

真有区别吗

在大多数情况下，客户并不关心你如何构建软件，他们只希望产品能够满足他们的需求，例如，高效、易用、可扩展，以及一些其他质量期望。传统开发项目采用的大多数需求开发和管理技术其实同样适用于敏捷开发项目。团队需要不断调整实践以契合他们的目标、文化、环境和约束。

在敏捷开发中，每一点增量变化都提供了一个独立的、可用的功能片段。你的产品是一个不断迭代改进的项目，从不成功的变更中学习，并迅速转化成更好的解决方案。专注于小的需求，每个小需求都提供一个完整的、可用的小变更，这与把一个大的集成式解决方案拆分成小而即时的模块以适应开发迭代的分析过程不一样。

敏捷开发项目的业务分析过程也有一些不同。虽然传统的业务分析技术，如涉众和业务规则分析、流程建模等仍然在使用，但将它们融合到一个增量的敏捷流程中对很多业务分析师来说是一个挑战（Podeswa, 2021）。正如业务分析专家 Howard Podeswa 所说：

> 转变的一部分是培养一种新的心态。敏捷开发项目中的业务分析师角色不是预先确定要做什么，而是在开发过程中不断重新调整，对团队应该做什么和不应该做什么进行持续评估，以最大限度地提高交付价值。

不过，从根本上来说，敏捷开发项目中所使用的需求知识与传统开发项目中的需求知识并没有本质的区别。需求开发仍然可以归结为“发现并清晰地表达信息，让所有项目参与者都能很好地贡献一部分正确的产品”。

经验教训 7　好记性不如烂笔头

当我给学生们上需求课时，我问他们是否曾被迫对一个现有系统的信息进行逆向工程，以从中找出如何修改或者增加功能，几乎所有人都举起了手。而当我再问他们是否记录了从中获取的信息以作储备时，鲜有人举手。这意味着将来如果有人要进入系统的同一部分进行另一次修改，他们不得不重复逆向的过程。

通过逆向工程来恢复知识的过程特别乏味。如果反复这么做，还特别低效。如果你记录下从中学到的东西，那么之后当你自己或者他人有需要的时候，这些信息是可供回溯的。这种记录是一种你在工作过程中逐步积累关于“弱文档系统（ill-documented system）”的知识的方法。记录下你通过逆向工程获取到的信息，基本上都会比你反复获取它更高效。

只有在确定没有人会再次需要使用该系统的某一部分时，我才会决定不记录这些新恢复的信息，“没有人”里的人也包括我自己。但我不擅长预言，所以我还是更倾向于通过某种可共享的形式来保留这些信息。这比我把它们印在我的脑海里要好，因为记忆会褪色。

我的一个咨询客户，曾基于其一个记录不全但功能成熟的旗舰产品逆向设计了一整套用例。然后团队通过这些用例开发出了一套全面的测试用例，这使得团队能够在产品不断发展的过程中进行彻底的回归测试。团队发现花时间记录这些逆向工程信息是非常值得的。

畏惧下笔

有些人不愿意花时间将需求记录下来。然而，其实困难的部分并不是“写”，而是弄清楚写“是什么”。同样地，人们有时不愿意写项目计划，这里面困难的是思考完成项目所需的所有活动：确定交付产物、任务、依赖、所需资源、排期等。撰写计划是一种“转述”，它当然要耗费时间。但我认为这比在项目过程中以同样的方式分别向多人口述相同的信息所花费的时间要少，也比每个人分别都需记住所有这些信息所可能产生的错误要少。

也许那些不愿意记录需求的团队是担心被分析瘫痪[1]（Analysis paralysis）所拖累。其症状表现在，需求开发似乎永远在进行，在需求完整前项目决不能动工。分析瘫痪是一个潜在风险，但良好的判断力可以让你避免它。不要将对瘫痪的恐惧作为不记录基本需求信息的理由。

我曾经是第三个接手公司一个重要项目的团队的首席业务分析师。之前两个团队都由于某种原因而停滞不前，而我从未问过其原因。当我和我的业务分析师同事问关键客户我们是否能和他讨论需求的时候，被拒绝了。他说：“我之前已经给过他们需求。我没有时间再跟你们谈需求了，你把系统做好给我！”这也成为我的业务分析师团队的一个口头禅:“你把系统做好给我！”

让我头疼的是，之前的团队并未记录自己所获取的任何信息。我们不得不从头开始。客户当然很不高兴。不过当我们承诺自己的需求技术效果很好之后，客户就愿意合作了。那个项目最终非常成功。我的公司决定将系统的开发外包出去，外包公司发现我们的需求记录为研发提供了一个坚实的基础。如果前两个团队把自己所获取的信息记录下来，项目的开局可能就不一样了。

书面沟通之益

在软件开发职业生涯的早期，我领导过一个项目。除我之外，项目还有两个开发人员。三人中的两人在同一栋楼里工作，第三个则在四百多米开外的地方工作。我们没有一个书面的项目计划或者需求，尽管我们对目标有着很好的共同理解。我们每周见面，讨论进度及下周计划。有两次会后，其中一人对我们所决定的事情有不同的解释，而另两人则持不同看法。那个人在错误的方向上工作了一个星期，然后他不得不返工。如果我们通过记录计划和需求来避免这样的时间浪费，就不会有什么损失了。之后我再也没犯过这类错误。

遵循 Scrum 的敏捷开发团队会在每天有一个简短的每日站会，以更新状态、识别障碍，

1 分析瘫痪是指，当我们准备开始做一件新的事情时，会思考它可能对我们的影响，思考我们是否已经准备充分。于是，我们变得行动迟缓，甚至最后不了了之。通俗地说，分析瘫痪是指分析过多从而造成的无法行动的现象。——译者注

并使团队在未来 24 小时内与其项目目标保持一致（Visual Paradigm, 2020）。当团队成员都在一个地方工作，或者有良好的电子信号连接时，这很容易做到。像每日站会这么频繁的接触可能不会留下任何历史记录，也不会打乱近期的计划。如果你确信没有人需要重新审视会议中的决定或者交流的信息，那么我们就没理由去记录它。但如果有，我们就需要记录这些有用的信息，在这上面花点儿时间是有必要的。

如果每个项目的涉众都能了解每一次讨论，对信息的解释完全一致，并拥有完美的记忆，那么你就永远不需要写下任何内容。呵，你在异想天开。文件是一种持久的集体记忆，是团队成员可以跨时空参考的资源（Rettig, 1990）。在回顾的过程中，项目记录可以唤起参与者的记忆，让他们回忆起初衷与现实的差别。如果最初开发者之外的人需要修改产品，好的文档可以为他们节省时间。

与其等到用户看到可工作的软件后，再为开发人员提供有用的反馈，不如邀请领域专家来进行书面需求的审查，这可以让问题在被埋进代码之前就暴露出来。许多项目引用了复杂的逻辑或者业务规则，最好通过决策表或者数学公式来加以表示。把这些信息以持久形式表示，你就可以验证其准确性和完整性。这些文档也可以很好地用于测试的设计。

如果有人孜孜不倦地准备文档，那么那些从事系统工作的人就应该好好利用这些信息。有一个项目团队开发了一套很好的需求说明，但被请来实现系统的合作团队却忽略了这些说明，转而选择再次与用户讨论需求，从而惹恼了用户又浪费了时间，赔了夫人又折兵。

如果每个项目的涉众都能了解每一次讨论，并拥有完美的记忆，那么你就永远不需要写下任何内容。

我的一个咨询客户雇用了一个业务分析师团队，该团队为一个非常大的项目创建了多个活页夹的需求。然后公司又引入了第二个团队来开发产品。开发团队看到这些活页夹后说："我们没有时间阅读所有需求，我们要开发！"他们根据自己认为的样子建立了这个系统。结局是，后来又根据先前业务分析师团队创建的实际需求重新做了一遍。不管你的时间有多紧迫，从一套好的需求说明中学习要比开发两次产品更快。

有时将某些信息记录下来对开发者来说是最有利的。如一个团队正在为一个没有记录业务规则的组织编写软件，那么应用或者执行这些规则的软件代码就会成为业务层面的知识的权威来源。围绕这些业务规则进行开发的人员就会成为主题专家，当规则发生变化的时候，企业必须向其求助。人们不应该在另一个逆向工程的过程中从特定应用程序的代码中汲取业务知识。

合理平衡

文档有益，但也存在局限性。即使是完美的需求记录也不能取代人与人之间的沟通，

不过文档肯定还是有益的。我们不能保证写的东西准确、完整或不变，但它确实增加了获取信息的人对信息达成一致理解的机会，在将来也有助于回忆相关内容。文档必须是最新的、准确的，对于需要的人来说，还必须是可获取的。如果读者不能轻易找到他们需要的内容，那么文档好不好也就无所谓了。

有些人误解了敏捷开发的理念，抵制创建文档。“敏捷软件开发宣言”指出：“我们已经开始重视……正在开发的软件，而不是全面的文档。”（Beck et al., 2001）这并不是说：“不需要文档！”敏捷开发专家 Mike Cohn（2010）虽然指出了书面文档的缺点，但他也建议：“不要丢弃婴儿，以及文档。”

> 这些书面交流的弱点并不是告诉我们应该放弃书面需求文档——强调一遍，绝对不是。相反，我们应该在适当的时候使用文档，……敏捷开发的目标是在文档和讨论之间寻求平衡。在过去，我们过于偏向文档。

Cohn 的建议是，业务分析师、项目经理、产品负责人和开发者应谨慎创建书面文档。应以适当的粒度来记录信息，但适当不代表最小。当细节已知，且精确性是必要的时候，就将它记录下来。这种方法比试图让不稳定的或者初步的信息板上钉钉更现实——因为有人必须长期维护这些信息，而记录确实比完全依赖人类记忆更靠谱。

随着经验的积累，你会了解这个世界不是非黑即白的，是有过渡的。在大部分情况下，任何极端立场都是愚蠢的。两种极端的做法是：要么把每一个项目的信息都事无巨细地记录下来；要么完全没有书面文件。这两种选择都是愚蠢的。如果你在实践过程中发现记录知识比发现或者重新发现知识的成本低，那么就记录下那些值得记录的信息吧。

经验教训 8 需求就是要清晰沟通，不要用鬼话迷惑涉众

软件开发分为两部分，一部分是计算，另一部分则是沟通。而需求工程则是纯沟通。一般来说，在软件开发过程中，我们在技术侧的能力要优于在人文侧的能力。如图 2.3 所示，那些领导需求活动的团队成员会处于项目沟通网络的中心位置，无论他们的头衔是什么，我个人称他们为业务分析师。他们协调所有项目参与者之间的需求知识交流。

图 2.3 中的连接线都是双向箭头。一些参与者主要从客户侧向项目提供需求的输入，他们是：项目发起人、市场人员、关键客户和用户代表等。其他位于实施侧的参与者则消费需求过程的输出，他们是：架构师、软件设计师、硬件工程师、用户体验设计师、软件开发者和测试人员等。如果你的产品同时包含软件和硬件，电气工程师和机械工程师也有可能参与进来。

业务分析师必须让所有参与者都了解需求的知识体系、优先级、状态及变更。每个人

都可参与需求评审；他们会从各自不同的角度看到不同种类的问题。有些人将做出每个项目都会面临的有关需求的决策。而每个参与者都应贡献关于需求的评论与想法，以帮助团队达成并保持整体的理解。

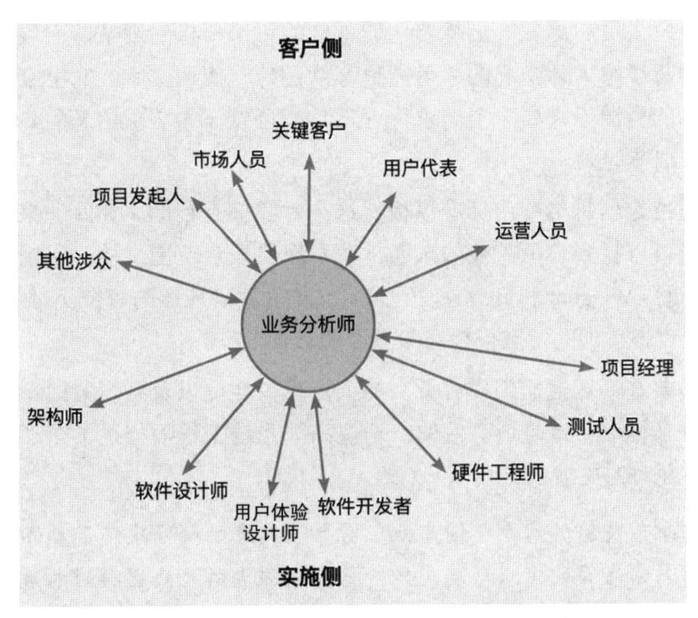

图 2.3：业务分析师协调所有项目参与者之间的需求知识交流

多涉众，多诉求

业务分析师的工作很辛苦。其他参与者主要以口头方式来交流需求的输入。业务分析师可能还要参考一些文档，如业务规则来源，或者相关产品的信息。业务分析师必须评估并以适当的书面形式记录所有这些信息，并对信息进行分类。我之所以说“书面”，是因为业务分析师需要把信息传达给信息源以做验证，并将这些信息传达给那些需要用这些需求来支撑工作的人。面对这么多具有不同背景的涉众，业务分析师必须仔细思考与每个人沟通的最佳方式。接受需求知识的人通常在以下几个方面会有所不同：

- 需要什么信息？
- 什么时候需要信息？
- 需要什么样的信息粒度？
- 喜欢以何种方式接收信息？
- 希望书面信息以何种方式组织？

如果有人想通过单一的需求产物让所有项目参与者知道一切，那么他是在异想天开。

正如我们在表 2.1 中看到的，需求信息的种类有很多。业务分析师必须确定如何在适当的粒度上展示每一种类型的信息，并为每类涉众对这些信息进行有意义的组织。

业务分析师应该向不同的涉众询问他们各自需要什么信息，以及他们想如何接收这些信息。例如，开发人员和测试人员想要他们所需的每个要求的细节，而项目发起人则不关心这些。那些只想了解大体情况的人可能更喜欢图片，而非文字，文字会让他们困于细节之中。一个共享的资源库（如一个需求管理工具）可以作为需求信息的最终存储点被提供给那些需要所有细节的人。

我们可以对特定信息集使用标准模板，这会对我们有帮助。如此一来，阅读者就可以知道他们在哪里可以找到自己需要的东西。我发现愿景与范围文档、用例文档和软件需求说明都特别有帮助（Wiegers 和 Beatty，2013）。文档创建者应该与每个交付物的接收者合作，指定一个最适合对方诉求的标准模板（参见经验教训 57）。

文档作者需要选择对他们来说有意义的词汇表、粒度以及组织方式。不过所选的方式对于某些阅读者来说不一定是最有效的。一位高级系统工程师描述了在理解主要需求涉众所使用的语言时面对的挑战：

> 实施者是需求最关键的客户，因为他们对所读内容的解释决定了产品的内容。一个用商业客户语言写的需求可能充斥着普通实施者所无法理解的术语与流程，实施者将很难理解具体要求是什么。但需求则通常就是用商业客户的语言写的，这样才能符合合同要求的严谨性。把这些内容翻译成实施者所能理解的需求是一个非常重要的步骤。

考虑创建一个词汇表，使得参与项目的每个人对相关商业术语、技术术语、缩写及首字母缩略词都有相同的理解。词汇表可以在同一应用领域的多个项目中重复使用，从而提高一致性。

高质量的软件是基于高质量的需求开发的，这些需求被精心设计成可用的形式，并被传递给每一个需要了解它的人。

择述术

最浅显的需求信息表述形式就是自然语言文本。对于一个庞大的系统来说，无论是在文档、索引卡、便笺中，还是在需求管理工具中写需求，都是非常笨重的方式。阅读者可从中了解细节，但只是管中窥豹，很难将信息碎片关联起来。自然语言容易产生歧义，模糊的词语会给阅读者留下大量想象空间、错误的理解。尽管如此，自然语言仍是人类交流的主要方式，所以用此种方式写需求是合乎逻辑的。

你可以使用各种技术写需求。有些团队选择使用用例和功能需求清单；有些团队则依靠用户故事、功能描述，还有可能加上验收测试。只要能达成与涉众清晰有效沟通的目的就行，方式不重要。

当然，无须局限于自然语言。尽管其余方式很少能完全取代书面需求，但你仍可通过不同表现形式或观点对其进行补充，如可视化模型、原型、屏幕设计、表格，以及数学表达式。这些方式都可描述人们所需了解的关于需求的部分内容；结合多视图可为我们提供更丰富的理解方式（Wiegers，2006a）。还有一些正式的需求符号是被认可的，不过其通常被用于一些性命攸关的系统，少见于其他场合。

针对只关心概览的涉众，可考虑强调图表、弱化文字。很久之前，我学习了一门有关设计建模的优秀课程，它完全改变了我对待软件开发的方式。图表可描述流程、数据关系、用户界面导航、系统状态及状态间的转换关系，以及决策逻辑等。我愉快地将可视化建模纳入我的开发实践。

很快我就意识到，没有一个单一的图表可展示我们所需了解的关于软件系统的一切，我有些心灰意冷（Davis, 1995）。事实上，每个模型都从一个特定的角度展示部分系统知识。业务分析师须根据涉众选择合适的模型。

要使沟通明晰，核心是使用标准词汇及符号。若彼此对文字、符号理解不一致，则大家无法一起工作。一个咨询客户曾让我审查其团队的一名业务分析师所画的模型。图我是可以理解的，但其中使用了一些非常规的箭头符号。这些箭头表示什么，或者说为何其与别的地方使用的不一样，因没有图例，我无从得知。

软件方法学家已开发出许多标准方法用以绘制分析与设计模型，如下所示：

- 结构化分析（Structured Analysis，SA）（DeMacro, 1979）
- IDEF0[1]（Feldmann, 1998）
- 统一建模语言（Unified Modeling Language，UML）（Booch et al., 1999）
- 需求建模语言（Requirements Modeling Language，RML）（Beatty 和 Chen, 2012）

强烈推荐大家使用这些设计模型，或其他一些同效的标准模型。不要发明个人的符号，除非你认为没有一种模型能表述你的所需，然而这几乎不可能。你需要教授阅读者如何阅读这些符号；例如，在图表中附上图例是个好办法。尽量保持模型简单，只要你能与涉众清晰沟通即可，这才是重点。

1　IDEF（Integration Definition Function Modeling）是一类支撑企业建模需求的方法的统称。IDEF最初基于美国空军集成计算机辅助制造项目 ICAM（Integrated Computer-Aided Manufacturing）创建，其中的 IDEF0 方法是 IDEF 方法群中专门用来对复杂系统的对象、功能及其相互关系进行描述、分解、限定的方法，可通过图形、文字、词汇表等方式以图形化及结构化的方式实现表达。——译者注

唠一唠

高质量的软件是基于高质量的需求开发的，这些需求被精心设计成可用的形式，并被传递给每一个需要了解它的人。厉害的业务分析师擅长多形式沟通：倾听、提问、重述、书写、建模、展示、推进，以及从非语言线索获取信息。若你担任业务分析师，则需上述所有技能，还需要在对的时间使用对的技能，以此来协调所有项目参与者，实现大家的共同目标。

经验教训 9　群众的眼睛是雪亮的

情人眼里出西施，质量亦如此。软件需求交付物的涉众是那些靠它完成项目工作的人，以及那些将接收或使用产品的客户代表。评估需求质量的正确人选应该为上述人群，而非生产交付物的人。

若有人发现需求有问题，那在我眼里这些需求再完美也无济于事。

我可以创建一套我眼中的完美需求。它包含所有应该包含的东西，没有任何冗余内容，组织有逻辑，陈述清晰，易于理解。但若有人发现需求有问题，那在我眼里这些需求再完美也无济于事。这些知识体系的创造者（业务分析师）与接收者（架构师、设计师、开发者、测试人员及其他人）应就其内容、形式、组织、风格及粒度达成一致。

多需求涉众

正如经验教训 8 所述，业务分析师的挑战在于涉众多。不同涉众对质量和产物的认识不同，这归因于他们对信息的用途不同。他们有不同背景，有不同观点，做不同假设，可能喜欢不同沟通媒介。多样性使得众口难调。

有一个判断需求质量的方法，那就是邀请有多读者视角的人对需求进行审查（参见经验教训 48）。这些评审员将寻找不同类型的问题。表 2.3 列出了各种需求的阅读者在审查中可能发现的质量问题；他们期望所有问题的答案都是“是”。正式的同行评审被称作检视（inspection），其在发现某些类别的需求错误方面表现突出（Wiegers, 2002a）。在检视过程中，一个参与者用自己的话描述每个需求，其他参与者可将该解释与自身的理解相比较。若不一致，模糊之处就暴露了。

表 2.3：不同需求的阅读者可能发现的质量问题

需求阅读者	质量问题
项目发起人、市场人员、关键客户	• 基于需求的解决方案是否能满足我们的业务目标 • 我们是否了解与每个需求相关的风险和业务影响

续表

需求阅读者	质量问题
用户代表	• 我是否理解每个需求 • 每个需求是否准确表达了客户诉求 • 基于这组需求的解决方案是否能满足我的诉求 • 每个需求是否都有必要
项目经理	• 团队是否能在现有资源及约束条件下为需求构建一个解决方案 • 每个需求所附的信息是否足以让我评估复杂性及对项目的影响
业务分析师、产品经理、产品负责人	• 每项需求是否涉及客户价值 • 需求是否明确清晰 • 需求间是否互不冲突
软件设计师、软件开发者、硬件工程师	• 我是否理解每个需求 • 需求是否包含或指向我设计与建立一个解决方案所需的所有信息 • 基于需求的解决方案在技术、可用资源及时间上是否可实现
测试人员	• 我是否理解每个需求 • 是否确定了所有异常情况并描述了其处理方法 • 我能否想出一些方案来验证每个需求是否被正确实施
其他涉众	• 这些需求是否尊重我的观点中的所有期望与限制

需求质量检查单

业务分析师在追求高质量需求的过程中应努力为需求交付物建立如下特征（Davis, 2005；Wegers 和 Beatty，2013）。

- **完整性**。需求没有被遗漏。所有需求都完整包含阅读者工作所需的所有内容。任何已知遗漏都被标记为“待定”（TBD，To be Determind）。实践表明，人们无法确定你是否找出了所有需求。若你故意选择遗漏某些需求，并期望阅读者在需要时进一步获取细节，请确保阅读者知晓。
- **一致性**。一个满足任何需求的解决方案不应与任何其他需求不兼容。我们难以捕捉不一致之处，也很难发现不同需求类型之间的不一致之处。例如，若两类信息存储于不同处，则难以发现一个功能需求与业务规则或者用户需求之间的冲突。
- **正确性**。每个需求都准确描述了一个用户或者其他涉众所表达的诉求。只有相关涉众才能评估这一特性。
- **可行性**。开发人员可通过在已知技术、排期及资源限制内实施一个解决方案来满足这一需求。

- **必要性**。每个需求都描述了一些涉众真正需要的能力或功能。
- **已按优先级排序**。需求根据其相对重要性和其纳入产品的及时性被分类。
- **可溯性**。每个需求都有唯一标识，以供溯源，同时与设计、编码、测试及任何其他由该需求产生的事项产生关联性。了解每个需求的来源，可增加知识背景，并了解对应的咨询对象。
- **醒豁性**（unambiguous）。所有阅读者都只能以一种方式阐释每个需求，且是以相同的方式。若一个需求含糊不清，你就无法确定它是否完整、正确、可行、必要或者可验证，因为你不知道它的确切含义。你无法消除自然语言的所有模糊性，但你可以尝试避免使用这些词汇："最好的""等""快速的""灵活的""比方说""也就是说""举个例子""改进的""包括""最大化""可选地""一些""充分""支持"及"通常"（Wiegers 和 Beatty, 2013）。
- **可验证性**。有一些客观、明确及经济的方式可用来确定解决方案是否满足需求。测试是最常见的验证技术，所以有些人把这个特性更狭义地称为可测性。

你永远无法创建一套完美的需求，你也无须这么做。只要你的项目开发流程中包含一种机制，该机制可在团队实施项目前快速检测和纠正需求错误即可。征求多个需求涉众的反馈，有助于避免因需求缺陷而造成的过度返工的成本。

经验教训 10　需求越好，风险越渺

正如我说的，你永远无法得到一套完美的需求。有些需求可能是不完整的、不正确的、不必要的、不可行的、含糊不清的，或者干脆就不存在。需求有时会相互冲突。但你仍需根据现有需求信息来构建软件。

事实上，你的目标是开发足够好的需求，以支撑下一个开发阶段的进行。这是一个有关风险的问题。你应在需求开发中投以足量精力，以减少由于需求问题导致过度的非计划性返工的风险。

不幸的是，即使你的需求足够好，也没人能为其"爆灯"。业务分析师很难判断他们是否已引出所有相关需求，并准确加以描述。但必须有人决定产品需求的后半段何时能提供一个合适的建设基础。系统架构师、设计师和开发人员可以帮忙做出这个判断。

你的目标是开发足够好的需求，以支撑下一个开发阶段的进行。

粒度尺寸

"足够好"涵盖信息的数量和质量。一套最小的写得好的需求集可能缺乏开发者和测试人员所需的细节，而一套全面的但写得不好的、不准确的需求集则没有价值。需求专家 Alan Davis（2005）很好地阐释了需求规范的目标："指定系统所需行为，要有足够的细节，使系统开发者、市场部门、客户、用户和管理层在解读时保持一致。"这里的关键词是"足够的细节"。我们可以想到每个项目的需求的完整性的三个维度：信息类型、知识广度，以及细节深度。

- **信息类型**。项目参与者自然会关注用户实现其目标所需的功能，然而一套有用的需求集远远不止这些。开发人员还需要了解质量属性需求、设计、实施约束、业务规则、外部接口需求，以及数据类型和来源。一个简单的功能需求集或者用户故事集是不够的。
- **知识广度**。该维度包含了规范中所定义的需求范围。是包括每个已知的用户需求，还是只包括高优先级的？是所有相关的质量属性，还是只有那些最重要的？是阅读者预期的完整范围，还是他们需要缩小信息差，若其不完整，所有阅读者理解的信息差是一样的吗？无人写下的那些隐含的或假定的需求有很高的风险被忽视。（参见经验教训 13。）

- **细节深度**。第三个维度是为每个需求提供多少细节和精度。需求是否确定了可能的异常（错误），并规定了系统应如何处理它们？或者只涵盖了正常行为的大家喜闻乐见的操作途径？如果规范设计了一个非功能需求，如可安装性，那么它是否也包括卸载、重装、修复安装，以及安装更新和补丁？功能需求和非功能需求都必须足够精确，以便在实施的解决方案中可验证。

多少算够

在特定情况下，究竟有多少信息算够？没有统一的答案。然而，在任何存在信息差的地方，都必须有人来弥补这些差距。评判对应需求足够好的标准有：有多少细节是必要的，谁来获取这些细节，以及什么时候获取。IIBA 的商业分析知识体系中包含了对解决方案需求的定义："它们提供适当的细节粒度，以供解决方案的开发和实施。"（IIBA，2015）对于"适当"的判断因人而异。

许多敏捷软件开发团队并不详细说明书面需求，但这并不意味着开发者和测试人员不需要这些细节。正如我们在经验教训 6 中看到的——他们是需要的。如果在实施时没有书面信息，就必须有人从正确的渠道追踪它。否则，软件团队成员必须自行填补空白。而从客户的角度来看，这很可能会错失良机。如果发生了这种情况，说明需求还没完全准备好。

经验教训 11 不是仅收集就完事了

人们常说要在软件项目中收集需求，这是一种不准确的印象。“收集”这个词意味着需求就待在外面某个角落，等人采撷。当我听到有人说“收集需求”时，我脑海中浮现出的是采撷花朵或者猎取复活节彩蛋的画面。啧，事情恐怕没想象中那么简单。

收集 vs 启发

需求很少完整地存在于用户脑海中，并可以随时按要求传递给业务分析师或者开发团队。组建一套需求的过程确实涉及一些收集的操作，但它同时涉及发现与创造。*需求启发*（requirement elicitation）这个术语更准确地表达了软件开发人员如何与项目涉众合作，探索他们当下如何工作，并确定未来的软件系统应当提供什么功能。需求专家 Suzanne Robertson 和 James Robertson（2013）将这一过程生动形象地称为“拖网捕需求”：

> 我们用“拖网（trawl）”这个词来描述调查业务的活动。这个术语描述了我们工作的内容：捕鱼。我们不是闲着没事干，姜太公钓鱼，愿者上钩，而是有条不紊地在业务中撒网，捕捉每一个可能的需求。

根据《美国传统英语词典》（*The American Heritage Dictionary of the English Language*）（2020）中的解释，elicitation 意为唤起（call forth）、引出（draw out），或者激怒（provoke）。唤起和引出需求的感觉比单纯的收集更能描述该过程（业务分析师并不想激怒他们工作中的涉众，尽管有时候还是会无意触发这个事件）。在启发（elicitation）的过程中，业务分析师的很大一部分工作只能是提出正确的问题来激发涉众的思考，并获取深层次的信息。

当我听到有人说“收集需求”时，我脑海中浮现出的是采撷花朵或者猎取复活节彩蛋的画面。啧，事情恐怕没想象中那么简单。

探索需求时，“你想要什么”和“你的需求是什么”这两个问题百无一用。这种模糊的问题会触发很多随机的输入，尽管这些输入往往很重要，但它们与不相干的信息混合在一起，并附带未说明的假设。业务分析师不是一个单纯的抄写员，只写下涉众告诉他们的内容。一个资深的业务分析师会启发对话，引导参与者以结构化的方式发现相关知识。

业务分析师需要分析和组织收集到的信息，过滤不相干的部分，然后将其以有用的形式呈现给开发者及其他项目参与者。

何时启发需求

正如经验教训 5 所述，启发是一个反复、渐进的过程，要有完善、澄清和调整一整套循环。讨论可以从模糊、高层次的概念切入细节，也可以从具体的功能片段开始。然后，业务分析师必须将其综合成更高层次的抽象。一个来源的信息可能与另一个来源的信息相冲突。有时，业务分析师获得新的输入后，必须重新审视小组已解决的问题。这样的循环可能会让参与者感到沮丧——我们不是已经谈过这个问题了吗，但这是人类非线性交流和探索的本质。需求启发就像剥开一层层洋葱皮，随着时间推移而露出本质。

如果我们使用纯粹的瀑布式生命周期模型，那么启发只在项目开始时进行。在理想情况下，业务分析师可在前期收集所有需求，且在整个系统开发过程中保持稳定。这种方法确实存在，但业务分析师必须在需求阶段投入大量时间。即使是传统的开发项目团队也知道，早期写的需求在整个项目过程中会不断被修改和阐述。

敏捷开发项目则在小段迭代中处理需求，并期望需求集在开发过程中不断增长和发展。每个开发迭代都包含启发活动。项目从一些需求探索开始，但人们并没有期望在该节点上获得一个完整、详细的理解。相反，团队积累了足够的知识来确定优先级，并将需求分配到早期的开发迭代中。在每个迭代过程中，团队会细化其分配的需求以满足开发人员和测试人员的任何细节需求，具体表现形式通常为用户故事和验收测试。

启发上下文

一个项目的远景和范围文档或是项目章程为启发奠定了基础，它们确定了项目的业务目标、范围（显式的）和限制（明确的）。为了开始启发的流程，先确定可能成为有价值信息来源的涉众。这些涉众可能对一个需求有否决权（即“你不能这么做”）或者有权增加一个需求（即“你必须这么做”）。你将与这些涉众合作，了解其业务、需求和关注点，以及他们期望一个新的或经修改后的系统能为他们做什么。

如果你是业务分析师，请提前计划你的启发策略。你选择的互动技术将取决于你对涉众的访问，如他们的位置、小组讨论还是个人讨论比较合适，以及他们能花多少时间。计划每一次互动，以确保你能得到开发团队需要的信息。后续根据涉众的积极参与程度，你可能需要调整互动技巧。

启发技术

在很多地方有很多方法都能找到业务或项目关于需求的知识。以下是大多数项目团队认为有用的几种启发技术（Davis, 2005；Robertson 和 Robertson, 2013；Wiegers 和 Beatty, 2013）。

访谈

一对一的涉众访谈既高效又能集中注意力，可让你深入了解细节。但这种方式往往缺乏协同互动，这种互动可在小组研讨会中激发新的想法。对于个人及小组访谈，业务分析师应准备一份需要讨论的领域列表，以及一份问题清单（Podeswa, 2009）。

小组研讨会

业务分析师与多个用户代表及其他涉众会面的研讨会是一种常见的启发形式。研讨会通常会讨论用户需求，以了解必须让用户执行的任务。所有的研讨会都有可能被超出原计划的讨论范围的讨论转移注意力，小组讨论也很容易被细节所困，陷入无底洞。实际上，应该从更高层次进行思考。经验丰富的主持人会让与会者紧扣主题，从而使研讨会产生有价值的信息。（参见经验教训 14。）

观察

观察用户在本地环境中的工作情况，可以得到一些信息。如果业务分析师只是简单询问用户的工作情况，用户不一定能想到还可以提供这些信息。一个善于观察的业务分析师能发现新系统可以解决的问题以及瓶颈，从而使业务流程更有效。用户常通过变通的方式来弥补软件系统的缺陷，我们可通过观察发现这些细节，以在系统中进行改进。用户体验设计师（UED）也认为，在用户工作时对他们进行观察是很有价值的，用户体验设计师会在一些项目中扮演业务分析师的角色。

文档分析

现有系统、产品和业务流程的文档可称为潜在需求的丰富来源。业务分析师可通过研究这些文档而在一个新的应用领域快速成长。文档中通常包含有关业务规则的信息：公司政策、政府法规、行业标准。可从现有记录中逆向出新需求，Suzanne Robertson 和 James Robertson（2013）把该过程恰当地称为“文档考古学”。从历史来源收集到的信息需被验证，以确保没有过时。

调查

访谈和小组研讨会只能吸引有限的参与者，而调查则可以让你从范围更广的人群中征集对当前产品的意见和建议。在线调查对商业产品很有用，因为开发团队很可能无法直接接触到有代表性的用户。创建调查是一门艺术，它可获得你所寻求的信息，并增加用户完成调查的概率（Colorado State University，n.d.）。调查应以最少的问题来获取所需的信息。在线调查常强迫用户回答每个问题，否则无法提交。但是当我发现一个调查很长的时候，我有时就会放弃调查。我愿意分享我的意见，但我并不愿耗费太多时间去面对几页的问题。

维基百科

维基百科和其他协作工具可让你从更多人那里收集意见和想法，这些人的数量通常是你在一个研讨会上无法容纳的。一个人的帖子可引起另一个人的赞同、修改、扩展或反对。但这种自由的方法也有缺点，那就是业务分析师需要在讨论中过滤内容以寻找有用的信息。

原型

人们难以从抽象的讨论和需求清单中想象出一个建议的解决方案。原型则可使需求更具象化。即使是简单的屏幕草图也能帮助研讨会的参与者将其想法具象化。不过在需求探索的过程中，过早地建立原型也是有风险的，因为人们可能会过早地将思维固化在一个特定的解决方案上，而这个解决方案不一定是最理想的。

奠定基础

在软件或系统开发项目中，启发是需求工程实践的核心。若没通过有效的启发来获得需求知识的坚实基础，一个项目就会处于不稳定的状态。

经验教训 12　客户的嘴，多听不亏

我从事软件开发时，有一段高产时期。在那段时间，我为柯达研究实验室中一位名叫 Sean 的科学家创建了一些应用。Sean 是这些应用的唯一用户，而我则是整个软件团队。我独自完成了创建一个应用所需的所有活动：需求开发、用户界面和程序设计、编码、测试及编写文档。其中一个应用是一个复杂的电子表格工具，它可以让 Sean 模拟出许多相机和胶片参数的摄影结果。另一个应用则是基于大型机的，用于分析 Sean 的实验数据。

Sean 的工位与我的工位相隔三米多。得益于 Sean 可以和我频繁进行非正式的、快速的互动，我的工作效率很高。我可以向他展示我在做什么，从他那得到我想要的答案，并及时获得他对用户界面想法的反馈。由于我们在空间上相距很近，加上项目参与者只有 Sean，因此我们得以在微小而快速的周期内进行合作。我们没有书面需求，因为我可以很快从他那里得到所需的细节。

我和 Sean 的工作是在理想的软件开发环境下进行的：一个开发人员加一个客户，紧挨着坐。这种情况不常见。大多数项目都有很多客户，被分为几个用户类别，还有许多需求来源、多个决策人。他们有一个开发团队，可能在同一个地方工作，也可能是异地协作，人数从几人到几百人不等。这些更具挑战性的项目需要以其他方式让客户的声音传到开发者的耳朵，以启发需求，建立优先级，沟通变更，以及做出决定。

沟通途径

除非你为自己写软件，否则你总要面对有需求的客户和构建解决方案的开发者之间的

隔阂。每个项目团队都需要在项目早期就为这两个群体建立有效的沟通途径。根据参与者数量，参与者是谁，他们分别在哪里，群体之间相互理解的程度及软件团队所掌握的技能，你需要选择不同的方式。

确定了用户类别之后，你需要从每个群体中选择对应客户来为其相关内容发声。

图 2.4 展示了几种沟通模式，将客户的声音与开发者的耳朵连接起来。我和 Sean 的情况是 A 模式，即用户与开发者之间直接联系。只要开发者和用户能相互理解对方的术语，这种直联的方式最不需要详细的书面需求，同时误传的概率也最低。但更多的时候，都会有中间人参与。

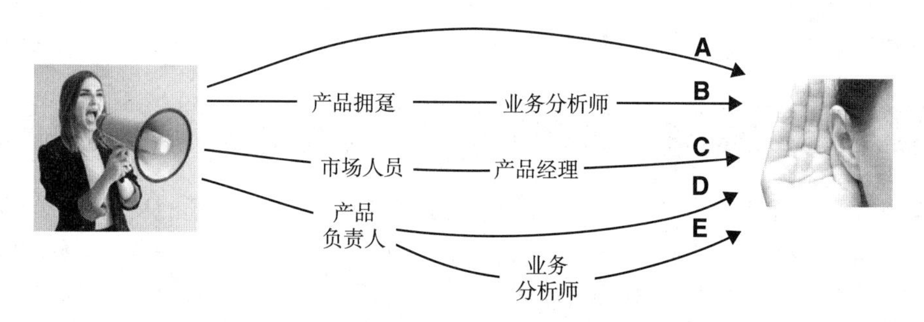

图 2.4：连接客户声音与开发者耳朵的多种沟通途径

当你有许多不同需求的用户时，他们就不可能都直接与开发者交谈——这是一个制造混乱的馊主意，因为开发者会被大量信息所轰炸，难以判断哪些来源是权威的。开发者要解决来自多个信息来源的冲突，这给他们带来了负担。为了应对这种多样性，我的许多咨询客户和我自己都成功地使用了图 2.4 中的 B 模式。

涉众分析通常展示了多个用户类别，不同类别的用户的需求不一样。不同用户类别的成员可以使用产品的不同功能，执行不同的任务，使用频率也不尽相同，以及还有一些其他区别。确定了用户类别之后，你需要从每个群体中选择对应客户来为其相关内容发声。

产品拥趸

在 B 模式中，需求信息的主要渠道涉及一个或多个关键用户代表，我们称其为*产品拥趸*（product champion），他们与一个或多个业务分析师合作（Wiegers 和 Beatty, 2013）。产品拥趸拥有领域知识，并理解项目的商业目标。他们与同用户类别的其他成员互动，征集需求输入，反馈意见，并告知其他用户项目的进展。业务分析师促进弥合产品拥趸和开发团队之间的沟通隔阂。

需要注意的是，还要考虑图 2.4 中的反向路径。当开发者或其他在该路径上的人有问题或者需要厘清一些问题时，就需要回到需求的源头去解决。记录每个需求的来源是很有帮助的，这样开发者可以快速得到需要的答案。

其他需求沟通途径

制造商业产品的公司常用图 2.4 中的 C 模式。市场部评估市场需求，以及新产品或改进产品的销售潜力。市场部可能会与产品经理合作，后者主司可获得商业成功的产品功能的定义。组织可通过各种方式将“定义产品”的职责划分给市场部和产品管理部门。

产品经理履行业务分析师在 IT 项目中所司的职能。以下是对产品经理角色的简明陈述（280 Group，2021）：

> 产品经理负责将满足市场需求并代表可行的商业机会的差异化产品推向市场。产品经理的一个关键作用就是确保产品能支持公司的整体战略和目标。

遵循敏捷开发方法的项目通常采用图 2.4 中的 D 模式，尤其是 Scrum。产品负责人确立产品的愿景与目标，创建并沟通产品待办项（Cohn, 2010）。产品负责人要定义一个路线图（roadmap），产品将通过该路线图从概念开始发展，经过早期发布，再到成为可为客户提供价值的成熟产品（McGreal 和 Jocham, 2018）。因此，产品负责人就代表了客户的声音。

称职的产品负责人会从之前提到的产品拥趸等人那里寻求意见，除非他本人已经是相关所有领域的专家。在 Scrum 中，产品负责人对管理产品待办项负有唯一责任，哪怕他把一些工作委托给其他人（Schwaber 和 Sutherland, 2020）。产品负责人还需与市场部、业务经理互动，并在故事待办项中酌情考虑他们的意见。

如你所见，产品负责人履行了业务分析师在 IT 项目中可能履行的大部分职责，甚至更多。然而一些敏捷项目开发团队会意识到，如果团队中有一个熟练的业务分析师，并与产品负责人合作，那产生的价值则会更大。当这两个角色都存在的时候，他们可以通过各种方式进行合作。业务分析师通常作为产品负责人的延伸或代理。而产品负责人可能会将一些责任委托给业务分析师，如与特定类别的用户合作。业务分析师将负责该范围内的一切工作，但不会涉及与其他部分一起排列优先级。优先级的确定仍是产品负责人的工作。

产品负责人更多时候面对的是产品和市场；而业务分析师则面对技术，并从用户需求中精心设计解决方案需求（Datt, 2022a）。这就是图 2.4 中的 E 模式。在其他情况下，情况恰恰相反。产品负责人和业务分析师合作的性质可归结为产品负责人认为业务分析师可以为项目增加最大价值。

缩小隔阂的桥梁

无论是业务分析师、需求工程师、产品经理、产品负责人，还是其他头衔的人，或者哪怕是开发人员自己来执行需求活动，所有的项目都要将产品用户和产品创造者联系起来。头衔并没有那么重要，重要的是这个角色要存在，以及明确其职责和权力。执行这一职能的人需要有正确的知识、技能、经验以及品格，以便与客户和开发人员一起工作。他们必须与这两个群体建立相互信任和尊重的关系。

有效的需求开发应确保开发者能听到客户的声音。这些联系可决定项目能否取得重大成功。

经验教训 13 天眼不通，他心不通

根据《美国传统英语词典》，“他心通”（telepathy）意为“通过感官以外的手段进行沟通，如直接的思想交流”；“天眼通”（clairvoyance）则意为“看到不能被感官感知的物体或事件的能力”。这些技能能使软件开发变得更容易，但前提是，真的存在这种技能。虽然这两项技能并不存在，但似乎总会被认为是一些项目应具有的基础技术。

来猜一下

人们有时会觉得一些需求是明摆着的，根本不需要说明。有些用户怕被别人误以为自己高傲，战战兢兢的，不想陈述一些他们觉得业务分析师已知的事情，怕万一被业务分析师认为在侮辱他们的智商怎么办？我个人倾向于反复听我已知的内容，从而加深它的有效性及我对其的理解，而不是让人以为这些信息已经存在于我的脑海，实际上并不是。

还有一些忙碌的用户并不愿意花时间与业务分析师、产品负责人或者开发人员沟通需求。他们的态度似乎是：“你应该已经知道我要什么了，做完之后给我打电话就好了。”这种态度就是他们认为业务分析师具有天眼通和他心通的能力。

需求的两大风险是显式需求与隐式需求。*显式需求*是指那些人们不说出来，却又期望的需求；*隐式需求*则指那些被另一个需求所需要，却未被明确说明的需求。不要指望业务分析师可通过天眼通与他心通来获取这些隐藏的知识。如你所见，项目团队永远不会有一个完整的需求集，项目参与者必须判断哪些内容即使不说明也没问题。

明晰化

我喜欢把我们已知的期望明确传达给别人，而不是让别人猜测我在想什么。如果项目的所有涉众有足够高的思维契合度，在不需要记录需求细节的情况下就能产生正确的产品，自然最好不过。这些涉众在一起工作的时间越长，开发团队对应用领域了解得就越多，思维便越融洽。不过，我的理念通常是，若需求没有描述某个特定的能力或功能，我们就不应该期望其出现在产品里。

业务分析师应尝试揭露和确认那些模糊的假设，因为它们可能是无效的或过时的。

我们有时会非正式地表达需求，因为我们假设读者会有一个与我们自己类似的“感性过滤器”，然而人们肯会对相同语句有不同的理解。这种模糊性会导致期望的不一致性，以及交付时的意外。你可能是在一套与我不同的假设下运作的。这个假设是指在没有确切信息证明它是真实的情况下，我们自认为的真实陈述。业务分析师应尝试揭露和确认那些模糊的假设，因为它们可能是无效的或过时的。

当将系统实现进行外包开发的时候，沟通不畅的风险会增加。我曾经审查过一个计划给外包公司开发的项目的需求文档，文档内包含许多以“系统应支持……”开头的需求。我问文档作者，外包公司的开发人员如何准确理解“支持”这个词在每个语境中意味着什么。她思考了好一会儿后，给出答复：“我想他们无法准确理解。”后来，她明智地在整个文档中澄清她所说的“支持”是什么意思，消除了歧义。这比天眼通和他心通靠谱多了。

这里举一个隐式需求的例子。你要求为某些操作提供“撤销（undo）”功能。开发者也确实实现了该功能。你对其进行测试，一切运行良好。然后你问开发人员“重做（redo）”操作在哪里？

“你没说要这个功能啊？”开发人员一脸无辜。

“我觉得有撤销操作就显然要有重做操作呀。你能把重做功能给实现了吗？”你又问。开发人员添加了重做功能，并且运作正常。但你又会想了，为什么只能重做一步？然后你们开始了进一步讨论：那你想要重做多少步呢？你是期望能够跳到撤销序列中的任意一个节点，并重做从该点开始的所有撤销动作吗？撤销历史的队列应该在什么时候被清除？反反复复，磨磨蹭蹭。

若开发者与用户有密切联系，那他们可以从那个简单的撤销需求开始讨论，就“撤销”“重做”功能到底应如何表现达成一致。如此一来，在不需要多次开发迭代的前提下就能达到用户心中的要求。但如果你将开发工作外包，那最好事先思考需求中应包含的所有具体细节。否则，你不该为远程开发者对一个写得很简短的需求的理解与客户的期望不一致而感到意外。

外包公司甚至可能在提案中发现了你的隐式需求，但他们的投标只基于原来的需求进行，并笃定你后续会回来提出额外的需求。然后，他们就可以要求更多的资金和时间来满足你的“范围潜变（scope creep）”。

他心不通

你不可能仅通过思考和讨论就能解决所有功能的细节问题。有时只有通过实际的开发周期，或者制作原型才能让用户清楚他们需要什么。不过，假设的需求和由此产生的设计会导致代价昂贵的返工。我最近读到一个关于工程师在 F-16 战隼战斗机操纵杆上做出的不当的设计决定（Aleshire，2004）：

> 最初，工程师们把控制杆本身做成实心的、不能移动的，计算机可以将飞行员的手对操纵杆的压力换算成类似操纵杆的实际运动。但飞行员们不喜欢这样——他们想移动操纵杆以获得操纵感。

从使用产品的人的口中获取关于需求和拟议方案的意见，这是无可替代的。而且，我们没有任何借口不把所得到的信息记下来，以确保产品设计师能满足客户的需求。

经验教训 14 众口难调，则勿全调

我曾担任过一个中等规模信息系统项目的首席业务分析师。我与另外两名业务分析师一起，与不同类型的用户一起工作，了解他们的需求。有一天，我的同事 Lynette 给我打电话，表示出她的一些担忧。她的首次启发研讨会所涵盖的内容比计划中的少很多。参与者们产生了挫败感，不知道这个过程还要花多久。Lynette 来寻求我的建议。

我问她有多少人参加研讨会，她回我说：“12 个。”哈，这就是问题所在了！一大群人很难达成协议，亦难做出决定。小组成员很容易被旁人的谈话分散注意力。很多人可能对每个话题都有话要说，导致讨论时间过长，且不一定有成效。大家易被拖入某个参与者喜欢的话题中，这样就可能根本不能达到当天的目标。之后，分歧可能升级为冗长的辩论。某些人开始主导讨论，而另一些人则漠不关心。

我建议 Lynette 将研讨会的规模减小。她不需要六个用户代表，两三个足矣。有些人只是作为观察者或为了保护自己的利益而在场，他们并没有为需求探索增值。我建议在需求提取讨论中包括有软件开发和测试经验的人，因为他们可以提供关于所提需求的可行性和可测试性的见解。在这种情况下，Lynette 的背景使她自己能够从这些角度参与讨论。Lynette 缩小了后续研讨会的规模，每个人都对他们取得的更快的进展感到满意。

注意

四个人可以进行卓有成效的讨论，并不被旁路对话所干扰。如图 2.5 所示，在一个四人小组中，双向的互动很少。但随着小组人数增加，这种互动的数量会滚雪球般增长。图 2.6 展示了一个十人小组中有多少双向互动。有些人会陷入私聊，这并不奇怪——尤其是当他们对当下话题不感兴趣的时候。保持小组相对较小的规模可获得快速进展，这种方式适用于需求启发研讨会、同行评审，以及类似的集体活动。

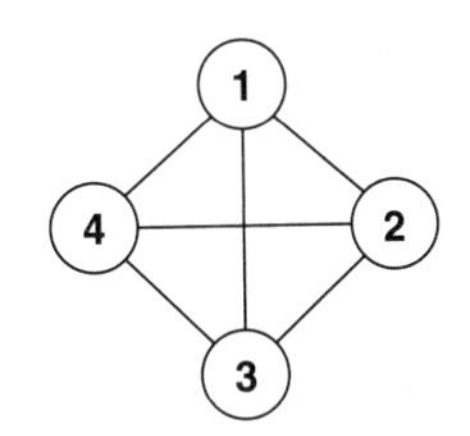

图 2.5：四人小组中只有少量的双向互动

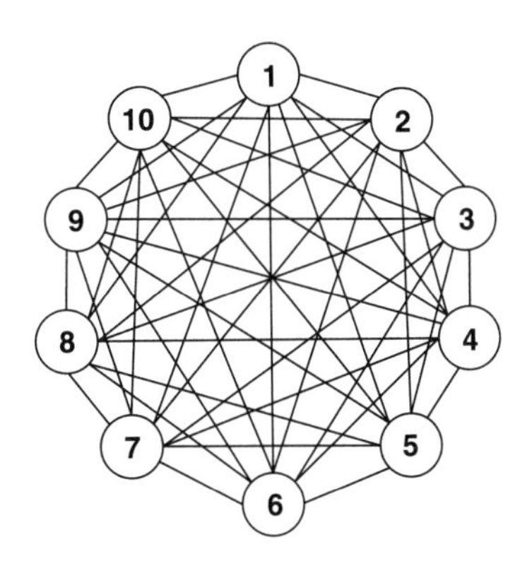

图 2.6：在一个大群体中，双向互动数量激增，滋养了分散注意力的旁路对话

我们发现，控制小组规模的一个策略是，与不同类型的用户分别举办研讨会。不同类型的用户的需求不同。如果你把所有项目的涉众代表集中在一个研讨会上，那么任一出现的话题都将只被小组的一个子集所感兴趣。其他人甚至可能会觉得厌烦，觉得是在浪费时间。对不同类型的用户分别举办研讨会，有助于确保所有参与者都对会议议题感兴趣。明智地将不同类型的用户组合起来，可产生协同效应，揭示出单个群体无法考虑到的联系、问题与创新。

主持人控场

要使一个大团体沿既定路线前进，需要有控场技巧。控场可以是自发的：小组中有人主动站到白板前，手持记号笔，为众人维持秩序。业务分析师可作为主持人，或小组可请一个公正的外部主持人。主持人应为每次会议准备好目标和议程，为讨论设定时间框架以保证进度，这样小组就不会因被某个话题缠住导致时间不足，最终忽略了其他问题。

主持人应能判断什么时候需要适当延长某项讨论，如某项讨论可为项目增加价值。主持人还应能评估什么时候适合深入更多细节，什么时候又该转到下一个话题。一个好的主持人会注意到关于需求的讨论是否已滑离对解决方案的探索，并把小组讨论拉回正题。Ellen Gottesdiener 的 *Requirements by Collaboration* 一书为计划、领导需求研讨会提供了广泛指导。

专注，专注，再专注

领导大型研讨会的最大挑战之一就是控制讨论的范围。如图 2.7 所示，主持人必须优先考虑横向范围，即小组计划在研讨会中讨论的可能的用户需求子集。然后是一个纵向范围，即每个特定项的探讨深度。

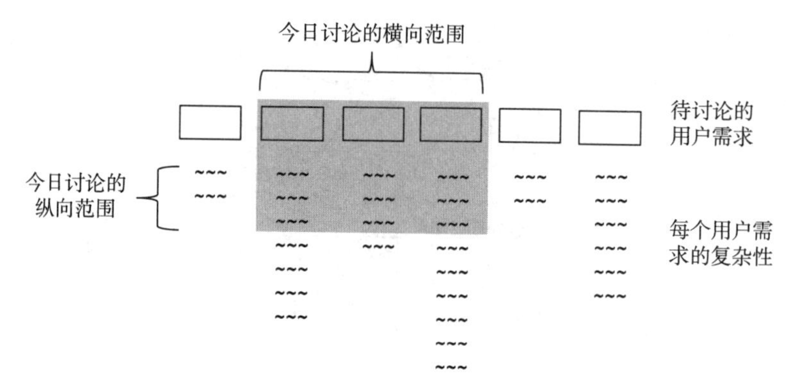

图 2.7：启发研讨会需集中在一个特定的需求子集，并达到一个特定的理解深度

研讨会并不尝试定义每个需求的所有细节。在需求探索早期，你无须对每个需求必知必会，只需了解到恰到好处即可，这些信息可供团队预估他们的规模，并对实现进行优先级排序。只花正好的时间讨论，确保所有参与者对每个需求的含义有共同理解即可。会后，业务分析师可在适当时间与用户一起充实细节，如在实施某个特定开发迭代中的需求之前。

主持人必须尊重参与者提出的意见。虽然主持人需要让讨论集中在当天的主题上，但也必须尊重人类的基本需求——被倾听。若有人提出了一个超出讨论范围的问题，主持人应把这个想法记录下来，以供未来参考，然后再迅速把讨论拉回讨论范围。

团体之外

保持小规模并不是为了将其他人的参与和贡献排除在外，只是为了加快进展。我们可以用异步方式（如维基百科）来补充启发研讨会，以征求更多人的意见，从而缩小隔阂。每次把会议信息写下来，及时分发给参与者，让他们审阅，并让更多人发表意见，我发现这种做法对我很有帮助。让其他涉众参与到过程中来，可扩大你的知识面，验证研讨会成果，让大家了解项目的方向，并促进认同。

我们需要更多的讨论来在洽谈中达成共识，而不是进行简单的投票，或将决定权下放给某个人，甚至听天由命。

当你通过多个渠道、从不同涉众那里收集信息时，必须有人解决有冲突的需求。这种冲突有时会表现在术语上。两个人可能用不同的单词来表示同一件事，或为一个术语赋予了多重意思，从而导致混淆。还需要调和从不同类型的用户处获得的需求优先级，并决定接受哪些拟议的修改。每个项目都需要确定这些事项的决策者，以及他们应如何做出决定，即他们的决策规则（Gottesdiener, 2022）。有些决策过程会很长，长于其他过程。我们需要更多的讨论来在洽谈中达成共识，而不是进行简单的投票，或将决定权下放给某个人，甚至听天由命。

启发研讨会是一种合作探索需求的有效方式。作为一名业务分析师，带领一个由用户代表组成的团队，对他们的需求和解决方案达成共识很有意义。不过，如果团队规模太大，你可能会陷入众所周知的“放羊”局面，你尽最大努力让大家参与进来讨论，但最后仍可能还是铩羽而归。小规模团体的进展会快很多，比如在发生火灾时，大家对究竟使用哪个消防通道能快速达成一致。

经验教训 15　优先级看嗓门，项目妥妥没魂

中国有句古话，“爱哭的孩子有奶吃。”如将这句话应用在软件开发领域，那就是谁为自己的需求喊得最响，谁就能被优先考虑。我们把这称为*嗓门优先级*。这不是最好的策略。

大多数团队面临着大量待实现的功能，而这些功能超出了项目的范围。相关决策人员必须决定哪些功能入选，哪些被推迟或放弃。即使你能处理所有工作，也需要确定合适的实现顺序。有些功能是重要且紧急的，需要优先实现；另一些是重要但不紧急的，可以延后实现；剩下的就是一些不重要不紧急的。优先级作为项目规划中重要的一点，其可指导将剩余的待办项分配到合适的迭代、构建或发行版中。

优先级排序的目标是快速且低成本地提供最大的客户价值。

每个涉众都会觉得自己的需求是最重要的。那些高影响力的、硬气的或嗓门大的经理

和客户会给我们施加很大的压力，要求我们优先解决他们的需求。但从商业角度看，喊得最大声的客户的需求不一定代表最重要的功能。优先级排序的目标是快速且低成本地提供最大的客户价值。你一定不想把精力浪费在对产品成功没什么贡献的功能上。所以，成熟的优先级排序除了考量音量外，还需考虑其他许多因素。

优先级排序技巧

人们开发了许多方法来确定软件需求的优先级。一些研究人员还研究了哪些需求优先级技巧是最实用和最有效的（Hasan et al.，2010；Kukreja et al.，2012；Achimugu et al.，2014），常用的技巧包括：

- 三级法，将所有优先级分类为高、中、低三档。
- MoSCoW 法，分为必须（Must）、应该（Should）、可能（Could）、不会（Won't）。
- 对单个特性、功能需求、用例或故事进行配对比较，按优先级对项目进行排序。
- 对一组近似需求项标记优先次序。
- 在各需求之间总共分配 100 分，给优先级最高的项目以最高分。
- 计划博弈，通常用于敏捷开发项目，客户与开发者合作，按照相对优先级列出一组用户故事（Shore, 2010）。
- 根据产品的价值和实现成本对需求进行评级的分析法（Winters 和 Beatty, 2013）。

排优准绳

同样的思考过程适用于用例、单个用例流、特性、子特性、功能需求和用户故事的优先级排序。当你需要决定哪些需求是急迫的、哪些是可取的以及哪些是可有可无的时候，可考虑以下因素。

业务目标

最具决定性的标准是看每个需求在多大程度上能帮助组织实现其业务目标。这一判断的参考依据是项目的业务需求，项目负责人应在项目早期就确定这些需求。这些需求描述了正在创造或利用的商业机会，并量化了企业对项目的目标。若无明确目标，就很难挑选出需要实现的功能，以及决定何时对其进行实现。

用户类型

并非所有用户类型的地位都相同。满足受青睐用户类型的需求比满足其他群体的需求更有助于业务成功。涉众分析时需要确定哪些用户类型重要。被偏爱的涉众可被赋予更高的需求优先级。

使用频率

了解用户使用某些功能的频率有助于你判断哪些功能需要优先被实现。评估使用频率的一个方法是，为应用程序开发一个操作埋点。该埋点描述用户在一个会话中，每项操作所占的时间比例（Musa, 1993）。例如，在一个航空公司网站上，有多大比例的用户会话涉及航班预定、修改或取消，或是查询航班状态、追踪丢失行李等。在其他条件相同的情况下，最常使用的操作通常（也并不总是如此）拥有更高的实现优先级。

监管合规

能够使产品达到合规、认证标准的需求必须拥有高优先级。若你的产品都不允许被销售或使用，那么有再多的功能也无济于事。一个相关的考虑因素是，有些特定的涉众会需要某个功能，但这个功能对大多数用户来说不可见。例如安全需求、记录访问历史、建立审计追踪等。即使没有终端用户对这些功能趋之若鹜，这些隐蔽的功能仍可能具有很高的优先级。

基础性功能

某些功能即使不能立即为用户提供价值，它们也应当被尽早实现，因为它们是后面一些功能的基础。当你决定需求实现顺序时，需要考虑需求之间的依赖关系。一些功能可能会为一个复杂产品的架构建立合理性，而如果在项目后期再加入这类功能可能会对架构造成破坏，所以我们要在早期就完成它。

风险性功能

从实现角度看，高风险需求应尽早开始，以验证其可行性，并降低项目的整体技术风险。

量化分析

无论你选择哪种排优技巧，若你在分析中考虑了上述因素，结果肯定会比嗓门排序好。爱哭的孩子不一定被放在首要位置。

经验教训 16　边界不划清，需求摊大饼

我在培训课程中曾问学生，有多少人曾在项目中遭受过“范围潜变（scope creep）”的荼毒，无不举手。然后我又问，有多少项目有明确的范围声明，这次却无人举手。如果一个项目的范围从未被明确定义过，那么范围潜变的概念究竟是什么呢？

范围潜变迷雾

范围潜变，即持续的、不受控制的功能增长，亘古不变地困扰着软件项目开发。范围

潜变通常被认为是一个项目无法跟上其计划进度的原因。除非有达成共识的参考点说明“这是我们这段时间内计划做的事”，否则我们可能无法知道我们有没有被范围潜变入侵。

每段计划中的工作都以团队在该段工作中准备实现的功能基线为始。

我们可将范围定义为涉众认可的在特定迭代、构建或产品发布中交付的一组能力。范围规定了工作主体中内涵与外延的边界。项目任一部分的范围都代表了产品愿景的一个子集，是从项目启动开始通往最终交付道路上的垫脚石。每段计划中的工作都以团队在该段工作中准备实现的功能基线为始。该基线即范围变化的参考点。

人们通常认为范围潜变是坏事。它暗示了需求启发不准确或不完整，导致不断增加和放大的需求流。如你所见，任何一个大型项目都不可能在前期就完全定义所有需求，期望需求保持不变更不现实。每个项目都必须被预料到会有需求变化和增长，因为用户会测试早期版本，从中获得新想法，以及对问题的更好理解。

如果我们因范围潜变恐惧症而扼杀变化，则会导致产品确实实现了最初愿景，但却无法满足客户诉求。如果我们的排期没有预留应急缓冲时间，或没有持续的优先级变更来适配变化，持续的范围增长就会使项目脱离正轨。（参见经验教训 25。）每次将新需求纳入，都会引入进度和预算的超支。

敏捷开发项目特意不打算定义整个项目的范围。产品负责人将产品待办项分配给不同迭代进行实现，以此来定义每个迭代的范围。新需求或其他工作项会被添加到待办项中。产品负责人将新待办项与其余工作进行优先级排序，以此来将这些事项在合适的时间分配给未来的迭代。这种方法有助于精准定位用户诉求，但它也可能导致最终交付时间的不确定性。

如何记载范围

最简单的范围表示技巧列出了特定开发周期内计划实现的需求、特性或待办项，例如在一个敏捷发布的计划中（Thomas, 2008a）。其他有用的技巧如下，它们会在不同细节粒度上表示范围。

- **背景图**：不透露任何系统内部信息，但确定了系统外的实体，如用户、其他软件系统、硬件设备等，这些实体跨越系统边界相互联结（Wiegers 和 Beatty, 2013）。
- **用例图**：描述系统边界外的活动者及他们与系统互动的用例（Ambler, 2005）。
- **生态图**：展示多个系统如何相互连接，我们可依此判断一个变化是否会对那些与你的系统不直接对接的系统产生连锁反应（Beatty 和 Chen，2012）。

- **迭代待办项**：确定敏捷开发团队计划在一次迭代中完成的一组产品待办项（Scaled Agile, 2021a）；在 Scrum 项目中也叫作 Sprint 待办项。
- **用户故事地图**：展示用户故事的活动、步骤和细节，定义整个产品、一次迭代、一个特性或部分用户体验的范围（Kaley, 2021）。
- **特性路线图**：在路线图中，为每个特性定义几个能力增强级别，然后通过列出该版本所包含的各项特性的具体增强级别来描述一个特定版本的范围（Wiegers, 2006a）。
- **特性树**：将一些主要特性直观分解为子特性，规划者可将这些子特性分组，以确定每个开发周期范围（Beatty 和 Chen, 2012）。
- **事件列表**：确定每个版本将处理的外部事件（Wiegers 和 Beatty, 2013）。

在每种情况下，定义范围的目的都是定义项目特定部分所需交付的能力。这个特点确立了范围边界，并作为开发过程中修改范围的参考点。

在范围内吗

由于范围不稳定，所以每个项目都需要一个实用的变更管理流程。未经过滤，粗暴地将提议项扔进待办项中是不可取的。我们应有一些良好的沟通机制，涉众可通过这些机制来谋求更改，以便合适的人可评估这些改变带来的影响，以及决定是否将该改变纳入修改计划。在团队为某个特定工作主体建立基线前，是不会启动正式的变更流程的。此前，我们知道需求是动态的，范围是变化的。随着时间推移，在每个增量工作中，变更控制应愈发严格，以提高按计划在基线之上交付的概率。

当有人提出新需求时，我们需要知道该需求“在范围内吗？”这个问题有以下三种可能的答案。

- **在的，在的，显然是在的**：该功能被当前开发周期目标所依赖，我们必须将其纳入正在进行的工作中。
- **不不不，显然超了**：这个需求对我们当前工作的业务目标没有贡献，我们现在无须解决它。可将其纳入待办项中未来再考虑，或者也可以直接拒绝它。
- **它不在当下定义的范围内，但应该在**：项目负责人必须做出业务决策，以决定是否扩大项目的范围以适配新能力。若所要求的变更可增加足够的业务价值，那么扩大范围是理所当然的。不过我们也要为这么做付出相应的代价。若范围扩大，其他内容就得跟着做出改变，包括其他功能、项目进度、成本、人员或是质量。没有免费的变更。

模糊需求 = 模糊范围

人们写需求的方式不同，会导致对范围理解的不确定性。这种模糊性可能导致一方认为某个特定功能应在范围内，而另一方则不同意。如像“支持”这种模糊的术语，或是“等”“例如”“包括”，更有甚者“包括但不限于”，这些词都在本质上就具有不确定性。我不喜欢在需求声明中看到它们。这里有一些例子。

- “系统应处理 A、B、C 等字符。”所有读者都能对列表结束于何处、其所包含的所有内容有一致的理解吗？开放式的“等”让我神经紧张。
- “该系统应支持微软的 Word 文档。”读者对于“支持”到底指哪些功能会有截然不同的理解。假设一个项目经理或产品负责人根据对“支持”的有限解释来制定后续计划，而后你发现提议这个功能的客户有一个更广泛的期望。这是范围潜变吗？还是说这只是把原有的期望具象化，从而揭露了冰山下面的部分？在做出承诺前仔细编写需求，有助于避免该类问题。

当外包项目出现范围争议时，模糊和不完整的需求就会成为问题。曾有一个项目，其要求供应商将客户现有信息系统中的几组数据迁移至供应商的新软件包中（Wiegers, 2003）。项目开始后，客户发现还有几组数据需要转换。客户认为这些数据是在原项目范围内的，拒绝支付额外的转换费用。供应商则不同意。由于这个问题，以及几个其他问题，这个项目最终被取消，并引发了一场昂贵的官司。还有一个例子，我的一位顾问朋友被聘为五个外包项目的鉴定人，这些项目都导致了诉讼，以及数百万美元的赔偿。其中四个项目的失败涉及定义不明确的需求，这里面有两个涉及了范围问题。

明智的外包商会为自己预留缓冲，以适应一定程度上的范围增长和范围的模糊性。但这种包含缓冲的报价可能会让潜在客户感到反感。合同需要明确说明如何处理范围增长，以及谁该为其买单。你越能清楚区别什么需涵盖，什么需排除，这些争论就会越少。

我有一个朋友，他为了确保项目目标足够简要，他让目标在会议议程、笔记、文档和其他公共位置上保持可见。我还认识一些人，他们把愿景和范围声明写在广告板上，并将其带到需求讨论中。这种“可见性”有助于人们回答一个问题——新需求对于满足这个目标是必要的吗？这就是范围管理背后的核心问题。

变化总会有，过度的变化则表明一开始就没有充分理解这个问题。明确界定计划中的工作范围，可使团队专注于在进度和预算的限制下创造一个有价值的交付物，并在变更诉求出现时做出明智的业务决策。

下一步：需求

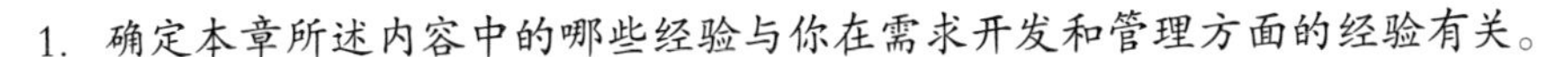

1. 确定本章所述内容中的哪些经验与你在需求开发和管理方面的经验有关。
2. 你能从自己的经验中想到任何其他与需求相关的教训吗，值得与同事分享它们吗？
3. 理解本章描述的每个实践，它们可能是你在本章开头“初体验”中确定的与需求有关的问题的解决方案，每种做法能改善你的项目团队处理需求的方式吗？
4. 你如何判断第3项中提到的每项实践都产生了预期结果？这些结果对你有什么价值？
5. 找出任何可使你难以应用第3项中提到的实践的障碍，如何打破这些障碍，或者能否找到盟友帮助你实现这些实践？
6. 将说明、模板、指导文档、检查单及其他辅助工具落实到位，以帮助未来的项目团队有效地应用你所实现的需求最佳实践。

第3章

设计

何谓设计

如果说需求的范围是关于定义问题及解决方案必备特征的，那设计则是关于精心谋划这些解决方案的。有人说，需求关于“什么（what）”，设计关于“如何（how）”，其实并不确切。

如图3.1所示，需求和设计之间的界限并不十分清晰，而是一个模糊的灰色地带（Wiegers, 2006a）。在需求探索过程中，采取一些试探性的步骤切换到设计思维是很有价值的，如创建原型。思考如何将某个问题的知识导向解决方案，这可帮助人们完善产品的需求。与原型进行互动的用户会发现，原型可阐明他们的思考内容，并引发新想法，因为原型比抽象的需求清单更具象化。

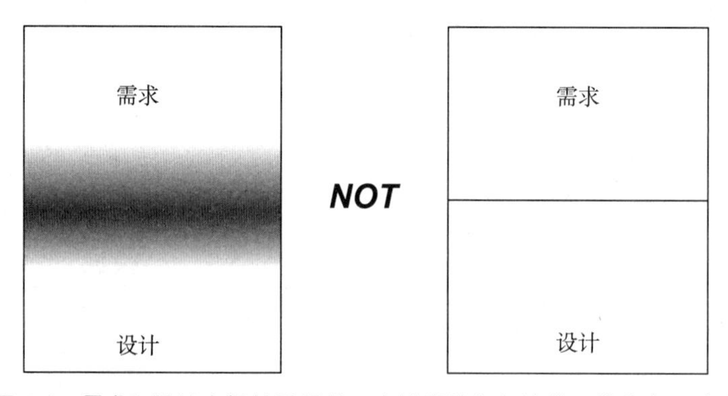

图3.1：需求和设计之间的界限是一个模糊的灰色地带，并非十分清晰

哪怕是从优秀的需求过渡到设计的具体部分，不容易，也不会是明摆着的。

软件设计的本质是将需求与代码片段联系起来，但哪怕是从优秀的需求过渡到设计的具体部分，不容易，也不会是明摆着的（Davis, 1995）。每当有人问我人们如何设计软件时，我就会想起西德尼·哈里斯的一幅古老的漫画。画中有两个科学家站在一面写满方程的黑板前，一位科学家指着黑板上写着“见证奇迹之处”的位置，提出建议说这一部分需要更明确一些。

软件设计的某些方面确实很神奇，让人感觉它是在设计者的经验和直觉的基础上，以某种方式从凌霄宝殿中祈祷出来的一样。像数据库设计这一类活动是系统性的和分析性的；而其他一些活动则显得更加天然，在设计者探索从问题到解决方案的过渡过程中，设计逐步展现。用户体验设计涉及艺术上的创造性方法，其基于对人类要素的深刻理解。设计师常依靠软件设计中反复出现的模式来减少所需的创造力（Gamma et al., 1995）。Ken Pugh（2005）在他的 *Prefactoring*（《软件预构艺术》）一书中对设计师的思考过程提供了一些见解。

设计的方方面面

如图 3.2 所示，软件设计包括四个主要方面：架构设计[1]、细节设计[2]、数据库设计及用户体验设计。所有这些方面都受到诸多制约，限制了设计者的选择。制约因素可能来自其他产品的兼容性要求、适用的标准，也可能来自技术限制、商业政策、法律法规、成本和其他因素。含有嵌入式软件的实体产品还受其他诸如尺寸、重量、材料和接口的限制。制约因素告知设计者不能做什么，以此来增加对他们的挑战，就像需求决定了设计必须做什么一样。

架构设计指系统及其组件或架构元素的结构（Rozanski 和 Woods, 2005）。这些元素包括纯软件系统的代码模块，这些代码模块对大型产品来说可汇总成多个相互关联的子系统。含有嵌入式软件的实体产品还将包括机械和电子硬件组件。设计一个架构，涉及将系统划分为各组件、定义每个组件的职责，并将具体需求分配给适当的组件。指定组件之间的接口是架构设计的另一方面。（参见经验教训 22。）

1　又称概要设计、逻辑设计或高层设计。——译者注

2　又称模块设计、物理设计或低层设计。——译者注

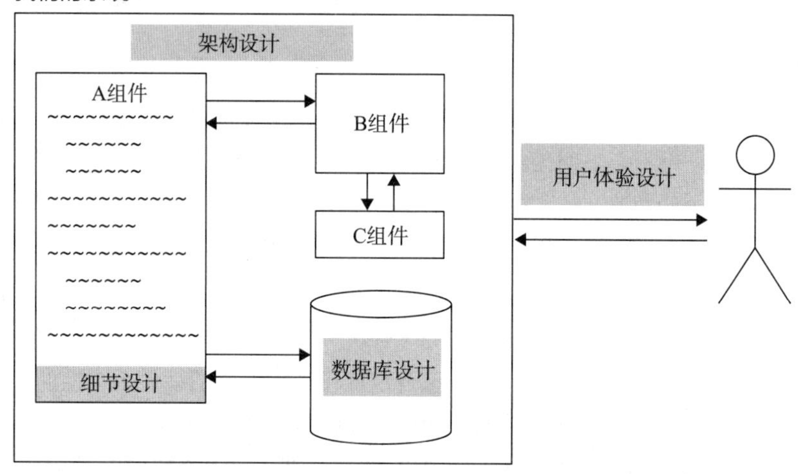

图 3.2：软件系统涉及架构设计、细节设计、数据库设计和用户体验设计

*细节设计*的重点是各程序组件间的逻辑结构——代码模块、类、方法、脚本等——以及模块间的接口细节。算法开发是细节设计中的一个重要方面。

*数据库设计*在应用程序需要创建、修改或访问一个数据库时是必要的。其包括确定的数据实体或者类，以及它们之间的关系，还要逐项列出每个实体的数据元素及其数据类型、属性和逻辑连接。构建能创建、读取、更新和删除存储的数据（有时统称为 CRUD）的过程也是数据库设计的重要组成部分。设计报表功能和报表布局是横跨数据库设计和用户体验设计的。毕竟你把数据放进电脑的唯一理由是人们可以再次把它拿出来并以某种有用的形式访问它。

*用户体验设计*会在任何有人类用户参与的应用中被涉及，这是一门广阔的学科。*用户界面设计*是用户体验设计的一个子集，也被称为*人机交互*（Human-Computer Interaction，HCI）。用户界面设计涉及架构和细节两个方面。用户界面的架构描述对话元素，即用户和系统可互动的地方，及它们之间描述用户任务流的导航路径。详细的用户界面设计则涉及用户与产品互动的具体细节，包括屏幕布局、外观、输入控制，以及单个文本块、图形、输入框和输出显示。无论是用户界面的架构设计还是详细设计都会推动用户对易学性和易用性的感知，也可统称为可用性。

你的设计精妙吗

设计包含设计出满足生命周期中大量需求的最佳解决方案。设计必须保证功能被正确实现，并达到多个质量属性的预期特征。（参见经验教训 20。）此外，设计必须有效地适应开发过程中和发布后的优化和修改。

多年来，Edsger Dijkstra、David Parnas、Barbara Liskov、Larry Constantine 和 Glenford Myers 等软件工程领域的先驱们阐释了指导设计者取得更好结果的原则，而另一些人则将这些原则汇编成有用的资源（Davis, 1995；Gamma et al., 1995；Pugh, 2005）。遵守以下原则可使设计简单化，不易失败，且比其他方式更易理解、修改、扩展和复用。

- **关注点分离**：设计应被划分为相互独立的模块，各自有明确的、不重叠的职责。
- **信息隐藏**：每个模块都应向系统的其他部分隐藏其数据和算法的内部细节，其他模块应只通过定义的模块接口来访问该模块的数据和服务，这样每个模块的实现都可于必要时在不影响其他模块对其调用的前提下进行修改。
- **低耦合**：耦合指两个软件组件之间的纠缠程度，良好的模块化设计可展现组件间的低耦合性，因此改变一个模块时应将对其他模块的改变降到最小（TutorialsPoint, 2021）。
- **高内聚**：内聚指一个模块的功能在逻辑上的整体性，每个模块最好只执行一个单一明确的任务（Mancuso, 2016）。
- **抽象**：抽象允许开发者编写出不依赖具体实现细节的代码，如平台的操作系统或用户界面，抽象有利于可移植性和可复用性。
- **定义并推崇接口**：一个定义明确的模块接口可使其他代码模块的开发者很容易访问该模块提供的服务，同时也有利于在必要时将其替换成另一个模块，因为它呈现给系统其他部分的接口是不变的，同样的原则也适用于系统呈现给外部世界的外部接口。

我们有时会将设计视为需求的直接延伸，或将其与实现绑在一起视为“开发”。但最好还是将设计视为一项独立的工作。每个项目都会有人设计软件，无论他们是否将设计作为一项独立的活动，也无论他们是否以某种形式记录设计。

我曾参与过一个项目，若我们直接根据需求进行编码，会产生一个比我们预先探索的设计方案复杂得多的程序。从需求来看，这种情况并不明显，但系统的八个计算模块中有三个用了同一个算法，另三个又共享另一个算法，剩下两个则使用第三个算法。最终我们注意到，我们将要多次编写相同的代码，幸运的是，在实现之前我们就发现了这种“重复”。

与其从需求直接快进到编码，不如花点儿时间来评估一下设计方法，并选择一种合适的。本章展示了我从软件设计经验中获得的六条宝贵经验。

初体验：设计

我建议你在阅读本章中与设计有关的内容之前，先花几分钟时间进行以下活动。当你阅读这些内容时，思考它们在多大程度上适用于你的组织或项目团队。

1. 列出你的组织特别擅长的与设计相关的实践。思考有关这些实践的信息是否被记录下来，并提醒团队成员注意，并使其易用。
2. 尝试找出一些痛点问题，你可以将其归因于项目团队处理架构设计、细节设计、数据库设计、用户体验设计或其他设计活动的缺陷。
3. 梳理每个问题对你成功完成项目所产生的影响。分析这些问题是如何阻碍开发组织及其客户取得商业成功的。这些问题可能会导致系统变得脆弱、不易修改或优化、性能不达标、代码重复、产品内部或相关产品间的不一致，以及一些可用性问题。
4. 对于第 2 项中提到的每个问题，找出引发问题或使问题恶化的根因。问题、影响和根因可能会被混淆，尝试将它们分开，看看它们之间的联系。你可能会发现，同一问题存在多个根因，同一根因亦会引发多个问题。
5. 当你阅读本章时，列出任何对你的团队有用的做法。

经验教训 17 设计迭代，更新不断

Frederick P. Brooks, Jr. 在他的经典神作《人月神话》中提议：“为舍弃而计划，无论如何，你一定要这样做。”他指的是在大型项目中，最好先创建一个试验性的或预生产的系统以找出建立完整系统的最佳方法。这类探索很昂贵，尤其是系统包含硬件组件的情况。但在你有技术可行性的问题，或最初没有明确且合适的设计策略的情况下，创建试验性系统是有价值的，它能帮你揭示出你未意识到的一些重要的未知因素。

在多数情况下，你不大可能在构建好产品初步版本之后就放弃它，但你仍需在团队进入实现阶段前对潜在的设计进行迭代。创建最简设计听上去很有吸引力，且它的确能加速解决方案的交付。快速交付也许能满足客户对价值的短期感知，然而随着产品逐步发展，这种方式可能不是最好的长期策略。

于软件而言，一个问题通常不是只有一个设计方案，也鲜有单一的最佳方案（Glass, 2003）。你所构思的第一个设计方案不会是最佳的。经验丰富的软件设计师、家具设计师和“其他有的没的的设计师”Norman Kerth 很好地解释了这一点：

若你没有想到至少三个解决方案，没有因为它们不够好而抛弃重来，没有从这些方案中取其精华组成第四个优雅卓越的方案，那就不能说完成了设计工作。在考虑了三个方案后，有时你就会发现你并没有真正理解这个问题。当你通过思考，概括出问题后，你可能会发现一个简单的方案。

软件设计并不是一个线性、有序、系统或可预测的过程。顶级设计师通常会优先关注难点。在难点中，解决方案可能并不明显，甚至不可行（Glass, 2003）。有几种方式可以促进设计者的方案的迭代，使其从最初的概念一直发展到有效的解决方案。其中一种方式是创建和完善设计方案的图形模型，即图解（diagram）。这种技术在经验教训 18 中会做进一步阐释。还有一种可对技术设计和用户体验设计进行迭代的技术，叫作原型设计。

原型设计之魅

原型是一个局部的、早期的或者说是可能的解决方案。你构建出系统的一部分作为实现，用于验证你是否真的了解如何设计好这个系统。若验证失败，就再来一次。原型对于评估风险和减少风险很有价值，尤其是在你采用了一种新架构或新设计模式的情况下，它可帮助你在真正投入之前就进行验证。

若你想让产品脱胎于原型，就必须以生产水准为始。

在构建原型之前，你需要确定这个原型是否终将被放弃然后再开始开发真正的东西，还是直接将其发展为产品。若你想让产品脱胎于原型，就必须以生产水准为始。这比构建一些临时性的、即用即抛的东西要付出更多努力。在原型上投入越多，你就越不愿意对其进行重大改造，甚至丢弃，这会阻碍迭代的思维方式。我建议，你的原型设计方法论应鼓励周期性完善，甚至在必要时断腕求生。

敏捷开发团队有时候会使用“用户故事探针（spike）实验”去预研技术方法，解决不确定性，并在提交指定方案前降低风险（Leffingwell, 2011）。与其他故事不同，探针实验的主要交付物并不是代码，而是信息。根据获取的信息不同，探针实验可能涉及技术原型或用户界面原型，或者二者都涉及。与科学实验类似，一个用户故事的探针实验应有一个明确目标。开发者提出一个待测的假设，探针实验则需为其提供证据，并测试及确认某些方法的有效性，或者可让团队快速做出明智的技术决定。

概念验证

概念验证原型（proof-of-concept prototype，PoC 原型）又称*垂直原型*（vertical prototype），其对验证一个架构很有价值。我曾参与一个项目，它设想了一种非常规的 C/S（client-server）方法。该架构在我们的计算环境中很有意义，但我们想确保没让自己钻入技术牛角尖，所以建立了一个 PoC 原型，从用户界面一路涉及通信层和计算引擎，在功能性上一竿打到底。PoC 成功了，于是我们就认为这个设计可行。

在 PoC 原型上进行实验的相对迭代成本较低，尽管你需要建立一些可执行的软件。这样的原型在评估设计的技术方面很有价值：架构、算法、数据库结构、系统接口和通信。你可以根据这些技术所需的属性来评估架构，例如性能、安防性、安全性与可靠性，然后逐步完善它们。

模型

用户界面设计总需要迭代。哪怕你遵循了既定的用户界面管理规定，也至少应进行非正式的可用性测试，以选择合适的控件与布局来满足你的易学、易用和可及性目标。A/B 测试就是一种办法，在给定的操作中给用户两种用户界面，供其选择他们喜欢的一种。我们可观察用户在不同方式下的行为，以确定哪种选择更直观，或可导向更成功的结果。在探索设计时进行这种实验，会比通过交付后的“客户投诉”或“低于预期的点击率”来做出反应要简单、快速，成本也要低一些。

和需求一样，用户体验设计也会从逐步完善原型设计的细节中获益。你可以创建*模型*（mock-ups，有时也可作为视觉稿），其也可被称作*水平原型*，因为它们只有一层薄薄的用户界面，下面并没有具体的功能内容。模型的范围可以是基本的屏幕草图，也可以是不做任何真正工作的高保真可执行界面（Coleman 和 Goodwin, 2017）。即使是简单的纸质原型也很有价值，而且这种原型还能被快速创建和修改。你可以用文字处理文档甚至是索引卡来在代表屏幕的方框中布置数据元素，看看这些元素之间的关系，并注意哪些元素是用户输入的，哪些是显示的结果。我们还需关注用户界面原型设计的以下这些陷阱：

- 在你掌握屏幕流与功能布局之前，花太多时间来完善用户界面的外观（“这个文本的红色再深一点？”）——首要之急还是要做好大体工作。
- 用户界面看起来很不错，客户、经理认为软件肯定是快完成了，然而真实情况是背后除了模拟的功能外，什么都没有——尚不精致的原型表明它还没完成。

- 在原型的评估者将执行一项对他们来说并不明显的任务时，对其提供指导——若你帮助用户去学习和使用原型，你就无法判断其可用性。

若你在大量投入之前未对用户体验设计和技术设计进行反复探索，用户未必会喜欢你的产品。设计不周全的产品会讨人嫌，浪费客户的时间，减弱他们对你的产品和公司的好感，并产生负面评价（Wiegers, 2021）。多几个迭代周期会让你的设计更实用且令人赏心悦目。

经验教训 18 高度抽象，小步快跑

修正设计的一种方式是多次构建，每次都构建出整个产品，并在每个周期中对其进行改进。然而这并不现实。还有一种方式是只实现部分方案，包括那些困难的部分或者你不了解的部分，以此确定哪些设计方法是有效的。这就是我们在上一条经验教训中提到的原型设计背后的理念。

其实还有第三种策略，就是构建系统中用户可操作的部分，这样用户就可通过使用它来提供反馈，从而改进后续扩展的能力。这种渐进式的方法就是敏捷软件开发的宗旨。对于征求用户对一些具体事物的意见来说，这是一个很好的办法，其可让你及时调整工作以更好地满足用户诉求。你可能会发现，你对产品的最初设计对于首个迭代来说是友好的，但它并不足以支撑产品的持续增长。或者你还会发现，团队会因急于交付能完成实际任务的软件而未做出深思熟虑的设计决定，他们必须在后续工作中重新审视这些决定。（参见经验教训 50。）系统架构和数据库设计中的缺陷往往需花费大量资金和时间来纠正。因此，在最初的几个迭代中，若没有仔细探索技术支撑就匆忙建立一个实现方案，那会让团队遭受重锤打击。

这三种设计策略的共同点是，都要通过建立可完成实际任务的软件来评估你的设计想法。通过这些方式对设计进行渐进式的改进相对较慢且昂贵。在你最终得到一个合适的设计之前，你会发现可能已经经历了多次重构。

我这里还有一计，就是在比实际软件更高的抽象层次上进行迭代。如图 3.3 所示，在低抽象层次上迭代比在高抽象层次上迭代的成本更高。这是因为你必须投入更多的工作来创建你后续要进行评估和修改的产物。设计建模为我们提供了一个具有成本效益的迭代选择。

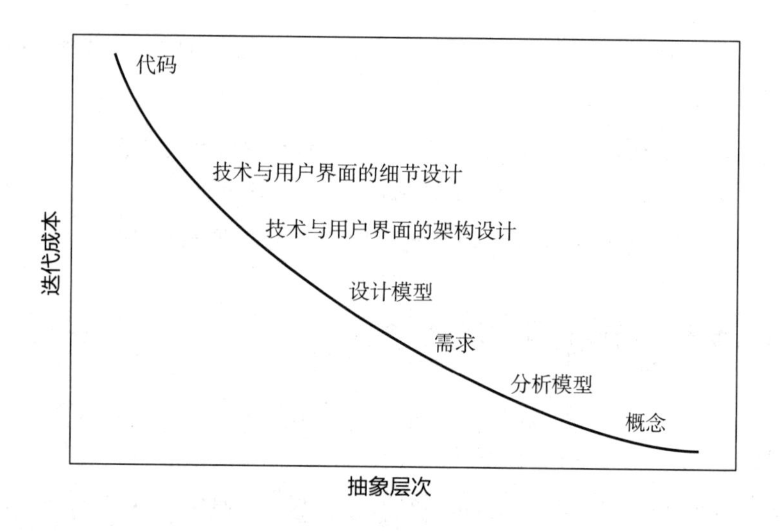

图 3.3：抽象层次越高，迭代成本越低

通观全局，步步为营

无论是在需求阶段还是设计阶段，画图以代表系统的各个方面都很有价值，我们可在这些图表上持续迭代。修改图表可比重写代码快得多。可执行的软件是具象的；分析模型和设计模型则是抽象的，因为它们代表的并不是它们自身，而是自身以外的其他事物。[1] 图表在高度抽象水平上对信息进行描述，可让人们不再见树不见林，从而通观全局。

无论是简单的手绘草图，还是通过软件建模工具绘制的高清图表，你都要记住你是在概念层面上对设计进行修改，而不是在物理层面上。这些模型不会展示实际产品中的所有细节，但它们可以帮助你想象各部分如何拼装在一起。它们能为我们带来价值，所以我认为这是一项业务分析师或是软件设计师的必备技能（Wiegers, 2019a）。

我曾建议一位咨询客户，让他的团队对项目特定方面进行图表化，从而从中获益，但他提出了抗议。“我们的系统过于复杂，无法建模。”这话听着怪怪的——从定义上说，模型比它所模拟的事物要简单。如果你连模型的复杂性都无法处理，那又怎么能处理系统的复杂性呢？对于复杂且混乱的系统来说，图表自然也就复杂且混乱。通过技术来理解和管理概念的复杂性，这是一个非常有挑战性的观点。

无论是在需求阶段还是设计阶段，画图以代表系统的各个方面都很有价值，我们可在这些图表上持续迭代。

1　例如，一张系统架构图可表示系统的架构、功能等，而不是图表本身。——译者注

快速视觉迭代

正如前面所述，用户界面设计涉及两个层次：架构与细节。当你查看一个用户界面屏幕时，你看到的是详细设计的一部分，其中包括视觉设计主题、文本布局、图像、链接、输入框、选择框及控件。如果你需要更精准的设计，那么可使用显示 - 操作 - 响应模型（DAR）（Beatty 和 Chen，2012）等工具来指定一个屏幕或者网页的细节设计。但要对用户界面的细节设计进行迭代，需要你对各独立显示元素进行修改。除非你使用了高效的屏幕构建工具，否则这种修改会很烦琐。

用户界面的架构设计是通过各屏幕之间的导航选项（导航栏、菜单栏……）呈现的。你可绘制**对话图**（dialog map），以此来迅速完善架构设计（Wiegers 和 Beatty, 2013）。对话图以状态转移图或者状态图的形式呈现出用户界面架构。系统呈现给用户的每一个界面都构成了系统可能处于的不同状态。

图 3.4 展现了我的咨询公司网站的部分简版对话图。图中的每个矩形都代表一个用户和系统可互动的对话元素。对话元素可以是一个网页、工作区、菜单、对话框、消息框，甚至可以是一个行提示。图中的箭头则表示定义的从一个对话元素到另一个对话元素的导航路径。你可以给箭头赋予标签，以表明触发该导航的条件及（或）动作，不过我并没有在图 3.4 中这么做。在这个抽象层次展示用户界面，可防止人们被每个对话元素的外观细节所干扰，它们可以把读者的注意力集中在用户如何与系统互动的大图上，通过一系列对话元素的运转来完成一项任务。

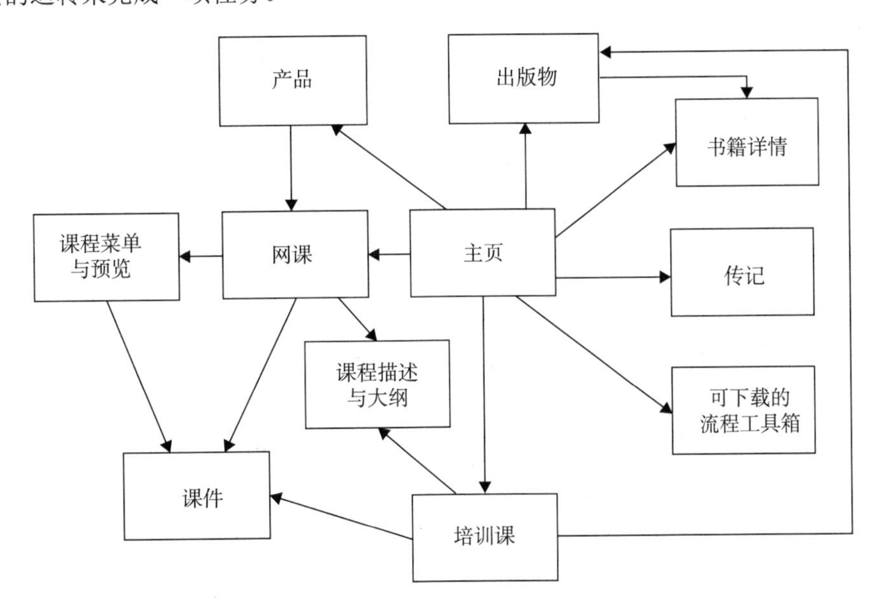

图 3.4：包含对话元素（如网页）间导航选项的对话图

有一次，我带着几个用户进行讨论，思考一个特定任务序列怎样才能在我们指定的新系统中发挥出最大功能。当时我左手持板擦，右手持笔，挥斥方遒，迅速在白板上用方框和箭头勾勒出对话图中一个可能的导航流。我们对屏幕上的内容具体应长什么样毫不关心，也一无所知，只关注它们的用途和基本概念。当大家吐槽我的图并给出修改意见时，我就会擦掉对应内容，并重新画上不一样的东西。通过这种方式，我们迅速做出调整，直到达成一个最佳导航流的共识。在此过程中，我们也发现了一些最初想法中的错误和疏漏。这种迭代建模是一种强大的思维辅助手段，是一种完善初始设计概念的方法。

对话图这种模型是静态的。你可以通过图中的一系列方框来想象用户如何执行一项任务。对于完善用户界面设计来说，下一个迭代层次则是动态模拟。我们可用一个合适的工具来模拟一组屏幕，从而创建一个看起来更真实的用户界面故事板，这个工具甚至可以是微软的 PowerPoint。这种方式可以让你在任务流中从一个屏幕截图导航到另一个，以此来进一步模拟用户体验。上述过程就是将迭代从一个高层次模型中下沉的流程，将其下沉至简单的用户界面模型。有选择地将快速设计模型、仿真和原型结合起来，比直接实现整个用户界面，然后修改它到用户满意为止要更省心省力。

迭代就这么简单

当我开始为软件系统建模时，我发现了两个事实：第一个事实是我需要多次迭代，因为我从未在第一次尝试时就产生一个理想的设计；第二个事实是我需要得力的工具。毕竟若我每次想到一个变化就必须重画整张图，那么我的修改次数就不会超过 1。

软件建模工具在二十世纪八九十年代开始流行。它们能使修改图表这件事情变得简单，比如你可以在重新定位一个对象或者调整对象大小时，同时拖动附着在该对象上的箭头。这些工具可支持几种标准分析和设计符号的象征系统和语法。一些通用的绘图工具则缺乏那些专业建模工具中所具有的验证能力，以及对图表的整合能力、对相关数据的定义能力等，这些能力就是专业建模工具的价值体现。

建模可使你易于探索多种做法，并构思出比你只做一次尝试就做出来的设计更好的设计。谨记，无须创造完美的模型。你也不用对整个系统进行建模，只建模繁杂或无常的部分即可。图表工具虽可促进迭代，但用户易陷入无限修改循环，尝试不断完善模型。这样的分析瘫痪会将迭代推向一个不再富有成效的极端。

可视化模型是用于展示知识、交流知识的沟通辅助工具。若你我进行交流，则我们需要使用同一种语言。所以我强烈建议在为需求或设计进行建模时，使用既定符号。一个目标系统架构可被建模为一个简单的线框图，但一个更低级别的设计则需要更专业的象征系统。最流行的面向对象设计的符号是统一建模语言，简称 UML（Page-Jones, 2000）。若你想探索、修改、记录和分享你的设计想法，请采用像 UML 这样的标准，而不是自己发明的符号，因为别人可能无法理解你自己的体系。建模不能完全取代原型设计，但是任何像这种站在高度抽象的层次上促进快速审查、修改设计的方法都能助你建立更好的产品。

经验教训 19 不要让不知所措的用户感觉自己宛若智障

我最近尝试了一些预测寿命的计算器，来测试我的生命时长。这些计算器大多很简单，只需给它提供一些数据，它就能做出一个模糊的预测。我找到了一个全面的计算器，它要我提供不少于 35 项有关我的个人特征、家庭背景、医疗史和生活方式等信息。该网站为我提供了下拉框来选择对应的值。但这个网站有一个小小的用户界面设计问题，如图 3.5 所示。

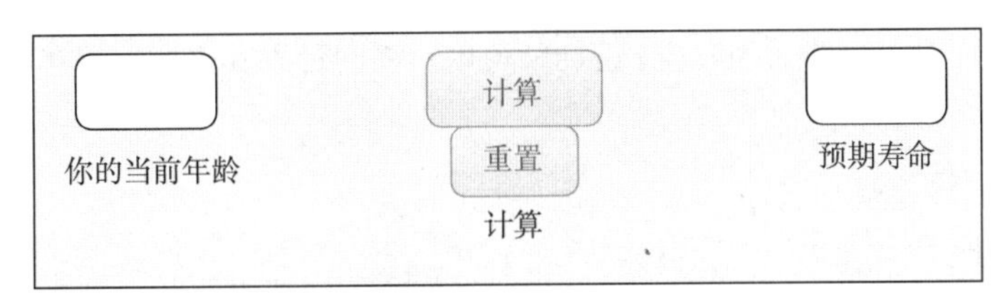

图 3.5："重置" 按钮太容易被误点了

在输入所有信息后，我想去按“计算”按钮，看看自己还能“蹦跶”多久。但我手抖了一下，按到了“重置”按钮。你也在图 3.5 中看到了，这两个按钮样式相同，都采用了同色的文字、同色的按钮边框及同色的按钮背景的配色方案，难以阅读，且其相互接壤，这很少见于用户界面设计。此外，触发计算的提示在“重置”按钮下方，而不是在“计算”按钮旁边。我自然而然本能地按了“计算”提示上方的按钮。在我误点“重置”按钮后，35 条数据瞬间丢失。我不得不重新来一遍，我的好奇心还是战胜了重来一遍的损失。

这个网站太容易让用户犯错了。这样的设计问题令人恼火。也许我是唯一一个因为手抖按到“重置”按钮的用户，如果是这样的话，那是我个人的问题，不是网站的问题。但即使是非正式的可用性测试也是有可能发现这个按钮布局的风险的。我们可以通过三种简单的修正来改善这个设计。

1. 让“计算”按钮和“重置”按钮彼此远离，并将提示就近放在相应的按钮旁，这样用户就不太可能按错。
2. 异化“计算”按钮和“重置”按钮的样式，比如缩小风险较大的“重置”按钮并标红，放大预期的“计算”按钮并刷绿。

3. 为破坏性行为（如丢弃所有数据）提供确认流程来保护用户不出错，嘿嘿，这就是所谓的防误点。

一个设计精妙的用户界面会使产品易用，而难误用。提示和菜单选项用一些预期用户易于理解的术语进行清晰书写。设计者若提供回退选项，在用户回退到前一个屏幕或重新开始一项任务时，最好不要让用户重新输入他们已提供的信息。数据输入按逻辑顺序出现。当其中有些字段的值由于结构化关系应被精准输入时，使用下拉列表，或者在输入框旁标明可输入的指导值。

用户喜欢他们所能理解的系统，这可防止他们犯错，或可纠正他们的错误，并能清晰地帮助他们。

这些属性都是有效用户界面设计的特征。它们可以使用户在使用一个网站或应用时轻而易举地完成他们要做的事。除了有效的可用性设计外，设计师还必须思考哪里会出错，以及如何防止或应对任何错误的发生。设计师可以选择四种方式来处理潜在的错误（Wiegers, 2021）。

1. 让用户无法犯错。
2. 让用户难以犯错。
3. 让其易于从错误中恢复。
4. 随它吧。（不要这样！）

让用户无法犯错

未雨绸缪是首选策略。若用户必须输入一个特定数据，而其对应输入框允许输入任意内容，那么程序则必须要对输入进行验证。我们可通过一个下拉列表（或其他控件）来将输入限定在合法值内。莫为下拉列表提供无效选项。我曾见过一个下拉列表，其表示信用卡的到期日，该下拉列表中还包含了那些比当下时间更早的年份，这不合逻辑。我还见过一个日期控件，居然能让用户输入不存在的日期，如 2 月 30 日。无效输入会招致网页或应用在处理信息时出错。

让用户难以犯错

若你无法让用户不犯错，请至少提高犯错的门槛。在之前提到的预测寿命的计算器中，我就提出了三种方式来避免用户误点。还有一些好的实践，如为对话框中的每个选项都注以标签，以避免让用户对每个选项产生歧义。不要让用户把相同信息输入两次，这会提升一倍其犯错的概率，随之提升的还有用户花费的时间。如一个表单要求用户输入收货地址和账单地址，那么我们应为其提供一个复选框，来表明这两个地址可复用。

让用户易于从错误中恢复

错误不会在你付诸大量努力后就能完全消失，无论是用户侧还是系统侧，都有可能发生错误。我们在设计时需要让用户易于从中恢复。易愈性是鲁棒软件系统的一个特征。鲁棒性是一种质量属性，它描述了一个产品可处理意外的输入、事件、工作状态的程度。如多重撤销、重做能力、清晰有效的反馈信息，都可为用户纠正错误，这些功能多多益善。一些关于 HTML 错误、数据库访问问题或是网络故障的加密错误码可为技术诊断提供帮助，不过这类加密错误码对普通用户来说没什么用。

随它吧

剩下一种最不可取的设计方案就是“随它吧”，这是把错误结果强行转给用户承担。假设用户要求启动一些用例，而这些用例要有一定的先决条件才能正确执行，那么软件应该测试这些先决条件，并在必要时帮助用户满足这些条件，而不是无脑推进，然后在内心祈祷无事发生。若先决条件不满足，软件不应该启动该用例。设计应在早期便发现潜在断点，从而避免浪费用户时间。用户喜欢他们所能理解的系统，这可防止他们犯错，或可纠正他们的错误，并能清晰地帮助他们。

言归正传，预测寿命的计算器说我还能“蹦跶”上几年。对我来说这是一个好消息，即使在测试过程中它浪费了我一倍的时间——我真是谢谢这个“妙不可言”的用户界面设计。

经验教训 20　想优化所有质量属性？做梦呢吧

接下来我要用的软件应毫无缺陷，不应该有“404 找不到页面”的错误，或帮助界面与我正在使用的表单也不应不匹配。它不该占用过多内存，也不应降低我的电脑的运行速度，在任务完成后，应释放所有使用的内存。这个软件应绝对安全：无人可窃取我的数据，亦无人可冒充我。它应对我的每个命令做出即时反应，且完全可靠。我不希望遇到任何“服务器内部错误”，也不要遇到“应用程序无响应”等信息。用户界面不应让我犯错。它可运行在任何设备上，可实时下载，且没有超时。它应允许我从任何来源导入、导出我需要的任意数据。啊，我记性真差，它还得免费！

简直完美！赞美女神！一切理所当然。——喂，该醒醒了！

软件系统不可能兼具所有理想的特征和能力。在质量的各方面之间，必然存在折中——一方面性能的提高通常会伴随着另一方面性能的下降。所以，需求分析的一个重要组成部分就是了解哪些特征是最重要的，以便设计者可恰当地处理它们。

质量的维度

软件项目团队在探索需求时，必须考虑各个质量属性（quality attribute）。质量属性又可称为*质量因子*或*服务质量需求*。X 设计（也称卓越设计，Design for eXcellence，简称 DfX）是另一个术语，也指质量属性，其中 X 代表设计者力求优化的利益相关属性（Wikipedia, 2021a）。当人们谈起非功能需求时，往往指的是质量属性。

非功能需求并不直接在软硬件中实现。它们是衍生功能、架构决策和实现方法的元初。一些非功能需求会对设计者或开发者的选择进行限制。例如，一个具有“可互操作性”的需求可限制产品设计使用某些标准接口。

我见过一些软件质量属性的清单，上面列有超过 50 项属性，以各种层次与分组方式进行组织。很少有项目会对质量如此严苛。表 3.1 列出了一些质量属性，这些属性应被每个软件团队在了解质量对其产品的意义时考虑（Wiegers 和 Beatty, 2013）。包含嵌入式软件的实体产品会有一些额外要考虑的质量属性，这些属性列在表 3.2 中（Koopman, 2010；Sas 和 Avgeriou, 2020）。

表 3.1：软件系统中一些重要的质量属性

质量属性	关键关注点	质量属性	关键关注点
可用性	我能在需要的时间和地点使用该系统吗	可靠性	系统是否在应该运行的时候没有故障
标准一致性	该系统是否符合所有适用标准，包括功能、安全、通信、认证与接口	可复用性	开发者能否在其他产品中重复使用系统的部分内容
效率	系统对计算机资源的使用是否经济	鲁棒性	系统是否对错误的输入和意外的操作做出合理的反应
可安装性	是否可以轻松安装、卸载、重装和升级系统	安全性	系统是否能保护用户不受伤害，财产不受损害
完整性	系统是否能防范数据的不准确、损毁和丢失	可扩展性	系统能否轻易地扩展以容纳更多的用户、数据或交易
可互操作性	系统是否能很好地与其他系统连接以交换数据和服务	安防性	系统是否能防止恶意软件攻击、入侵者、未经授权的用户和数据盗窃

续表

质量属性	关键关注点	质量属性	关键关注点
可维护性	开发人员是否可以轻松地修改、纠正和增强系统	易用性	用户是否可以轻松地学会使用系统，并通过它有效地完成自己的任务
性能	系统对用户行动和外部事件的反应是否足够迅速	可验证性	测试人员能否确定软件的实施是否正确
可移植性	系统是否可以很容易地迁移到不同的平台		

表 3.2：包含嵌入式软件的实体产品的一些额外质量属性

质量属性	关键关注点	质量属性	关键关注点
耐久性	在正常使用条件下，产品是否能保持状态良好	资源用量	该产品在消耗的内存、网络带宽、电源、处理器容量等资源方面是否保留了足够的空闲容量
可扩展性	新的功能、传感器或其他硬件是否可以很容易地被添加到产品中而不破坏其功能	可服务性	人们能否高效地对产品进行预防性和纠正性维护
故障处理	产品是否能检测、恢复和记录所发生的故障	可持续发展性	产品在其生命周期内，从原材料的提取到制造、使用和处置，对环境的不利影响是否最小
可制性	该产品是否容易制造且成本效益高	可升级性	产品性能是否可以通过增加或更换部件而容易地得到增强

与功能设计无异，设计师必须在实现一些质量目标的价值和成本之间做权衡。

其实在表 3.1 和表 3.2 中，还有一个属性我没写，那就是成本。与功能设计无异，设计师必须在实现一些质量目标的价值和成本之间做权衡。例如，每个人都希望他们使用的软件一直可用，但实现这个目标的成本可能很高。

我的咨询客户有一个“制造控制”的计算机系统。该系统每天 24 小时，一年 365 天（闰年 366 天）不间断运行，它的可用性需求可接受的停机时间为 0。他们通过额外的冗余系统来满足这一需求。例如，先在离线系统上进行软件更新和测试，之后再将其切换成在线状态，然后再更新第二个系统。拥有两个独立的计算机系统的代价高昂，但这也比在控制系统瘫痪时无法生产产品要便宜。

指定质量属性

设计师需要知道哪些质量属性是最重要的，及其所指向的目标。只靠嘴上说说“系统应可靠”，或者“系统应对用户友好”是不够的。业务分析师需要在需求启发过程中提出问题，以了解涉众对“可靠”或“用户友好”的理解。我们怎么才能知道系统是否足够可靠或友好？有哪些不可靠或不友好的例子？

业务分析师越能精准陈述涉众的质量期望，设计者就越易做出好选择，并评估它们是否达到了目标。Roxanne Miller（2009）提供了许多明确写出质量属性需求的例子，涉及不同类别。尽可能地以可衡量、可验证的方式陈述质量目标，以指导设计决策。我们可考虑使用 Planguage，它是一种能对可用性和性能等模糊属性进行精确、定量说明的关键字语言（Simmons, 2001；Gilb, 2005）。指定需求应当特别细心，这需要花费一些时间，但这点时间与产品未能满足客户期望重新调整其结构相比，还是值得花的。

质量导向的设计

设计师可为任何质量参数去优化他们的解决方案，这取决于他们被告知或认为最重要的是什么。在没有任何指导的情况下，一个设计师可能会对性能、可用性及跨交付平台的可移植性进行优化。对于项目的需求探索来说，我们需要确定哪些属性拥有更高的重要性，从而指导设计师在最重要的方向上获得商业成功。换句话说，你同样需要对非功能需求进行优先级排序，正如你对功能需求所做的一样。

我们需要在某些质量属性之间进行权衡，所以确定优先级很重要。增加一个质量属性往往意味着设计者需要在其他方面做出妥协（Wiegers 和 Beatty, 2013）。下面就是一些需要权衡的质量属性冲突的例子：

- 多因素认证比简单的密码登录更安全，但由于其涉及一些额外步骤和可能的设备，它的可用性降低了。
- 一个被设计成可复用的产品或组件的代码通常比为单一应用做优化的代码效率低，但若其性能损失在可接受范围内，创建一个可复用组件的决定仍是明智的。
- 如果开发者使用特定操作系统或语言的特性来榨取每一点性能，对应系统的可移植性可能会降低。
- 对一个复杂质量属性的某些方面进行优化可能会对这个复杂质量属性的其他方面有影响。例如，在泛可用性领域中，为新用户或只是偶尔使用的用户提供易学性设计可能会降低一些专家用户的使用效率。

除了冲突之外，还有一些质量属性之间表现出了协同效应。设计一个高可靠的系统会增强系统的各种属性，如下所示。

- 可用性：系统不崩，使用不止。
- 完整性：系统不崩，数据丢失或损坏的风险降低。
- 鲁棒性：产品不太可能因用户的意外行为或环境条件而失效。
- 安全性：若产品的安全机制可靠运作，就人畜无害。

质量属性间的互动表明项目团队必须尽早理解质量对关键涉众意味着什么，并让每个人的工作向这些目标看齐。若涉众不与业务分析师一起工作来形成这种共识，就只能由设计师自由发挥，做出他们认为的最好猜测。若你不在启发的过程中探索非功能需求，并准确指定它们，那么就只能听设计师的了，如果他们真的基于此实现了客户最看重的属性，那么你应该去买张彩票庆祝一下。

架构与质量属性

开发团队需要在早期就了解哪些质量属性需要被密切关注，以便做出适当的架构设计。一个系统的架构会影响多种质量属性，包括可用性、效率、可互操作性、性能、可移植性、可靠性、安全性、可扩展性和安防性。但由于我们经常需要在这些属性中做出权衡，所以若架构师不知道哪些质量属性最重要，他们就可能做出无法达到预期结果的设计选择。

在开发后期或发布后再去重新设计系统架构以弥补质量缺陷的代价非常昂贵。在没有及早了解最重要的质量目标的情况下逐步建立系统，可能会导致难以纠正的问题，特别是在同时涉及软硬件的情况下。在前期多花点时间来更好地了解质量目标，可以降低成本和带来更耐久的解决方案，这在软件项目中很常见。

经验教训 21　一切设计，抵丈重构

我在 25 年前写下了我的第一本书，当时我不知道我在做什么。我只是从一个滑稽的粗糙大纲开始；最初的书稿有着严重的架构缺陷。在一位非常有耐心的编辑（感谢温蒂！）的指导下，我将初稿改得更易读。那次重调结构花了整整一个月的时间，我不断地剪切粘贴、拖放、修补润色。这对内容没有任何增量价值，只是对交付帮助良多。

那是一次可怕的返工经历，它向我传递了一个强有力的信息。后来我开始同时在架构和细节上设计一本书，就再没那么多微量的顺序调整了。如此一来，我就可以专注于内容，而不再是结构。正如大家在经验教训 18 中看到的，在图书大纲中移动项目比重新组织和改写句子要容易得多。

这个教训同样适用于软件设计。在设计上投入三思的时间，可以让你后续不用花太多时间修复问题。在面对不确定性时，你肯定会浪费时间去做一个所谓的完美设计，所以你需要根据问题的性质来调整你的设计工作。不过即使使出吃奶的力气去做一个好设计，你仍可能在后续发现缺陷，然后不得不对其进行调整。尽管如此，花一定的时间去考虑如何构造你的程序的方方面面还是有助于避免过多的重新设计和重新编码的。

技术债与重构

匆忙执行设计可能产生技术债。技术债即未来必须有人解决的缺陷，以维持产品的正常功能和可扩展性。（详见经验教训 50。）若完成商业目标的时间很紧迫，那么砍掉设计并将代码堆在一起，产生一定程度的技术债，可算是一种堪堪能接受的折中方案。但无论如何，在这种方案下缺陷仍旧存在。团队等待解决这些问题的时间越久，返工的范围就越广，成本就越高，破坏性就越大。类比贷款，技术债应当是暂时的，并须稳定偿还。

为减少技术债而进行的返工活动通常采取重构的方式。重构是重组现有代码的过程，旨在改变其设计，但不改变其功能。你需要决定重组一些代码，进而简化它，使其更可维护、更可扩展，提升其效率，删除重复冗余的部分，或者进行一些其他改进。大量的设计变更可能会伴随着大量的重新编码工作，而此时的团队通常更愿意去创造新的、有用的功能。反正我是极度反感反复看到“重”这个前缀的，这意味着我们正在重复做一些我们已经做过的事。

设计返工很耗精力，却没给客户带来多少直接价值，但它的作用是稳定基础以保持产品持续增长，这很必要。好的设计可最大限度减少技术债的产生，而重构则用于减少已积累的技术债。二者合理平衡将产生最好的结果。有缺陷的初始设计会导致过度返工；而过于规范的设计则会耗费过多的时间，有时这会错失商机，过犹不及。两位设计专家对此就有分歧：

> 通过不断改进对代码的设计，我们使其更易与。这与通常发生的情况形成鲜明对比：几无重构，大量精力可用于迅速添加新功能（Kerievsky, 2005）。

> 在一个项目的开始阶段，大家实际上不可能想到或知道一切。然而你可以利用你与他人的经验来指引方向。你可以做出今天的决定来使明天的变化最小（Pugh, 2005）。

在上面的引文中，Pugh 指出，设计的目标就是现在做出明智的决定，以防止将来出现不必要的变化。若产品的某些部分一定存在改变的可能性，那你需要利用你的判断和来自商业涉众的意见来指导设计的选择。

就是因为团队没有时间进行适当的设计，只会把问题推往未来，技术债才会积累起来，然后持续增长。

架构缺陷

边做边调整设计并不太痛苦。它可稳定地、渐进式地改善产品。为提高产品鲁棒性或用户体验而进行的重大架构重组才更具破坏性。

我以从智能手机中删除一项内容的不同方法来说明有缺陷的架构设计如何影响用户体验。用户的操作、提示和图标会根据你要删除的事项不同而有所差异：短信、邮件、地图信标、照片、笔记、日历事件、闹钟、联系人、未接来电，或者一整个 App。有些删除动作需要确认，而有些则不需要。若你要删除一个对象中的单个实例，或者多个实例，其过程有时也不同。这会让用户感到困惑。

若设计师从一致的用户界面标准和总体设计架构出发，就可避免这些不一致的地方。在该层面的设计思维也可能会使一些代码被复用。复用是提高质量、提高开发人员生产力、减少用户学习曲线的一个好办法。若要在产品成熟的后期阶段实现这些删除操作的通用性，则需要耗费大量工作。而这仅仅是针对几乎所有软件系统中以某种形式出现的单个操作。

软件开发人员总会创建一个设计，或临时的，或三思过的。就是因为团队没有时间进行适当的设计，只会把问题推往未来，技术债才会积累起来，然后持续增长。对设计的投资可节省大量重构和重编码的时间，这样你就可以腾出手来做其他事了，这就是 Pugh（2005）所谓的预构（prefactoring）。

经验教训 22　系统问题，接口尤甚

最简单的软件系统由一个单一的代码模块和一个面向用户的接口组成。一个**接口**描述了两个架构元素的交集，如多组件系统的两个组件间的内部交集，又如系统与外部环境之间的交集。有些接口必须遵循既定的标准和协议，例如，通信和硬件连接，或是从可复用库中纳入一个模块。其他接口则针对特定的应用。

任何有规模的软件系统都存在许多模块，以及系统组件间的许多内部接口，因为一个组件会调用另一个组件来提供一些服务。如图 3.6 所示，一个系统还可能存在与人类用户、

其他软件系统、硬件设备、网络和计算机操作系统连接的外部接口。同时包含软硬件组件的产品会引入额外的接口复杂度。

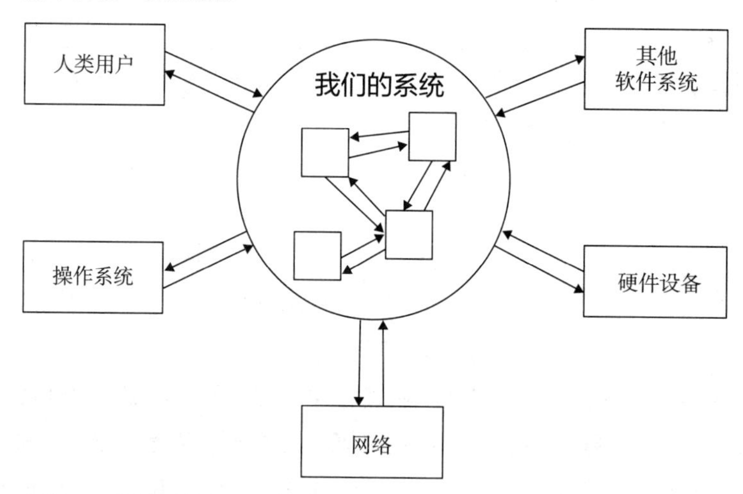

图 3.6：软件系统在组件间的内部接口，及与其他实体间的外部接口

内部接口和外部接口是常见的问题来源。例如，可复用的代码库的接口的描述若不完整或不正确，就会徒增编码时间，因为开发人员需要费力地将这些组件集成进系统。负责任的设计师会确保一个复杂系统的所有部件在它们的交互接口上可正确配合。开发人员整合到现有系统中的新组件必须符合既定的接口惯例。

技术接口问题

接口定义了两个架构元素——请求者与提供者——之间的协议，描述其连接以交换数据或服务，或数据和服务兼顾。两个元素各有明确定义的边界，亦有一组职责或服务。定义一个接口时，其所涉及的不仅仅是说明如何通过它来调用一个操作。一个完整的接口描述包含许多元素（Pugh, 2005；Rozanski 和 Woods, 2005）：

- 跨接口服务的请求与响应的语法（类型和格式）和语义（意义），包括输入、输出。
- 约束条件，以限制数据类型或可通过接口传递的值。
- 接口的运作机制或协议，如消息传递或远程过程调用（RPC）。
- 前提条件，用以说明在整个接口交互开始时必须为“真（true）”的条件。
- 后置条件，用以说明无论是在成功还是失败的场景下，交互后都能为“真（true）”的条件。

若共享接口的请求者与提供者组件的职责不清，就会出现问题。功能可能在组件间重复或缺失，因为从事这两个组件工作的人都认为对方会处理。架构组件应始终尊重它们建立的接口。例如，一个代码模块不应试图访问另一个模块的代码或数据，除非通过它们的共同接口。

一个接口的每个实现都应符合其规范（Pugh, 2005）。此外，接口的实现应人畜无害，如不能消耗过多内存，或不能持有不必要的数据对象锁。设计还必须处理接口错误。如果一个接口的实现由于某种原因无法履行其职责，那么应提供一个适当的通知以协助恢复工作。

我最近开始用 iPad 的网络浏览器阅读一本从图书馆借来的电子书。我多次尝试使用其提供的按钮来下载文件以供离线阅读。下载开始了，但马上我就看到了图 3.7 所示的无信息的错误消息。显然，我的 iPad 和托管电子书的服务器之间的接口出现了一些可复现的故障，然后软件就理直气壮地向我报告。但我无法从这条信息中找出问题所在，也不知道应如何解决。自始至终我都没能下载那本电子书，或者用同样的方式下载成功其他电子书。

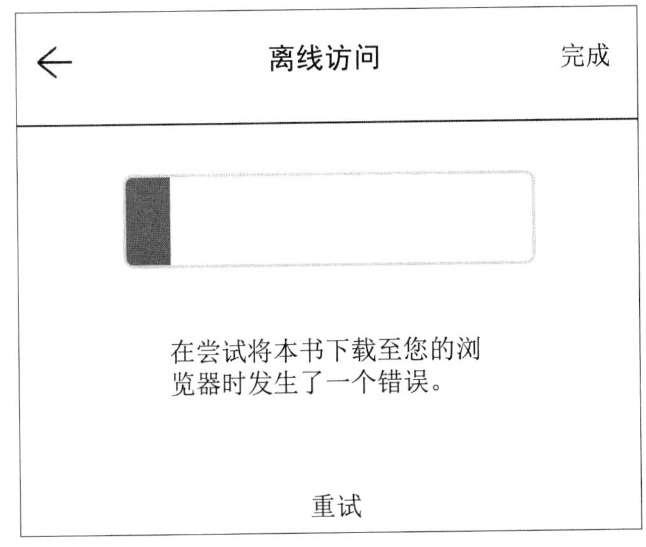

图 3.7：该信息对纠正我的 iPad 与托管电子书的服务器之间的接口错误毫无帮助

设计师应彻底规划和研究系统的内外部接口，从而减少用户的烦恼。拥有许多相互连接的组件的复杂系统在修改上具有一定挑战性，改变其中一个接口的定义会引发其他与之相连的组件的蝴蝶效应。除非系统在架构上有明确的组件接口定义，否则当团队在新增一些需要改变接口的新功能时，技术债就会随之累加。若新功能不尊重现有接口，也会引发问题。

在设计接口时，设计师通常会从用户可能需要的一切出发，这里的用户可以是人类也可以是其他系统。这种做法可能会导致接口臃肿，内含一些用户永远不会使用的功能。最好的办法是使用请求者驱动设计（requestor-driven design），询问“我的接口的用户的真实功能诉求是什么？”在实现之前写测试，可以帮助设计师思考接口将如何被使用，这样他们就可以在不纳入不必要元素的情况下，涵盖所有的接口功能。了解用户想通过软件完成的任务，也有利于建立一个精简的用户界面。

请试着预测开发人员随着时间推移可能会对系统做出的改变，并考虑这些改变可能会对接口产生的影响。当应用程序在迭代和增量开发生命周期中逐渐变庞大时，这种预见性尤为重要。评估计划中增量改进的优先级将影响开发者对系统中哪些部分更有可能做出改变，哪些部分应保持更稳定做出决策。从一开始就设计好架构，有利于产品的持续增长和频繁发布（Scaled Agile, 2021b）。

输入数据校验

每个参与互动的组件都应在处理通过接口收到的输入之前对其进行验证。许多安全漏洞都是被不法分子在一个未拒绝无效输入的接口上注入恶意代码导致的。我的网站错误日志偶尔会显示一些信息，记录一个用户试图使用无效输入来访问网站。好在我的网站托管商可识别这种危险输入并加以阻止。微软（Microsoft, 2017）推荐了一些验证用户输入的做法，以与这些类型的恶意软件攻击斗法。遵守安全编码标准和使用工具扫描接口风险及其他安全威胁，亦能减少系统安全漏洞（SEI, 2020）。

图 3.8 提供了一个指导你对接口行为进行评估的启发式方法。按契约式设计（design-by-contract）接口策略来设计将确保你的组件位于虚线范围内的两个象限中。

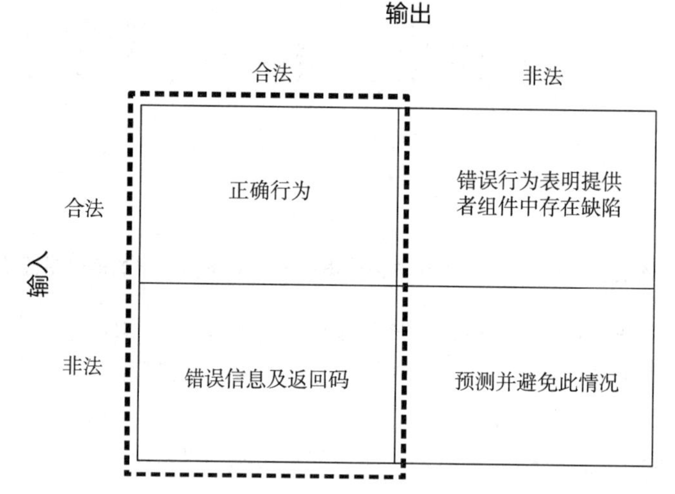

图 3.8：观察有效和无效的输入 / 输出可帮助你评估正确的接口行为（私聊会话，由 Gary K. Evans 提供）

每个参与互动的组件都应在处理通过接口收到的输入之前对其进行验证。

一个设计良好的系统可正确处理发生在内外部接口的异常情况。我最近在尝试用我的Windows 电脑连接我家 Wi-Fi 网络上的一台打印机。打印机已通电并联网，但我的电脑冥顽不灵，一直认为打印机离线。我不得不重启电脑，然后它才改口说打印机在线，我才能发送打印任务。电脑和打印机之间的一些接口问题未经处理，已然破坏了它们之间的连接，除了粗暴地重启电脑外，我别无他法。

用户界面问题[1]

用户并不关心系统的内部结构，他们只关心用户界面。用户界面的缺陷会导致用户认为产品设计不周。不一致的用户界面行为会使用户感到困惑和沮丧，就如我们在经验教训21 中所举的智能手机进行删除操作的例子一样。粗糙的用户界面会导致产品难以使用、易出错，不能很好地应对实际使用场景，浪费用户感情（Wiegers, 2021）。

定义用户界面标准有助于在整个应用程序和多个相关应用程序间提供一致的用户体验。我曾管理过一个小型软件小组，当时我们为自己开发的一款供公司内部使用的应用程序提供了用户界面指南。这些准则使我们所有应用程序的外观和行为如出一辙。我们的用户可以从用户界面上识别出某个应用程序是我们小组开发的，但其无法从用户界面风格上看出是具体哪个成员设计的。

良好的用户界面应鲜需帮助屏幕、用户指南和小贴士等形式的文档（Davis, 1995）。它们可使用户易于上手一个新的应用程序，且在使用过程中很少犯错。市面上有大量关于软件用户体验设计的文献；其中一本有价值的书是 Alan Cooper 等人编写的经典著作《About Face 4：交互设计精髓》(2014)。所有设计师都会从可用性专家 Jakob Nielsen 发明的用户界面设计可用性启发式方法中受益（Nielsen, 2020）。把设计重点放在用途上，而非产品功能上，可帮助你避免许多用户体验问题。（参见经验教训 4。）

接口争霸

当团队将代码模块集成入产品时，接口问题可能就会随之而来。当多个模块结合时，集成测试的失败会引发“甩锅”，因为开发人员会试图定义问题出在哪里。这种冲突并不友好。若架构得当，接口定义良好，开发人员尊重接口，且模块都通过了单元测试，那么理论上集成就能顺利进行。

---

1 本章介绍的“接口”的英文是 interface，该子标题若按本节内容来翻译，应为“用户接口”，但 user interface 有一个更约定俗成的翻译，即用户界面，故此处的“界面”与其他处的“接口”不一致。——译者注

下一步：设计

1. 确定本章所述内容中的哪些经验与你在软件设计的各个方面的经验有关。
2. 你能从自己的经验中想到任何其他与设计相关的教训吗，它们值得与同事分享吗？
3. 理解本章描述的每个实践，它们可能是你在本章开头“初体验”中确定的与设计有关的问题的解决方案，每种做法能否改善你的项目团队设计产品的方式？
4. 你如何判断第3项中提到的每项实践都产生了预期结果？这些结果对你有什么价值？
5. 找出任何可使你难以应用第3项中提到的实践的障碍，如何打破这些障碍，或者能否找到盟友帮助你实现这些实践？
6. 将指导文档、检查单及其他辅助工具落实到位，以帮助未来的项目团队有效地应用你所实现的设计最佳实践。

第4章 项目管理

何谓项目管理

项目管理协会（The Project Management Institute）将*项目*（project）定义为“为创造一个独特的产品、服务或结果而进行的临时性努力”（PMI n.d.）。它将*项目管理*（project management）定义为“将知识、技能、工具和技术应用于项目活动，以满足项目需求”。

这些定义听上去挺合理的，但我并不认为项目管理是一门独立的学科。项目管理涉及管理许多活动，这些活动在整体上有助于项目成功。这些活动可由单人执行，也可由一个大型项目中的一组或一个阶层的管理人员执行，还能在多个团队成员间进行协作。例如，在一个 Scrum 项目中，各种项目管理责任被分配给 Scrum Master（主管）、产品负责人和其他团队成员。当在本书中提到*项目经理*时，指的是任何贯穿项目开始到成功的阶段并参与指导项目完成活动的人，无关他们的职位或项目职责。

项目管理涉及管理许多活动，这些活动在整体上有助于项目成功。

本导言描述了项目管理所包括的一些领域；其中几个领域将在本章的经验教训中更为详尽地探讨。即使你不是一个专业的项目经理，你也会管理自己的工作，并承担相应的项目交付责任。因此，本章大部分内容既适用于个人，也适用于项目团队。

人员管理

项目由人执行，其规模可以是一个集中式小团队，也可以是一个人员分散在异地的数百人的团队。对于一个项目的管理，包括确定什么是必须做的，应在何时做，确定这些事情所需的技能组合，确定填补各种项目角色的个人，然后在适当时机将其带入。一旦人员加入，就需要对他们进行管理、领导，也许还需要进行适当的培训。以及有些时候可能还需要替换某些人，因为他们的表现与工作要求不符。

需求管理

正如第 2 章所述，所有的项目都有需求。大多数需求都描述了产品本身；另外一些需求则描述了与项目相关的工作，如开发培训材料，或过渡到一个替代系统。有些项目在启动时就已完成一套基准需求。而另外一些项目，开发需求是项目开发过程的一个持续部分。对后者来说，团队中必须有熟练掌握需求活动的人员，以及进行需求工作所需的时间。调整项目计划，以使团队专注于提供必要的系统能力与功能，是项目管理活动的一个核心内容。

预期管理

项目管理的一个重要部分是设定涉众可理解和可接受的实际预期。这些预期包括项目团队将交付的解决方案属性和交付参数。交付参数中包括中期交付和最终交付的时间表、成本、质量，以及所需的资源和限制，即解决方案中所不包括的内容。坦诚清晰的讨论有助于确保项目参与者知晓其他人对其的预期，这有利于得出双方都可接受且可实现的承诺（Karten, 1994）。

一些涉众可能对特定的预期不满意。这时，项目经理必须面对现实，而不是对理想但无法实现的结果抱有幻想。当项目情况发生变化时，项目经理需与受影响的涉众协商以调整预期。

任务管理

我们需要将许多任务以正确的顺序完成，从而交付一个项目的预期价值。有些任务不能在另一些特定任务开始或完成之前开始或完成。参与者需以适当的粒度确定任务，为每项任务分配资源，并将各组任务打包成里程碑，以显示在规定检查点（checkpoint）上的进展。项目经理需要对工作进行排序，以便在最短时间内，以最低成本实现项目目标，避免不必要的等待状态和延误。任务管理是一项持续的神奇工作。

承诺管理

项目经理需对项目的客户、乙方经理及团队成员做出承诺。同样地，其他参与者也要对项目经理及彼此做出承诺。承诺往往基于估算，而估算具有内在不确定性。正如一位有经验的项目经理所指出的，“估算并不是预设的实际情况。”每个人都必须根据现有的最佳信息真诚地做出承诺。他们应追踪这些承诺的进展情况，在情况发生变化时诚实地调整承诺，并在承诺没有实现时采取相应行动。

风险管理

所有项目都包含未知因素和风险。一个重要的成功因素是预测潜在风险，评估它们对项目可能造成的影响，并尽可能地控制它们。若不积极管理风险，由此产生的问题会让人惊掉下巴，项目可能会因此偏离正轨。项目经理应专注于使项目成功，但同时也必须对未来可能发生的问题保持警惕。风险管理就是未雨绸缪。

沟通管理

沟通是项目管理的核心。项目会产生有关状态、问题、资源支出，以及诉求、变更、预期等方面的信息。项目管理包括获取这些信息，适当存储它们，并在对的时间与对的人分享这些信息。大型项目涉及异地多团队，有时大家使用不同的语言，具有不同的文化和沟通偏好，这会给沟通带来很大挑战。

变化管理

可以肯定的是，一个项目的最终产品不会和人们最初所预期的完全一样。项目经理必须应对需求、优先级、资源、技术、流程和法规的变化。每个团队应在初始时便建立相关机制，助其预测和适应变化，并尽可能减少干扰。敏捷项目结构明晰，可较好地适应变化、接纳新需求，并动态调整剩余的待办工作项目，从而确保团队总在处理优先级最高的活动。

资源管理

我不喜欢听到管理者将人称为“资源”，但人确实构成了大多数软件项目中最庞大且昂贵的资源。除了组建合适的员工团队，管理者还需提供物理设施、计算机系统、通信基础设施、测试实验室，还有外包商的访问权限等。对项目预算进行管理，是另一项关键的活动。

依赖管理

许多项目对超出其控制范围的外部因素有依赖性。很多工作可能会等到第三方软件或硬件组件交付后才能进行。一个研发新打印机的项目，会因新的硬件接口协议的国际标准未被最终确定而推迟。任务和活动在项目中也可能有内部依赖。项目经理必须识别这些依赖关系，在项目时间表中安排适量的准备时间，并监测其状态，以了解每个依赖关系是否会实现。为依赖失败创建紧急预案也不失为一个好办法。

依赖关系也可能会反过来。若目前项目本身是另一个项目的依赖，则项目经理应常与其他项目团队沟通项目状态，以便他们知道其应期待什么。

合同管理

合同构成各方之间具有法律约束力的协议。并非所有项目都涉及正式合同，但必须有人认真管理那些合同。若合同不能被履行，则会产生严重后果。一个正在做研发的组织可能会与客户、货物供应商、实现部分项目工作的外包商签订合同。合同应包含一些诸如“谁来负责客户要求的范围变化”“未能履行合同应承诺的后果”等细节。

即使在无正式合同的项目中，参与者之间所达成的协议在某种程度上也视同合同。这些契约可能更难管理，也更关键，因为它们没有明确的谈判和记录。若项目经理仅仅因为“我们没有书面合同”就忽视隐性协议、预期或承诺，是很不理智的。

供应商管理

软件项目常涉及外包，因此也事关合同。整个开发工作的主体可以外包给第三方公司，这些公司可能是海外公司。有些项目只外包某些活动，如系统测试。与这些供应商建立伙伴关系时，便涉及建立合同协议、沟通机制、通用工具、质量预期及争议解决流程。第三方供应商的安排会引入风险和依赖关系，而项目经理可能对其影响甚微。

消除管理障碍

你也看到了，上面是一个冗长的子学科清单。在任何一个大型项目中，项目管理显然都是一个广泛且富有挑战性的过程。负责让每个项目成功的人应评估上述这些内容哪些会被应用于自己的项目，并确保有适当的经验、技能和时间，无论是在自己身上还是团队成员身上。

项目经理的主要职责就是清除妨碍团队进度的障碍。我喜欢把项目经理理解为“为团队工作”，而不是“团队为他工作”。必须有人提供资源、解决冲突、协商结果、协调活动、干预潜在问题，并保持团队能顺利运作。在任何项目中，不管项目经理是何职位，这都是一个很大的责任。本章介绍了 12 条经验教训，它们可以使项目经理的工作更容易开展。

初体验：项目管理

我建议你在阅读本章中与项目管理有关的内容之前，先花几分钟时间进行以下活动。当你阅读这些内容时，思考它们在多大程度上适用于你的组织或项目团队。

1. 列出你的组织特别擅长的与项目管理相关的实践。思考有关这些实践的信息是否被记录下来，以提醒团队成员注意这些实践，并使其易用。
2. 尝试找出一些痛点问题，你可以将其归因于项目团队估算、计划、协调和跟踪其工作的缺陷。
3. 梳理每个问题对你成功完成项目所产生的影响。分析这些问题是如何阻碍开发组织及其客户取得商业成功的。常见的问题包括以下几个方面：
    - 对必要工作及其状态缺乏足够的可见性
    - 沟通上的隔阂
    - 协作的不足
    - 不切实际的估算与计划
    - 未履行的承诺
    - 意料之外的风险转化为问题
    - 失败的依赖关系
4. 对于第 2 项的每个问题，找出引发问题或使问题恶化的根因。有些根因来自项目团队或组织内部；有些则来自团队外、你无法掌控的来源。问题、影响和根因可能会被混淆，尝试将它们分开，看看它们之间的联系。你可能会发现同一问题存在多个根因，同一根因亦会引发多个问题。
5. 当你阅读本章时，列出任何对你的团队有用的做法。

经验教训 23　工作计划，必有摩擦

有一天，我在工作中无意间听到如下的对话。

经理 Shannon：“Jamie，听说你现在正在做 Canary 项目的可用性评估，还有几个项目对可用性评估也感兴趣。你在这上面花了多少时间？”

团队成员 Jamie：“大约每周 8 小时。”

经理 Shannon 手舞足蹈："太好了！你应该可以同时处理 5 个项目吧！"

是不是总觉得哪里怪怪的？ 5 × 8 = 40。这是一周的工作时间，是不是严丝合缝，无懈可击？不，经理漏了很重要的一点——有很多因素都有可能减少个人每天用于项目的时间，我们称之为项目摩擦（project friction）。项目摩擦与人际摩擦截然不同，不过我们在这里不对人际摩擦进行讨论。

工作时间与工作中的有效可用时间，二者是不一样的。这种差异是项目规划者与团队成员个人在将工作量估算为日历时间时必须要考虑的因素之一。若人们不把这些摩擦因素纳入规划，则他们将会低估工作所需的时间。

任务切换与心流状态

人类是单线程工作的，即同时只能完成一项任务，在多任务之间只能来回转换。当执行多任务的计算机从一项工作切换到另一项工作时，切换期间会产生一段非生产性的时间。人类亦如此，且花费的时间更多。你需要花一些时间来收集在不同活动中所需要的所有资料，访问正确的文件，并重启大脑加载相关信息。你需要改变心境，专注新的问题，还得在脑海中加载你之前工作的存档。这便是花费时间的地方。

有些人不擅长任务转换，但有些人擅长。可能恰好得益于"我注意力不够集中"，我就很擅长将注意力转移到不同事物上，并迅速在我离开的"存档点"恢复原来的活动。过度切换任务对很多人来说会破坏生产力。正如 Joel Spolsky（2001）所说，程序员特别容易受到多任务处理的影响而增加耗时：

> 当你在管理程序员时，切换任务上下文对他们来说需要很长时间。因为编程是一种必须在脑子里同时记住很多东西的任务。同时记住的东西越多，编程效率就越高。一个全速编码的程序员，脑子里装的是一整个黑洞。

人类是单线程工作的，即同时只能完成一项任务，在多任务之间只能来回转换。

我以前做经理的时候，一个叫 Jordan 的程序员曾跟我说他很纠结，他说他不了解他的工作待办项中的优先级。比如他在任务 A 上花了一些时间，这将导致他会因忽略任务 B 而产生负罪感，然后他就去做任务 B 了。这样的结果就是，他几乎没有完成任何工作。之后，Jordan 与我一起制定了任务优先级，并按次序依次给每个任务分配时间。他不再在任务之间反复横跳，工作效率得到了提高，Jordan 对自己的工作进展满意多了。Jordan 的任务切换开销与混乱的优先级概念影响了他的生产力和精神状态。

当你沉浸式地进入某些工作时，你就会全神贯注于该活动，拒绝外界干扰，这时你就会进入心流（flow）状态。像软件开发、写书这类创造性的知识型工作，需要依靠进入心流状态才能高效工作（DeMarco 和 Lister, 2013）。当你知道你正在做什么，你需要的信息都在你的脑子中，你也知道你要去往何处时，你将进入心流状态。当你取得重大进展并乐在其中时，你就已经进入了心流状态。如果这个时候突然手机弹出一条短信，或者弹出一个电子邮件通知，又或者你的电脑提醒你五分钟后要开会，甚至有人突然找你谈话，"Duang——"你的心流小宝贝转瞬即逝。

"打断"是心流杀手。之后你需要花好几分钟才能让你的大脑恢复到高生产力的状态，重新回到中断前的状态。一些报告指出，"中断"和"任务转换"会使知识工作者至少损失15% 的时间，相当于每天损失一小时（DeMarco, 2001）。衡量你有效工作能力的现实依据不在于你工作了多少个小时，甚至不在于你有多少个小时在执行任务，而是你有多少个不间断的时间段在执行任务（DeMarco 和 Lister, 2013）。

要想获得来自长时间心流状态的高生产力和满意度，你需要积极管理你的工作时间。分心和干扰的可能性永远存在，除非你采取强制措施将其阻挡在外。Jory MacKay（2021）提供了可以减少情境转换及其伴生的生产力遭到破坏的几个建议。

- **按时间块安排日程，以创建更明确的专注边界**。计划将如何度过你的一天，并将专门的时间块分配给特定的活动，这将为你创造深度专注的机会。若工作性质允许，每周抽出几天时间专注于你最重要的个人任务，或者更积极地与他人协作，或者赶上繁忙的工作。
- **养成单日单任务的习惯**。我的一位才华横溢但生产力较低的团队成员在我们同意他在一整天的半天时间里不接电话、不回短信或不查看电子邮件的情况下，能够完成更多的工作。
- **使用例行流程在从一项任务迁移到下一项任务时清除注意力残留**。当身体移到下一项活动时，大脑并不能立即从之前的活动中抽离出来，这可能会分散注意力。一个小的过渡仪式或分心活动（如磨杯咖啡、看一条有趣的视频）可助你在精神上转化到新工作模式。
- **定期休息，给自己短短地充个电**。心流状态的精神高度集中是很好的，但不要贪杯。你必须偶尔浮到心流的水面上来换口气。伸展伸展你疲惫的脖子、手臂和肩膀。定期将眼睛聚焦在远处几秒，而不是无休止地盯着屏幕，以尽可能缓解眼睛疲劳。短暂的精神休息会让你在重新进入高效的心流状态前精神振奋。

有效时间

工作时间会以各种方式被偷走，参加会议、视频聊天、在网上查找信息、参加复盘，以及审查你团队成员的代码等。时间会被意料之外的错误修复、与同事讨论想法、行政活动及常规的健康社交活动所吞噬。居家办公则提供了无数的其他分心活动，其中许多活动可比项目工作有趣多了。虽然理论上你每周工作 40 小时，但你花在项目上的时间铁定小于这个值。

我的一个软件小组测量了几年来我们是如何在项目上投入时间的（Wiegers, 1996）。每个人追踪他们在每个项目上花费的时间（以半小时为单位），分为十类活动：项目计划、需求、设计、实现、测试、文档及四种类型的维护。我们并没有试图让每周的数字加起来达到什么特定的值。我们只是想知道我们真正花费时间的方式与我们认为花费时间的方式，以及与我们应该花费时间的方式的差异。

测量结果令人大吃一惊。在收集数据的第一年，我们平均每周只用了 26 小时进行项目工作。这种追踪使我们有意识地寻找方法来更有效地利用时间。然而，之后我们每周平均投入项目的时间也从未超过 31 小时。

我的几个同事也得到了类似的结果，平均每天能有 5 到 6 小时用于项目工作。也有其他资料表明，理想工作时间的典型平均数大约是每天 5 小时（Larman, 2004），此处的理想工作时间意为“不受干扰地专心完成项目任务的时间”。与其依靠公布的数字来估计你的有效项目投入时间，不如自己收集数据。记录你在几个典型的星期内的工作情况，可以很好地了解你每周可以将多少时间用于项目任务，这将影响团队的预计生产力或速度。

这种时间追踪的意图并不是让管理者看到谁在努力工作。管理者甚至不应该看到个人的数据，只能看到团队或组织的汇总数据。了解团队的每周平均有效工作时间有助于每个人做出更现实的估计、计划和承诺。

其他项目摩擦来源

除了每天把时间损耗在各种活动上，项目团队还会因其他摩擦来源而痛失时间。例如，大多数企业的 IT 组织既要负责新的开发，又要加强和修复当前的生产系统。由于你无法预测什么时候会出现故障或变更诉求，这些零星的、干扰性的维护需求就会通过计划外的工作来侵占团队成员的时间。

项目参与者之间的空间距离会阻碍信息交流和决策。（参见经验教训 39。）即使有多种协作工具，那些有在多个地点和不同时区的成员参加的项目也应该提前预计到沟通摩擦带来的一些迟缓。有时候，你可能无法联系到某个人，例如某个能回答你问题的关键客户代表。你必须一直等，直到他们有空，或者对答案做出最好的解答。这就会拖慢你的进度，尤其是有时候还需要多次返工。

如果项目参与者讲不同的语言，在不同的文化背景下工作，团队的构成会进一步造成摩擦。当人们花时间研究、辩论和调整优先级时，不明确和不稳定的需求优先级更会耗尽时间。如果一个新的、优先级更高的任务被插入计划队列，团队可能就不得不暂时搁置一些未完成的工作。计划外的返工则是另一种时间的窃取。

我知道有一个外包项目涉及美国东部的一个客户和加拿大西部的一个供应商（Wiegers, 2003）。他们的项目计划中包括对某些可交付成果进行同行评审。然而，远距离的审查所耗费的时间比预期要长，后续验证所做的修改亦如此。远距离决策过程缓慢，进一步拖慢了项目的进度。解决需求问题的迭代迟缓，对正确联系人的认知模糊，都是进展受阻的因素。这些因素以及其他因素使项目在第一周就落后于计划，并最终导致了项目的失败。

规划影响

项目摩擦会对估算造成严重影响，因此个人和团队都必须牢记这一点。我在估计单个任务的完成时间时，会假设不受任何分心的事情或中断的影响，具有高效的工作时间。然后，我根据我的有效工作时间比例将理想的工作量估计转换为日历时间。我还会考虑上述任何其他摩擦源是否会影响我的估计。接着我再尝试安排工作，这样就可以一次专注于一个任务，直到完成它或遇到一个阻塞点。

我的同事 Dave 为我描述了在他当下项目中发生的情况，他的经理没有考虑多任务处理产生的损失时间带来的影响：

> 经理喜欢将人员在团队之间进行分配，例如，一个人 50% 的时间在这个团队，50% 的时间在那个团队，或者以 50%、25%、25% 的分配方式。但是当这种情况发生时，他们似乎会忘记这些百分比，错误地认为团队中的人都是全职人员。然后他们就会对事情所需的时间感到惊讶。此外，在多个团队中工作意味着更多的会议开销和更少的编码时间。

如果人们在估算时不考虑时间的分配，以及项目条件会使工作变慢的许多方面，那注定会超时。

经验教训 24 不要胡乱估算，拍个脑袋完蛋

假设你是一个业务分析师或者产品负责人，当你走在工作场所的大厅里时，你碰到了 Melody，她是你项目的一个客户代表。“我想给我们正在做的那个项目加点儿料，” Melody 迎上你，你停下来听她对新功能的描述，这时她来了一句直击灵魂的疑问，“你认为需要多少时间才能把它放进去？”

你略作思考，“大概三天吧。”

Melody 惊喜极了，“真的吗？那我们就开始吧！”然后你俩在长廊上继续溜达。

你回到你的办公桌前，又想了想 Melody 说的新功能。你越是研究它，就越发现事情并没有那么简单。你意识到，团队不可能像你之前承诺的那样，用三天的时间就能实现它。它比你想象中要复杂得多。随着你对该功能的深入了解，你还担心它可能会与团队为下一个开发周期计划的另一个功能相冲突。现在改变你对 Melody 的承诺还来得及吗？

草率预言

如果你被请求估算一个问题，最好的答案应该是："我稍后再回复您。"你根据有限的信息及肤浅的分析顺手提供的估计可能非常不准确，但问题是它听起来很像给予对方的承诺。Melody 相信了你的鬼话，这导致你现在必须向其解释她的要求比你最初想象得要复杂。在团队承诺添加这个新功能之前，需要进行一些谈判和重新规划。这可能是一场尴尬的对话。Mike Cohn（2010）指出：

> "我们预估这将花费 7 个月"会被翻译成"我们承诺在 7 个月内完成"。预估和承诺都很重要，但我们应将其视为独立的活动。

随口给别人一个快速的估计确实诱人，但在你更多地研究这个要求之前，要尽量抑制这种诱惑。那些快速反应并不是经过分析得出的估计，而是凭空臆想。在你提供估计之前，先要确保你知道这个要求包含哪些内容，然后才能评估在现实中需要花费多少时间来实现这一要求。

在处理新需求和变更请求时，快速（通常可能不太精准）地进行估计是一个常见问题。影响分析通常会显示，问题比你基于初步信息估计得更复杂。若你提供的是一个基于现实的估计，那么请求者则可能会决定放弃整件事情，因为它不值得花费那么多时间或费用。最好在开始实现新功能之前就让提出方知道这一点，而不是在预测变得超乎预料之外时。我已经见识过这种情况，这是一种昂贵的浪费。

当你需要对某项工作做出最佳预估时，请考虑以下因素：

- 什么假设会影响你的估计？如何验证其有效性？
- 你知道谁会来主宰这件事情吗？不同团队成员有不同的技能，有些人比其他人有更强的能力。若你不知道谁会来处理这件事情，你就必须假设一些平均值。
- 需要有人来为新功能编写和执行测试。你可能需要进行代码审查和回归测试，以确保变化不会破坏其他东西。清楚地说明你的估算是否包含了全部的工作范围，还是说只是编码部分。
- 你是否考虑过那些不那么明显的影响，以及可能需要的额外工作，而不是简单地实现新功能？它们可能会影响其他功能，或对某些质量属性产生负面影响。又或者它们可能需要一些设计上的修改、界面的改变，或用户文档的更新。
- 任何可能在你吃着火锅唱着歌，突然被预估风险抓走的情况。

当你的问题说明模棱两可、假设不确定时，你的估计也会开始变得不准确。

由模糊所支配的恐惧

有时接收估计的人并不知道即使是被精心设计的估计也多少存在不确定性。当你的问题说明模棱两可、假设不确定时，你的估计也会开始变得不准确。如果客户听到“三天”这样的单个数字，他们就会牢牢记住，并对其有所期待。将估计的形式改为从最好情况到最差情况的范围，而不是单个数值，这样可以提醒人们，估计是对未来的大致预测，而不是承诺（McConnell, 2006）。即使是这样，听众仍可能会选择关注范围内较低的数字。“我明白你说的这个是范围，但是你的确有可能在三天内完成，是吧？”当你提出一个估计时，清晰传达期望很重要。

在提供毫无根据的粗暴估计时，一个重大问题是，接收估计的人不知道你是如何说出结果的。尽管你可能会认真分析、规划并考虑各种情况，但人们给你的回应仍可能是：“荒谬！你不可能要花那么长时间。”缺乏仔细分析的肤浅猜测可能让人感觉更乐观，因此更受欢迎，但期望越高，失望越大。

当有人向我们寻求帮助时，我们都喜欢即刻满足他们的需求。但若你在提供解决方案的估计之前三思一下，你就能让自己陷入更少的承诺困境。

经验教训 25　冰山底下有的是东西

“占用你一个小时？”我的经理曾找我说。一位科学家找到他，这位科学家在自己的 PC 上写了一个简单的 BASIC 程序，用于计算他在研究中使用的化学溶液公式。他想让我们中的一位软件开发人员将他的程序移植到我们的服务器上，以便其他人也可以使用它。

从表面上看，这似乎是一项可快速完成的工作。我的经理最初的请求实际上只需要几个小时。然而，我意识到实际问题其实要复杂得多。程序需要包含比这位科学家所要解决的多得多的计算，因为不同研究人员会使用不同的化学物质。计算必须比他自创的简单方法更精确。我们还需要一个灵活的界面，以适用于大型用户群体，并生成适用于实验室使用的报告。

我研究了所有的需求，并研究了如何提高计算的准确性。然后，我设计了一个解决方案和用户界面，对软件进行编码，并测试了应用程序。这个项目耗费了我 100 多个小时的时间。不过这是一个很好的投资，因为这个应用被大范围使用了好几年。

多数软件项目并不会比最初估计的大 100 倍。然而，项目确实有一种倾向，就是经过较彻底的问题分析及开发过程中的要求变更后，项目会从最初的构想逐渐膨胀。项目的开发时间越长，你便可预见它的规模会变得越大。软件行业分析师 Capers Jones（2006）发现，在开发过程中，大型项目的需求集通常每个月增长 1% 至 3%。如果你不能预料到一些增长并计划适应它，那你的进度肯定会落后于计划。

迭代开发方法承认，冰山在最开始只会展露一角，并不会浮现全貌。

你可能听说过这种说法，冰山的很大一部分隐藏在水面之下。类似地，执行软件项目所需的许多工作可能在最初并不可见。迭代开发方法承认，冰山在最开始只会展露一角，并不会浮现全貌。当软件被分块交付时，涉众就会想到更多需要添加的功能。即，其所见愈多，所欲愈多。冰山总是比你最初想象得要大，并会随着被挖掘而不断增长。

应急缓冲

处理需求增长的一个方法就是在项目计划中建立*应急缓冲*。其为犯错提供了空间，是一个处理不确定性的方法。在规划开发周期时，你的估算是基于有限的关于项目范围的信息的，基于可能不正确的假设的，以及其他变量的。由于这些未知因素，在时间表中添加一些松散的应急缓冲是一个好主意。否则，第一个新的需求、第一个低于实际的估算，或者第一个没有预料到的任务都会破坏进度。

应急缓冲不是无中生有的，也不是对所有单独估计的滥增。你可以根据以前在进度超支和需求增长方面的经验来计算合理的缓冲。定量风险分析则是另一种方法，它可让你思考你的项目所面临的潜在风险，问题发生的可能性，以及它们会如何拖慢进度。关键链项目管理（critical chain project management）是一种将经过深思熟虑的缓冲纳入计划的技术（Goldratt, 1997）。可以将这项技术放在一系列相互依赖的任务的末尾，我们称其为*接驳缓冲*（feeding buffers）；也可以将其放在整个项目的末尾，这是*项目缓冲*（project buffer）。图 4.1 说明了如何在甘特图中安排两种缓冲。

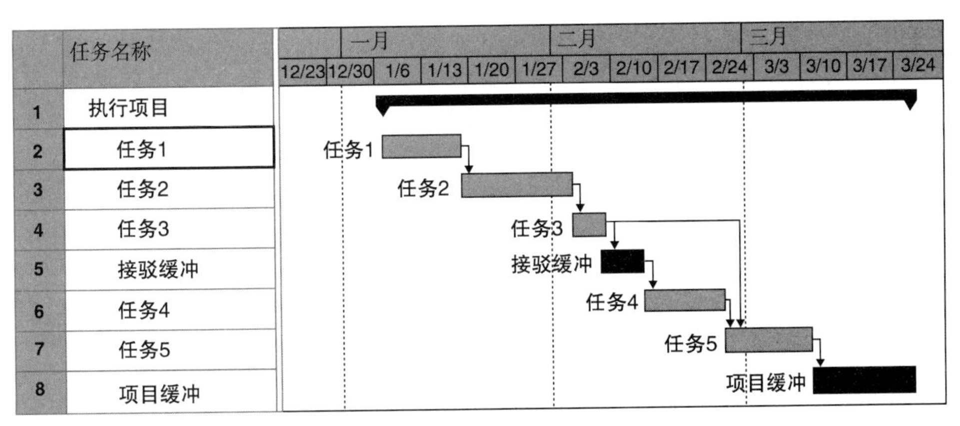

图 4.1：接驳缓冲后会有一系列后续任务，而项目缓冲则放在甘特图中的最后一个任务之后

在敏捷开发项目中，应考虑在每次迭代中加入适度的应急缓冲，以应对项目的不确定性。这个缓冲将有助于让你的迭代周期保持正常运作，并减少将未完成的工作推迟至未来迭代的需要。你还可以在项目结束时，计划一次额外的迭代以作为缓冲，容纳那些被推迟的、新增加的用户故事，以及其他悬而未决的工作，如图 4.2 所示（Thomas, 2008b）。

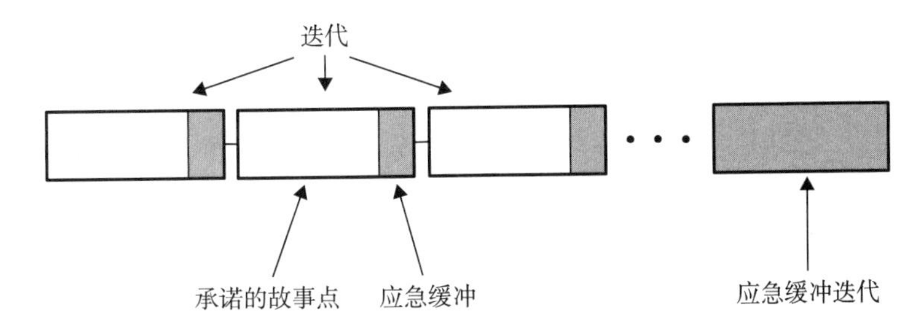

图 4.2：应急缓冲可被添加在每次迭代结束之后，也可作为项目结束时的一次额外迭代被添加到项目的迭代计划中

让我们看一种将缓冲纳入敏捷开发项目的方法（Cohn, 2006）。许多团队用*故事点*（story points）来估计用户故事（或俗称待办项）的不同大小（Cohn, 2004）。你可以用每个迭代中团队所完成的故事点的数量来衡量每个进行为期数周的开发迭代的团队的能力，我们亦称其为*速度*（velocity）。

假设你的产品待办项中包含约 150 个故事点的工作。根据你的速度量化，团队可在每个迭代中平均交付 30 个故事点，这表明项目持续时间为 5 个迭代。接着，你可以把你的整体交付计划建立在一个稍微保守的速度上，如每个迭代交付 25 个点，如此一来，就需要计划 6 个迭代（150 ÷ 25）。瞧，你承诺的交付计划现在就为每个迭代安排上了平均 5 个点的应急措施。

团队在计划迭代时仍会认为他们要在每个迭代中提供 30 个点。也就是说，他们将朝着内部目标 30 而努力，这个目标可比他们的外部承诺 25 更具野心。这个内外差异就为我们腾出了一些空闲时间，可用于处理超预期的事项、意料之外的工作、错误修复、重构和其他耗费时间的活动。虽然团队的速度测量可能已经包含持续的错误修正和重构所造成的影响，但任何项目都还是可能会出现各种意外的（Cohn, 2014）。

涉险假设

将缓冲纳入计划会延长预计交付时间，所以经理和客户可能会对此持反对态度。“不过是些填充之物！”他们会抗议，“把这些鸡肋去掉，你们就能提前完成，是吧？”是吗？也许并不是这样。

应急缓冲并不会改变未来。它提供的是一个安全系数，以考虑未知因素、意外情况和估计的不准确性。抗拒缓冲并不能消除这些变量，只会降低你应对这些变量并保持承诺的能力。撤除缓冲的经理正在做出多个假设：

- 你今天手头上的范围信息是被充分理解、准确且稳定的。
- 所有的估计都是准确的，或者至少任何不准确性都会相互抵消，变得恰好准确。
- 你了解这个项目的参与者，并且团队在整个项目中都会保持完整。
- 在项目开发期间，团队成员不会被“执行先前产品的支持工作”或其他未计划的事所打断。
- 团队中没有人生病、休假或离职。
- 风险最终不会转变成问题，也不会有新的风险出现。
- 所有该项目依赖的外部因素都将按时就绪。

这些假设将开发团队逼进死胡同，我几乎敢打包票这个项目会超期。如果你的应急缓冲措施遇到阻力，可以翻出过往项目中一些意外的旧账。然后笑眯眯地询问经理新项目是否会因任何理由而有所不同，那些不愉快的记忆是否不会被再次唤醒。如果答案是否定的，那就别质疑应急缓冲。

证明应急缓冲是必要的最好的办法就是展示你是如何根据组织中以往项目经验来计算它们的。摆出你的项目通常经历多少需求增长的历史数据，是你设立这种适应增长的缓冲的有利辩词。

我曾经和我的一个咨询客户的高级经理聊过一个巨大的项目，他们预计需要 5 年时间能完成。我告诉他，行业数据表明，这种规模的项目，每个月的需求增长率可能是 2%。这个增长率可以使一个 60 个月的项目的最终产品比最初估计的大一倍以上。“噢，有理有据。”他回答。

趁热打铁，我继续问他："你们的项目计划是否包含任何应急缓冲以适应这种增长？"毫无意外，他的答案是"没有"。我怀疑那个项目的开发时间要比 5 年长很多。

冰山型合同

冰山现象也会影响到承包制项目。如果你是一个想得到这个项目的承包商，你可能会在你的标书中撤除处理意外情况的缓冲，以此保持低价。但当你发现冰山的真正大小时，会发生什么？或者，如果客户要求扩大范围，并且不同意推迟任何其他承诺的需求，怎么办？

如果你的计划包括应急缓冲，那你就可以在不破坏预算或进度的情况下应对一些小的增长。当客户问："你能增加这个小需求或做这个额外的改动吗？你可以按时完成，对吧？"设计了缓冲可能会让你做出肯定的回答。客户会把你肯定的回答看作你具有灵活性和可满足它们的愿望的标志。若未留有一定的缓冲能力，那么一个不断增长的项目可能会迫使你承担超预算的费用，甚至可能无法按时完成项目。

我听说过一种说法，把为获得合同而提出不切实际的低价的做法称作"劣币驱逐良币"综合征。你须在"根据你对未来的最佳评估"和"根据可能最终反咬你一口的幻想"之间做抉择。渐进式开发方法有助于应对规模的不确定性，它事先承认有很多尚不知道的东西可能会影响项目结果。不过，有些客户会对一个目标不确定的项目感到反感。

缓冲之美

对未来可能发生的事情进行规划并不能改变未来会发生的事情，但它确实提高了你与现实打交道的能力，从而不让现实破坏你的计划。如果你不知道冰山的全部尺寸，那就直接预设它比明面上的要大，并制订相应的计划。在任何承诺中建立一些灵活性有助于保持按期交货。

假设项目一切顺利，你没有完全消耗分配的应急缓冲，那你就有可能提前交付——共赢。

经验教训 26 谈判要能打，数据是筹码

当你去汽车销售店与销售人员砍价时，你处于劣势。销售人员手头有很多数据，包括：

- 你想要的汽车的厂商建议零售价。
- 经销商购买车辆的价格（发票价格）。
- 经销商所接受的最低利润。
- 经销商的成本和任何配件或选加项的溢价。
- 对经销商或客户均有效的特别促销或激励措施。

- 你的置换车辆的价值。
- 之前购买同种车型的人最后支付的价格。

再看看你，你可能只有一个数据可用：橱窗贴纸上的价格。如果你做了一些功课，那你可能还有来自消费者报告等来源的内部价格信息。这种功课对我来说很有用。否则，销售人员在谈判中的地位比你强得多，因为他们手头有额外的信息。

哪儿来的数字

软件项目没有预设的标签价格作为谈判的起点，但是类似的数据失衡可能会影响关键涉众之间的谈判。假设我是一个项目经理，项目发起人（某位高级经理、市场部或我的主要客户等）问我完成一个新项目所需的时间、成本。我会根据对项目的理解和经验，制定并提出一个估算。如果发起人不满意这个估算，可能会出现两种结果。其一，我试图为我的估算进行无数据辩护，而发起人则坚持要求一个更积极的目标。这不像一场谈判，更像一场我很可能会输的辩论。

其二，基于数据，而不是基于情感、压力或政治力量。我向发起人描述我如何得出估计值的过程，形如：

- 我和知情且有经验的团队成员一起工作，他们了解新项目涉及的工作类型。
- 根据当时掌握的信息来估计项目的规模，包括不确定性因素和基于以往经验的预期增长，我和熟悉这类工作且经验丰富的团队成员一起使用宽带德尔菲法（Wideband Delphi）（Wiegers, 2007）或几种敏捷估算方法之一进行了评估（Sliger, 2012）。
- 我们做了一些假设，这些假设会影响我们的估计。
- 我们参考了在类似项目上的过往经验，记录了有关项目规模、我们的估算、实际结果、风险和意外情况等方面的数据。
- 我们评估了参考项目与新项目的模型契合度，以判断新项目的不同特征将对我们的估算产生何种影响。
- 根据以前的生产力测量，我们计算出了最有可能的、悲观的和乐观的用时和成本估计。

若发起人在我这样解释之后仍不接受这个估算，我们可以再基于事实进行讨论。也许这类项目我们从未做过，我们的参考数据基本无价值，这会增加风险和估算的不确定性。也许我们对这个项目的了解还不足以产生一个有意义的估计。我们将不得不逐步展开，根据进展来估计每个部分的时间和成本。这就带来了关于项目何时完成和最终成本的相关不确定性。我们的基本数据和分析估算流程是进行关于现实的平衡讨论的基础；这与我们是否都喜欢这个现实是完全不同的问题。

数据是你的盟友。有一次，一位经理对我提出的一项估计进行了反驳。我解释了我

是如何根据过往项目的记录产生的估计，以及我认为她关于生产率大幅提高的假设不现实的原因。我问她为什么假设这个项目会突然比以前做过的项目进行得更快、更顺利。她没有一个很好的解释。这更像是一道充满希望的光，而不是现实的期望。“希望”并不是一种策略。

无人可精准窥探未来。你所能做的只是依据过往经验进行推演，在必要之处进行调整，并承认不确定因素。

原则式谈判

当涉众的期望或要求与你以估计的形式对未来的预测之间存在差距时，你就需要进行谈判。原则式谈判（principled negotiation）是一种达成双方都能接受的协议的方法（Fisher et al., 2011）。原则式谈判包括四条戒律：

- **对事不对人**。如果讨论演变成你个人与更有权力的人之间的斗争，除非你能构建一个有说服力的案例来改变他们的立场，否则你将会失败。
- **关注利益，弱化立场**。莫钻牛角尖，不要吊死在自己的估计上。相反，首先了解对方的利益，这让你更具同理心。他们的目标、诉求、关注点、压力和限制是什么？也许可通过修改问题陈述、推荐的解决方案的方式来满足他们的利益和你自己的切身利益。
- **创造共赢选项**。如果你受到压力，要做出你明知团队无法兑现的承诺，那就另寻双方都能接受的结果，以及你能承诺的可行目标。看看是否有折中的办法。在大多数成功的谈判中，任何一方都不会得到他们想要的一切，双方都需要妥协。
- **坚持使用客观标准**。这就是数据的作用。摆事实、讲道理比强烈的建议、论点更有说服力。使用数据来支持你的估计，并尊重对方提供的数据。

无人可精准窥探未来。你所能做的只是依据过往经验进行推演，在必要之处进行调整，并承认不确定因素。让你的数据替你发声，并邀请与你谈判的人分享他们的数据。在某处可能会有意见的交汇和可接受的结果。

经验教训 27　要想估算不乱猜，历史数据少不了

你接手了一项新工作，这时有人想知道它需要耗费的时长。这个人可能是客户、经理，也可能是你的队友，甚至是你自己。除非你以前做过一模一样的事情，否则你需要根据先前的经验进行估计。人的记忆是会出错的。即使你记得以前一些事项耗时多久，你也可能

不记得当时认为需要花多长时间了。为了创造合理精确的估计，你需要的是数据，而不是不靠谱的记忆。数据构成我们可以分析的一组事实，以供我们了解、预测和改进。

有人曾问我：“如果我们要以历史数据为基础进行估计，那么这些数据从哪里来呢？”最简单的答案就是，若你记载今日所为，则可供来日之需。个人、团队和组织应养成记载估计时长与实际结果的习惯。这是用于更好地估计即将到来事项的不二法则。

若预测与实际结果出现较大差异，请探讨原因，并考虑如何为将来类似工作创造更现实的估计。你需要执行的任务是否比预期更多？它们的耗时是否比想象中的要长？你对生产力的假设是否过于乐观？是否存在意外因素阻碍了工作的进行？随着时间的推移，数据逐渐被积累，你可以计算出一些平均值来帮助你对未来工作创造更有意义的估算。无数据即瞎猜测。

多种历史数据来源

我们有四种潜在的历史数据来源可选。“个人经验”首当其冲。个人的表现会因个人执行工作的技能与经验不同而存在较大差异。我独自一人开办一家咨询与培训公司超过 20 年。对我来说，了解另一位顾问开发培训课程所需的时间并不能为我做类似事情预估时间提供多大帮助。我必须依靠我自身的个人成长史，所以我记录我的计划、估计值以及实际任务的持续时间，以供后续之需。

几年前，我决定为我的六门培训课创建网课版本。由于以前我从未做过网课，我不知道这大概会耗费多少时间。我创建了一个任务清单，列出了我所能想到的所有步骤。由于这是一次新的体验，我面临着几条学习曲线，过程中我还遗漏了一些任务，不过这些任务被添加到了后续项目的计划列表中。我记录了开发第一门网课的每个事项的时间。

根据这些数据，我估计了下一门网课需耗费的时长。我根据当时掌握的学习曲线、新发现的任务以及两门课之间的差异来调整估时，然后将估计值与每一步实际耗费时长进行比较，这样我就可为剩余课程进行更好的估计。多年后，有个客户聘请我开发一些定制的网课，按固定价格签署合同，这些数据帮我准备了一个准确的估算。

我发现规划一张工作表有助于厘清我为一个特定项目所必须执行的所有工作，及其各自对应的可能耗时。它会提醒我注意那些可能会被忽略的任务。例如，人们常常忘记规划那些花在测试及同行评审等质量控制活动后执行返工的时间。然而，返工几近必然。哪怕我不知道在特定情况下返工需要多久，我仍会把返工任务包含在我的估算中。

还有三种历史数据来源，分别是你的当前项目，你的组织的集体经验，以及类似项目的行业平均水平。这其中最有意义的数据来自你当前项目最近完成的部分。这些数据反映了当前团队、环境、文化、流程和工具对团队表现的影响。敏捷开发项目非常适合进行此类数据的收集。假设团队组成、交付工作的性质与质量都保持不变，最准确的未来表现预测都是基于最近迭代的平均速度的。

软件指标

凡过往皆为序章，然记忆不可靠，观点太主观。若你想了解项目之前的情况并制订更有意义的计划，就需要收集一些指标。人们可在三个层次上度量软件：个人贡献者、项目团队，以及开发组织。规模、工作量、时间和质量等类别的度量可为你的项目工作提供相当大的洞察力（Wiegers, 2007）。

- **规模**：为你的项目规模选择一些度量标准，这对你正在做的工作很有意义。这些标准可能包含需求、功能点、用户故事、故事点、类，以及颇有争议的代码行数。对于我的网课来说，我选择了课程模块数和幻灯片数。
- **工作量**：追踪创建每个交付产品或完成每项工作所需的工时。将规模与工作量结合起来，可计算出你的生产力。
- **时间**：记录以日历时间为单位的工作估时及实际耗时。正如我们在经验教训 23 中所述，许多因素都会影响从工作量转化为日历时间。

- **质量**：竭尽所能发现缺陷，可看出哪些有关质量的实践对发现错误最有效，以及质量改进的机会在哪里。记录用于修补缺陷的返工时间也有助于规划。若你知道错误的工作源于何处，如某个迭代、某个需求或某项活动，你就可以更清楚地知晓将来要把额外的质量工作放置何处。

在 Steve McConnel 所著的《软件估算》一书中，他指出了与上述类别的每个指标相关的许多问题。McConnel 强调了明确定义每个指标的重要性，这样可以让人们以一致的方式记载数据。除非你以外部参考物作为基准，否则内部测量一致性比绝对真理更重要。例如，所有团队成员都应以相同方式跟踪工作量、计算缺陷。试想一下，如果有些团队成员把调试和返工的工作量作为开发的一部分，而有些成员则将其与测试归为一类，甚至有些人根本就不记录这些内容。这种风马牛的差异毫无可比性，不会产生对未来有意义的预测数据。

指标的金科玉律是使用数据进行理解与改进，而不是进行奖惩。

软件指标的一些想法会让人焦虑。这是一个微妙的领域，存在许多潜在陷阱（Wiegers, 2007）。指标的金科玉律是使用数据进行理解与改进，而不是进行奖惩。人们还会担心收集和分析这些数据会花费额外的时间，但我发现，记录一些关于项目活动的基本信息根本不需要什么努力。当你养成了这样的习惯，这只是你工作过程中的一部分而已。

当你的工作完成很久以后，你不可能准确地重建相关的指标数据。所以我们必须建立一个即时收集和存储这些数据的机制。开发周期结束后的回顾环节是一个评估过去、规划未来的好时机。若今日事今日记，明日就有今日史来助你评估下一项工作。

经验教训 28 估算不是谈恋爱，不按个人开心改

想象这样一个情景，你的客户问你还需要多久可以完成项目的下一部分。你根据对工作的分析思忖了一下，回答："约莫俩月。"

"两个月？"顾客翻了个白眼，"我金钗之年的女儿都可以在三周内完成。"你抑制住了建议他出门右转雇用自己女儿的冲动。

"要不——一个月？"你试探道。

看吧，工作量并没有变，那变的是什么呢？显然，你的工作效率并没有突然变得更高，也没有田螺姑娘突然出现帮你完成工作。只因客户不喜欢你的第一个答案，你就改口了，这样客户可能更容易接受一些。如果你的估计与请求者的期望所差甚远，那你就需要通过一些谈判来达成一些协议。然而，没有理由可以让你仅因为某个人不满意而改变一个精心计算的估算（Wiegers, 2006b）。

估算是对未来的一种预测。我们的估算基于当时对问题的了解，以前类似的工作经验，以及我们的假设。如果要动真格的，还要考虑那些超出我们控制范围的因素，可能的风险，对问题陈述可能存在的变化，以及可能影响我们计划的各种不确定性。我们对这些因素了解得越少，估算与实际情况相吻合的可能性就越小。不同人的思维过程涉及不同变量，对于同样的工作来说，可能会产生相当不同的估算。

目标 vs 估算

区分估算与目标非常重要。我曾观察过一位高级经理与一位开发人员之间关于一个新项目的讨论。开发者对项目持续时长的期望高于经理期望的 4 倍。开发人员爽快地同意了经理对更短工期的要求，然而项目在该工期内可以完成的概率为零。

其实，我们可以有一种更理性的做法。开发人员可以这么说，"我是这么估计的……那你呢？"但在上面的情境中，经理并没有估计，他只有一个目标；同样，开发人员也没有估计，他只有一个猜测。目标和猜测相差甚远。若双方中任意一方认真做过一个真正的估计，那么他可能就会更接近事实。但是他们没有，所以这就成了一场对抗性的辩论，胜者自然就是拥有更大权力的一方，而他只是从对方那里得到了口头承诺。

区分估算与目标非常重要。

何时调整

估算应独立于你认为的请求者想听的内容。尽管如此，有些时候对估算做出更改甚至重新估算是有意义的，如：

- 当你发现某个假设或信息是错误的时候。
- 当你进入工作状态，对任务有更深层次了解的时候。
- 当工作的范围发生变化的时候。
- 当你发现进展比预期要快的时候（相信我，这的确有可能发生）。
- 当条件发生变化的时候，如人员发生变动。
- 当一个风险成谶，或是一个依赖关系失败的时候。

除去以上这些变化，更改你对未来的预测是不合适的。

若你的估算与他人的目标、期望或限制不一致，各方应合作调查这些分歧。把冲突埋进土里当鸵鸟，这对谁都没有好处。你们可以质疑假设、讨论风险，并尝试使用其他估算方式进行验证，甚至可以否定。也许你所依赖的历史数据并不适合对此项目进行估算。你可以就范围、资源或质量进行商讨，看看是否有哪个地方可以微调，使之达到一个可接受的程度。但若你已经准备好了一个分析性的估算，不要为了让他人满意而屈服。他们不会相信你对未来的估计，因为他们知道若他们不断施压，到达一定程度时是可以推翻这些估算的。

经验教训 29 离关键路径远一点儿

在项目规划中，确定必须执行的那些任务是核心。在这些任务中，有些必须按特定顺序进行，有些则与其他一些任务有关联。因此规划者必须确定任务间的时序依赖性。这就让事情变得复杂起来了。

关键路径的界定

项目规划者常画一种*活动网络图*（又称 PERT 图），来展示任务之间的时序关系。图 4.3 就是一幅只有 6 项任务的项目活动网络图。任务从 A 到 F，展现了各任务的预估持续时间。实际的活动网络图会包含更多信息，如每项任务最早和最晚的开始与结束时间。为简单起见，我们假设在所有先序任务完成之前，无其他任务可以开始。也就是说，在任务 A、D、E 完成前，任务 F 不能开始。

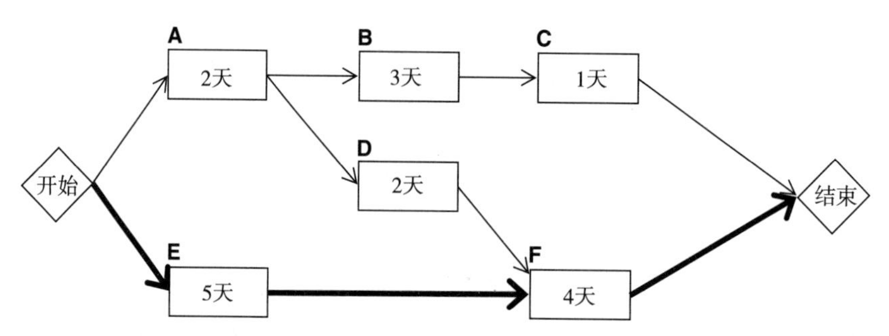

图 4.3：关键路径（粗箭头）是从项目开始到结束之间最长的任务拓扑序列

若你把从起点到终点的各路径中的任务估时相加，就会发现路径 EF 是最长的，为 5 + 4 = 9 天（加粗箭头）。我们称该任务序列为**关键路径**（critical path）。它定义了完成项目所需的最短估计期限（Cohen, 2018）。若关键路径上任意一个任务超时，则项目整体完成日期就会因该超时而延期。那些被添加到关键路径上的新任务同样会推迟整个项目。

不在关键路径上的任务则存在一些松弛时间（slack time），又称**浮动时间**。它们可在不耽误整个项目的情况下持续进行，直到某个时间点。例如，任务 A 与 D 相加为 2 + 2 = 4 天，比关键路径上的任务 E 短 1 天，则其有一天的松弛时间。

不过，关键路径可能会在过程中改变。假设任务 A 消耗了 4 天，是原预估值的两倍。那么新的关键路径将变成 ADF（4 + 2 + 4），10 天。这使得项目超支原 9 天的 EF 路径 1 天。

增加不在关键路径上的任务会增加工作量，但不会使项目延期——只要我们有足够的空隙来容纳这些工作量。

若想缩短项目时间，你需要找到压缩关键路径上的任务的方法。

关键路径上的任务是不存在松弛时间的。所以若想缩短项目时间，你需要找到压缩关键路径上的任务的方法，如并行执行其中一些任务。刁钻的项目经理会密切关注关键路径，努力确保这些任务可以按时甚至提前完成。

别挡着别人

我的理念可能跟有些人不大一样，我通常尽可能让我的工作远离项目的关键路径。我不希望成为阻碍别人进展的瓶颈。通过考虑重要性和紧迫性两个维度，我可以确定日常工作的优先级（Covey, 2020）。位于关键路径上的任务比不在关键路径上的任务更紧急。若一项任务会迫使其他人等到该任务完成后才能继续手头的工作，那么该任务就会跳到我优先级队列的前面。我会尽我的努力避免自己成为那个可能阻碍整个项目的因素。

我在写书时就用了这种思维。构思、计划、起草、协作、审查、编辑以及出版一本书的过程约莫长达一年，内含诸多活动，若有一个以上参与者，则更甚。许多工作可并行，或按任意顺序进行。但有时，一个参与者必须在其他人进行下一步工作之前完成某项活动。例如，在我所有的体验读者（审稿人）都反馈完意见之前，我不能最终确定手稿的章节。若非我留出一些松弛时间以保持进度，我就要忽略那些迟到的评论意见，这除了会浪费评审员的时间外，还有可能降低书稿的质量。

当出版社把排版好的文件发给我做最后校对时，我放空一切，开始阅读，以此来迅速脱离关键路径。出版社在收到我审查反馈前是无法进行修改或确定最终索引的。校对的延迟可能会推迟出版，这取决于我们在计划中包含了多少松弛时间，以及我们是否在整体上提前了计划。

频繁沟通对于保持进度来说至关重要。有时双方都在等对方回应，大家可能弄不清要谁先出手。你没有得到用邮件发出的问题的答案，所以你又给对方打电话、发短信或邮件。“你明白我三天前发给你的电子邮件中的要求了吗？还是你已经回复了，但我没收到或者被我不小心忽略了？”看吧，一个人不必要地耽误了另一个人的工作。当人们在处理多个必须按特定顺序完成的活动时，可导致项目滑坡的方式太多太多。

当我及时完成一项活动时，我都会感到特别满足，因为我知道若非如此，我可能会拖累别人，甚至是整个项目。我会使自己尽可能快地跃迁出关键路径。

经验教训 30 任务没完成，你一分钱都拿不到

“哟，Phil，你的那个子系统实现得怎么样了？”

“哇咔咔，快了，大概完成 90% 了。”

“几周前不就已经 90% 了吗？”

“话是这么说，但这次是真的 90% 了！”

这是一则行业笑话，软件项目和任务据说在很长一段时间内都是完成了 90%（Wiegers, 2019b）。还有一则类似的笑话，一个软件项目的前半段耗费了 90% 的资源，后半段又耗费了另外 90% 的资源。这种乐观又具有误导性的状态跟踪会使你很难判断何时能真正完成一项工作。我们都需要耐得住“从待办项中移除某项”的诱惑，在它们完全完成前不要去触碰。如果你跟别人说，“我已经完成了，除了……”那就是没完成。

什么叫“完成”

这里有一个最基本的问题，当我们说某项工作已完成时，究竟是什么意思呢？你可能已经完成了所有你最初认为需要完成的任务，但却发现这项工作涉及的工作量比你预估的要多。这种情况有时会发生在对现有系统进行改造时——因为你会不断遇到需要额外修改的组件。当我们在规划某一大块工作时，往往没有想全所有必要的活动。工作越复杂，就越有可能忽略一些任务。

如果你跟别人说，“我已经完成了，除了……”那就是没完成。

敏捷社区将“定义已完成（definition of done，DoD）”纳入活动计划，以此正面解决该问题（Datt, 2020b；Agile Alliance，2021a）。在项目早期，团队应逐项列出用来确定完成特定待办项、任务或迭代的标准。可以用检查单来帮我们规定必须完成的工作，以便确认某项任务或产品增量功能是否完成。

“定义已完成”为判断一个项目或迭代是如何成功完成的提供了客观的标准。完成即“全部完成”。例如，一个软件的增量功能已被完全编码、测试并集成进产品，有完整的文档，这才有可能将其发布给用户。如实现用户故事这种独立的工作单元，要么 100% 完成，要么就是没完成，没有中间状态（Gray, 2020）。

我常创建计划工作表（planning worksheet），逐项列出我进行经常性活动时所涉及的步骤。这些工作表可以减少我遗漏一些事项的概率，并为我对每项活动估时提供帮助。这些工作表还能让我跟踪进度。图 4.4 就展示了这种工作表的一部分，它用于将我的 PowerPoint 培训课转换为网课，正如我在经验教训 27 中提到的那样。我用“状态”一栏来跟踪已开始、已完成及尚未开始的任务。

状态	任务	状态	任务
	1. 将课程幻灯片分成独立 PowerPoint 文件中的模块		8. 创建一个带有模块菜单和其他链接的 HTML 页面
	2. 为每个模块调整好幻灯片，并添加背景和页脚		9. 创建课程讲义 PDF
	3. 完成所有幻灯片的指导者说明		10. 测试整个演讲
	4. 为每份幻灯片创建脚本，并标记动画计时		11. 改正测试期间发现的错误
	5. 为所有模块录制音频脚本		12. 定价
	6. 导入音频脚本，同步动画		13. 制定描述和营销材料
	7. 以网课格式发布所有幻灯片模块		

图 4.4：一份列举了将 PowerPoint 培训课转换为网课所涉及的任务清单

清单中的任务在规模上各有不同。定价（任务 12）只需几分钟；而为所有模块录制音频脚本（任务 5）则耗时良久。我的课程规模差异很大，横跨 4 个模块到 18 个模块。我需要比图 4.4 中所示更细的粒度，以跟踪状态及我在模块级任务上耗费的时间。为此，我创建了一个电子表格，用以检测我在开发每个课程模块时所需要的每项活动的进展情况。但我只用了三种状态：待定（pending）、进行中（underway）和完成（done）。

“学分”没有小数点

评估完成度的一个问题是，我们为已开始但未完成的任务赋予了太多的中间态区间，这可能会使我们自己感到高兴，甚至过于乐观。你可能会在某天早上思索一个复杂模块的算法，并得出结论说你已完成了 30%，毕竟算法是整体中最难的部分。的确，算法有可能是最难的，但写代码、审查代码、测试、与其他工作集成这些工作仍会耗费大量时间。要准确评估一项大型任务的完成百分比是很难的。它可能比你最初想象的要复杂，未被识别的活动可能随时会被发现，且我们不确定剩余的工作将如何进行。

解决这种完成度问题的第一步是将巨石任务（即里程碑）分割成多个小任务，开个脑洞，就叫它寸程碑（inch-pebbles）（Page-Jones, 1988；Rothman, 1999）。完成每块寸程碑可能需要 4 ～ 6 个工时。这种规模允许你很好地了解完成任务所需要做的一切。一个有效的启发式方法是找出那些无法从逻辑上细分成更小部分的寸程碑。若你以前有执行某项活动的经验，那你可能可以在里程碑级别的粒度上准确估计它；而对一个不熟悉、不确定或更复杂的活动，更精细的寸程碑会更具启发性。

我们可以以二进制的方式跟踪寸程碑上的进展：完成、未完成。对于未完成的任务，你得不到学分。没有。零。一项大任务的进展应由该大任务中完全完成的寸程碑百分比决定。这种跟踪比猜测一项大的、定义模糊的工作完成了多少百分比更具洞察力（Rothman, 2004）。

我所说的“大任务”，是指为客户提供价值的一些工作单元。在我的网课项目中，最终目标是完成一门可销售的完整课程。正如图 4.4 中所示，我们将这项大任务分解成若干小活动，这样就可以看到我是如何接近最终目标的。在这个主要目标中，有多个课程模块，每个模块都有自己的子任务。我没有估计整个项目或单个子任务的完成百分比，而是在最低粒度水平上使用二进制的“完成”“未完成”状态进行跟踪。

一些项目跟踪工具会包含一个可以让你指出任务完成百分比的控件。图 4.5 展示了一个有若干项目任务的甘特图样本。总的来说，标有任务 1 到任务 4 的灰色条状物构成了名为“创建一个模块”的大目标。我所指的控件就是灰色任务栏内的窄黑条。黑条表示每个任务已完成多少。我的建议是不要使用这类“部分完成”的指标，它们会误导你，让你以为目前的情况比实际情况更好。我发现，统计已完成小规模的寸程碑可以更有意义地显示进展。

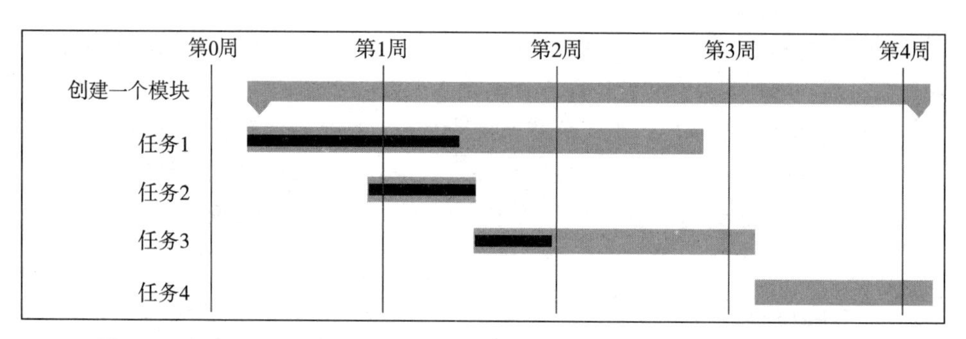

图 4.5：我建议不要用该方式来展示单个任务的完成百分比（灰条内的黑条）

跟踪需求状态

我们还有一种监控项目进展的选择，就是跟踪需求的状态，而不是估算每个需求实施的完成度（Wiegers 和 Beatty, 2013）。一项工作对应的每个需求——无论是功能需求、用例流程、用户故事、特性或子特性——在给定的时间都有一个特定的状态。可能的状态值包括提议、批准、实施、已验证、延期和删除。在这种方法中，当每个需求的状态为以下三种状态之一时，计划中的工作体即被视为完成：

- 已验证（需求已完全实施并经过测试）
- 延期（需求的实施被推迟）
- 删除（需求根本不再计划被实施）

完成才能致富

项目跟踪的意义不只是确保你已完成所有的计划工作。它是为了在完成大块工作时，为客户提供价值。获得你在实现价值方面的进展的最佳方式是，只有在任务真正完成时才将其状态改为“完成”。

经验教训 31 项目多变，放机灵些

“好，快，便宜。选两个。”这种关于三重约束或铁三角的概念几乎在所有项目管理的文献中都有出现。我已见过铁三角的几种表现形式，在铁三角顶点或边上有不同的参数，并对保持不变的东西有各种假设。在我看来，传统的铁三角过于简单，尽管约束和权衡的概念肯定是有效的（Wiegers, 2019c）。

五个项目维度

我认为项目团队必须从五个维度进行管理，如图 4.6 所示（Wiegers, 1996）。首先是范围或特性，它描述了产品的功能或能力。不过，从范围内将质量抽离出来非常重要。若软件不需要正确工作，我可以很快地开发完成。因此，与最常见的铁三角表示法不同，我把质量作为一个独特的维度。其他三个维度是交付所需时间（也称排期）、预算（也称成本）及项目中的职员。有些人把风险作为第六个维度，不过与前面讲的五个维度相比，风险是一个比较难调校的参数。

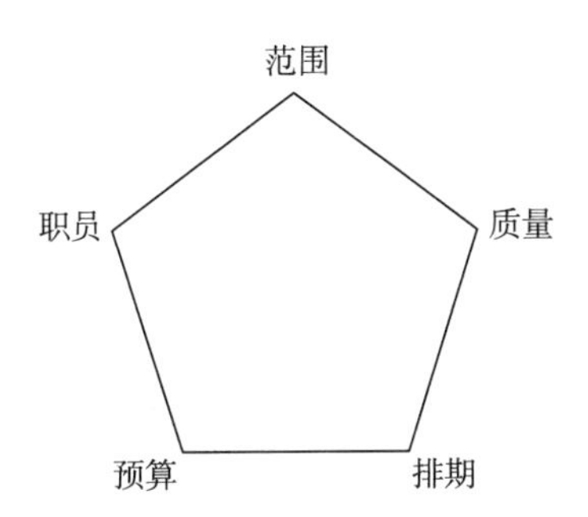

图 4.6：软件项目的五个维度是范围、质量、排期、预算和职员

人们常将职员与预算并称为“资源”。我更喜欢将二者分开看待。大部分的项目成本确实用于职员的工资。但有时，一个团队空有足够的资金，却受限于人数。在这种情况下，或许项目经理可利用预算来购买一些解决方案、授权一些软件组件、将部分工作外包出去，或者聘用承包商。

必须决定每个项目的哪些方面更为重要，并同时平衡其他维度，以此来实现项目的基本目标。这五个维度的权衡并非简单的或线性的。如你要增加职员，那成本可能会增加，而进度可能会缩短——这只是“可能”。正如 Frederick Brooks（1995）在布鲁克斯法则（Brook's Law）中所指出的，投入更多的人来开发一个紧急的项目只会让进度更慢。一种常见的权衡是以牺牲质量为代价来缩短排期或增加功能。任何被 Bug 扎堆的软件“咬过”的人都会质疑这种权衡决定，但开发组织确实还是会做出这种选择——故意地或默认地。

在一个项目中，每个维度都可以采取以下三种属性之一：

- 制约因素
- 驱动因素
- 自由度因素

*制约因素*定义了项目在运作时的必要限制。项目在受限范围内不存在任何灵活性。若一个项目有一个固定规模的团队，那么职员就受到限制。至少从客户角度看，成本是一个

在固定价格合同下完成项目的制约因素。对于开发那些与安全相关或生命攸关的产品项目，质量将是一个制约因素。有固定日期的合同或事件相关的项目是有进度限制的，如千年虫（Y2K）、选举、英国脱欧（Brexit）。

*驱动因素*是项目的关键目标或成功标准。对于一个有着理想市场机会窗口期的产品来说，排期就是一个驱动因素。在商业应用中，出于竞争目的，常把功能作为一个驱动因素。这些驱动因素在某些方面提供了一些灵活性。一个指定的功能集可能是项目的主要驱动因素，但若功能不接受讨价还价，那么范围就会成为一个制约因素。

剩下的既非驱动因素又非制约因素的项目维度都是*自由度因素*。项目经理可在一定范围内调整自由度。这种挑战在于如何在制约因素的限制下调整自由度，以实现项目的成功的驱动因素。例如，采用敏捷开发方法的项目将范围作为一个自由度因素，调整每个迭代的范围，以适应其迭代排期的时间制约因素。

告诉你一个坏消息，一个零自由度的项目大概率会失败。五个维度不可能全为制约因素，也不可能全为驱动因素。新增的功能、离开的团队成员、成为问题的风险、被低估的预算都有可能破坏进度。毕竟被过多制约因素限制的项目经理缺乏灵活性来应对这些事件。

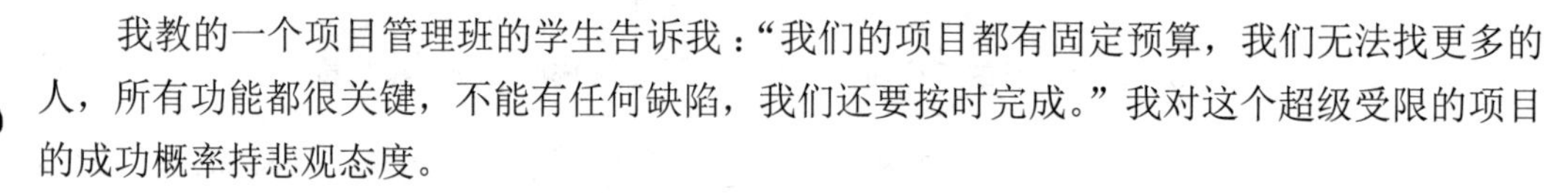

我教的一个项目管理班的学生告诉我："我们的项目都有固定预算，我们无法找更多的人，所有功能都很关键，不能有任何缺陷，我们还要按时完成。"我对这个超级受限的项目的成功概率持悲观态度。

一个零自由度的项目大概率会失败。

谈判优先权

针对上述模型有一件重要的事情，就是团队、客户及管理层应在项目初始之时就商定各维度的相对优先级。例如，排期经常被当作一个制约因素，而它实际上是一个驱动因素。区分这两种因素的方式是问这样一个问题："我知道你想在 6 月 30 日之前交付。但若到 7 月底还没完成会怎么样？"如果答案是"不要心存侥幸"或"我们会被要求付违约金"，那么排期就真的是一个制约因素；但若答案是"好吧，我希望在 6 月 30 日之前完成，如果真搞不定，我们可以接受在 7 月 31 日之前完成"，那排期就是一个驱动因素。

灵活性图

Kiviat 图，又称雷达图、星形图或蜘蛛图，其提供了一种描述所有五个维度灵活程度的直观方式。图 4.7所示的就是一个例子。Kiviat 图很容易在 Microsoft Excel 中生成，它有多个轴，从一个共同的原点向外辐射。所有轴的长度相等，并将比例归一化。在这种情况下，每个轴代表了项目经理在相应维度上的灵活性。所以我把这些图称为*灵活性图*（Wiegers, 1996）。

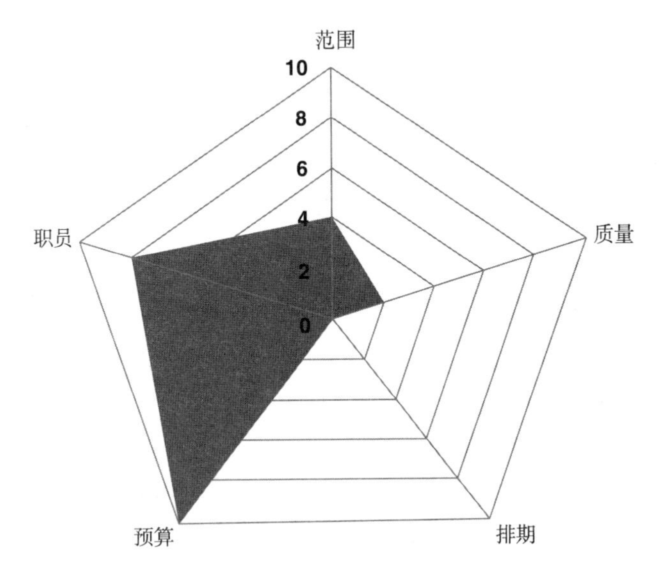

图 4.7：一张可复用的软件组件灵活性图展示了排期是制约因素，质量和范围是驱动因素，职员和预算是自由度因素

我用从 0 到 10 的相对刻度来表示灵活性。若在零点画一个点——原点，其表示该轴是一个制约因素，无灵活性；在轴上较低位置画一个点，处于 0 到 4 之间，代表这是一个驱动因素，说明该项目在相应维度上有少量灵活性；任何在其轴上数值较高的维度都代表一个自由度因素，存在更多的斡旋余地。将五个维度的点连接起来，就能勾勒出一个不规则的五边形。不同类型的项目可以画出不同形状的灵活性图。

图 4.7 是我的团队开发的一个可复用的软件组件对应的灵活性图。排期受到了限制，因为这个组件必须在其他几个同时开发的依赖它的应用程序之前交付。因此，其排期维度的灵活性为 0。该组件的可靠性和正确性非常重要，所以质量是一个重要的成功驱动因素。我在图中画出了质量的灵活性为 2。我们最初需要提供一套核心能力，但可随着时间推移不断增加功能。因此，项目范围的灵活性为 4。我们在预算和职员方面都有相当高的自由度：只要按时完成，因此，这些自由度的值在其各自的轴上被设置得很高。

灵活性图并不是一个高分辨率或定量的工具。五边形直观表明了项目的重要方面，但并不需要计算五边形的面积，或是类似的什么值。然而，五边形的大小确实可提供一个粗略的指导，可表明项目经理有多大可以操作的灵活性。一个小的五边形意味着有多种制约因素和驱动因素，使得成功之路更具挑战性。

五个维度的应用

这种基于五个维度的分析可帮助项目经理决定如何最好地应对不断变化的项目条件或现实情况，以实现项目的首要目标。假设职员是一个制约因素，而新需求又必须被安排，那么有可能调校的参数就是范围、质量、预算和排期。天下没有免费的午餐。灵活性图可促进讨论以决定如何推进后续事项。其他功能可以被削减或推迟吗？我们能否增加一个迭代并延长排期以适应新的功能？产品必须在第一天就完美运行吗？思考这五个维度是理解项目优先级更理性的方式，不能假设项目的方方面面都至关重要，那样就没有斡旋的余地了。

经验教训 32 要么控制项目风险，要么被它反杀

一家公司曾委托我找出他们最近的一个国际承包项目失败的原因。我研究了他们的项目记录，发现该团队保留了一份项目风险清单——一种坚实的项目管理实践。但他们的月度状态报告中每次都只展示了相同的两个小风险，而且对这两个风险的评估都认为威胁很小。一些额外的风险显然在没人注意时偷袭了这个项目，最终导致项目失败。项目经理没有考虑到复杂分布式项目的一些场景风险：决策缓慢、沟通问题、范围变化、需求模糊、过度乐观的承诺等。我们可以从这个实践中得到以下几个信息。

- 若你只为一个价值数百万元的项目确定了两个风险，说明你没进行仔细观察。
- 若你低估一个风险可能带来的潜在威胁，则可能不会为其投入足够的关注。
- 若同样的事项日复一日地出现在最高风险清单上，则说明你要么没有积极管理它们，要么为缓解风险做的努力不起作用。

风险即未发生的潜在问题。

何谓风险管理

风险是一种可能损害项目的条件或事件（Wiegers, 1998a）。风险即未发生的潜在问题。风险管理的目的是通过应对可能出现的风险，确保项目成功。风险管理是有效项目管理的一个重要组成部分。有人说，项目管理即风险管理，特别是对大型项目而言（Charette, 1996）。或者让我们脑洞开得更大一点儿，风险管理就是成年人的项目管理（DeMarco 和 Lister, 2003）。

风险管理涉及识别潜在的危险情况与事件，评估其若成真可能会对项目造成的影响，然后根据优先级对其进行排序，并尝试控制。正式的风险管理会将你的精力集中在最大的、火烧眉毛的威胁上。而对于那些哪怕发生了伤害性也不大的事情，以及发生概率极小的事情来说，我们对其的担心是无意义的。无人可预知未来，但你不会希望被这些已看到且可避免的事情打得措手不及。

辨别软件风险

在一个软件项目中，有很多事都可能出错。每个项目团队都应在项目早期和项目进行过程中投入精力来面对可能的危险因素。如若风险管理的责任未落实到人，它就不会被完成。大型项目通常会任命一位风险官，负责协调与风险相关的活动。以下是辨别项目潜在风险的几种技巧。

头脑风暴

小组会议会让团队所有成员参与到风险辨别中。每个人都会带来不同的观点与经验，可以对那些让人夜不能寐的问题进行互补。头脑风暴的一个好的起点是审查团队所做的所有假设，包括那些用于估计的假设，因为不稳定的假设可能会带来风险。

我发现在这样的会议上提出的许多风险其实都是既定事实。这些不是风险，而是问题。对于问题，你需要投入比风险更多的精力。

资料汇编

另一个策略是，从软件图书中提取大量的风险清单，以此为始。Capers Jones（1994）与 Steve McConnell（1996）的书中就有很长的软件风险清单，这些清单自书出版以来一直被重用。各种项目风险清单也可从网上找到，如 Bright Hub PM（2009）的清单。

审视一长串潜在风险的目录的确有些唬人，这就像是阅读某些药物潜在的副作用一样。并非所有事项都适用于你的项目，但这些清单可以提醒你一下。如果你自己完全从头开始，有一些事项可能会想不到。软件风险被分为如下几类：

- 需求与范围
- 设计与实现
- 组织与个人
- 管理与计划
- 客户
- 外包与承包商
- 开发环境与流程
- 技术
- 法律法规

内部经验

第三种风险辨别策略是检查你的组织在以前项目中的几类信息。这些风险将比常规风险清单中的内容与你更相关。项目回顾是收集与记录好坏项目经验的机会。给团队以惊吓的项目事件往往反映出没有预料到的风险。虽然一些不愉快的事件是一次性的，但我们还是要将其添加到主清单中，以便未来的项目可以考虑其是否会成为组织者的关注点。

你的组织的风险收集还应包括以前团队对特定风险尝试进行的缓解策略的信息，以及所采取策略的效果。为了使项目能从中受益，可依靠以前的经验来快速评估风险并决定如何控制它们。研究以前的经验可避免在每个项目中都要攀爬一遍痛苦的学习曲线。

风险管理活动

风险管理不是一次性活动，不能在项目完成后就将其束之高阁。图 4.8 展示了风险管理所涉及的各种活动的流程图。

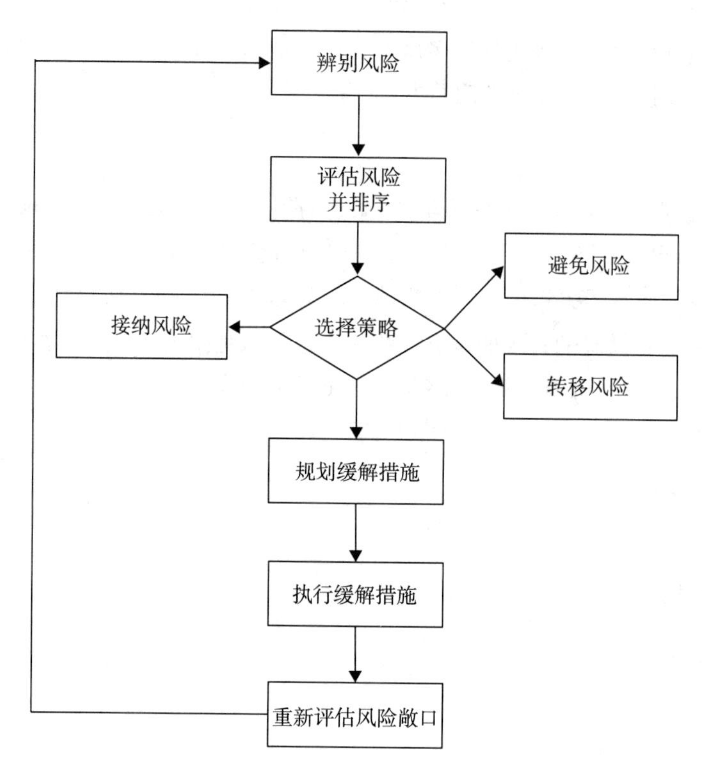

图 4.8：风险管理涉及多种活动

辨别风险。筛查你手头所有关于软件风险的资料，并注意任何可能与你项目有关的内容。风险清单中通常会标明一个可能构成问题的条件，如“内部监管机构的报告要求不充分”。啧，这不够。我喜欢把风险声明写成“条件，可能的后果”这种形式。“内部监管机构的报告要求不充分，可能导致部署后的审计失败。”

将风险写成上述形式，才可能揭示出一个单一条件有可能引起的多种后果，从而使其成为一个高杠杆的控制条件。或者，同一个后果可能由多个条件导致。在这种情况下，我们可能很难完全避免这种后果，如若必要，那就要考虑制订一个应急计划来处理这种后果。

评估风险并排序。一旦你建立了一个包含条件和后果的清单，就要想想每个条件对你的项目能造成多大损害。风险评估要考虑以下两方面：

1. 风险成为现实问题的概率有多大？有些风险不太可能成为现实，但有些风险却会构成明显的、现实的危害。
2. 若问题真发生了，会对项目产生多大影响？有些影响如鸿毛，不用担心；有些则可能如泰山压顶，具有毁灭性。

我喜欢以范围 0 到 1 估计概率，以 0 到 10 为影响估分。用概率乘以影响，就可以得出每个风险项的风险估值。

在评估风险敞口（risk exposures）后，我们按降序对清单中的事项进行排序，将威胁最大的事项排在顶部。该步骤会使你将注意力放在风险最大的事情上。从优先级列表顶端开始你的风险控制计划，自上而下地进行。聪明的项目经理会将排在前十（或左右）的风险项放在台面上，以便持续监控。

选择策略。对于每个风险而言，你都有四种选择。一是简单地接纳它。是的，风险可能发生，并因此产生负面影响，不过你仍可决定不采取任何行动——静静等待，看看会发生什么。有时，这是不得已而为之的。比如，你把政府法规的潜在变化作为一种风险，对此就无法采取任何行动。如果你必须接纳一个风险，那就需要考虑设计一个应急计划，以防万一。

二是通过改变方向以完全避免风险，如选择危险性更小的技术、更换商业伙伴等。第三种策略，也许你可以把风险转移给别人，这样它就不再是你的问题了。不过，最常见的情况是，你需要选第四种选项：尝试缓解风险以降低敞口。

规划缓解措施。缓解措施的规划包括选择一种行动以减小风险成为问题的可能性，或选择行动以在风险成为问题时降低影响。缓解措施成为项目任务时，必须有人为其负责。同时，我们要努力确认任何触发条件或事件，以在必要时可以提醒你风险已经烧到眉毛了，不再是一种潜在的可能性了。

执行缓解措施。再伟大的计划，不落地都是纸上谈兵。监测行动的实施，一如你监测其他任务项，这样才能确保它们落实到位。

重新评估风险敞口。若缓解措施成功，这些风险因素的敞口应缩小。如图 4.8 所示，风险管理是一个周期，而不是一连串的一次性活动。一个好的实践是每周重新评估你的十大风险清单（McConnell, 1996）。你若积极处理风险，那其应随着其重估敞口缩小逐步淡出风险清单。对于处于监控列表中下方的事项，你应时常看看它们的状态是否有变化。若风险造成损失的窗口期已过，可以将它们从清单中清除。另外，项目条件也可能会发生变化，这会使最初不具威胁性的风险变得狂暴起来。新风险可能在任何时间出现，所以项目中的每个成员必须时刻保持警惕。

居安思危

你寻或是不寻，风险都在那里，不增不减。若不管理风险，就等于默认了它们并愿意承担后果。我更倾向于尽早及尽可能地去直面项目的威胁。我会因风险清单内的事项慢慢缩减而感受到成就感。

当然，你也可以忽略这些风险，然后烧香拜佛祖。祝你好运。

经验教训 33 客户不是永远都是对的小公主

我们总说，“客户永远都是对的。”这句话意味着，客户要什么，我们就有义务提供什么。坊间流传着一句玩笑，某企业挂着一块牌子，上书：“我们只有两条规则。其一，顾客永远都是对的；其二，如果顾客是错的，请看上一条规则。”

客户不总是对的，但总有理由。

然而，现实情况是，客户不总是对的。有时，客户会被误导、不可理喻，会困惑，会心情不好，或者没做好他们自身的工作。我更倾向于说，客户不总是对的，但总有理由。我们需要理解和尊重这个理由。这与总接受并做客户所说的任何事项不同。

“不正确”

犹记得，我曾对我家附近无休止的道路建设感到烦躁。那几个月，我一直被迫经过一个毁坏的十字路口。“为什么要花这么长时间来修整这条路？”每次开车经过时，我总会这么想。后来我意识到一个重要问题：我对道路建设一无所知！我没有任何依据来评估道路建设到底要多久。施工固然烦人，但若在现实生活中不可能这么快完成，我就没有理由要求它提前完工。我可以是一个对新路不满意的“客户”，但这并不意味着我的期望是正确的。让我们看一些“软件客户不一定正确”的例子。

矛盾的要求

假设两个客户对同一问题提出了相互矛盾的解决方案，例如，他们对一个系统的某部分应如何运作有着不同的想法，那么他们俩不可能都对。他们不同的思考过程会导致他们有不同的要求。我们必须了解这些要求背后的理由，以评估哪一个要求与实现项目的商业目标结合得更紧密。这是我们应解决的需求。

方案 vs 诉求

在启发讨论中，客户代表提出的可能不是他们的需求，而是他们心中一些推荐的方案。一个成熟的业务分析师能察觉出他们提出的诉求实际上是对于一个解决方案的构思，并能提出问题来揭示潜在的问题。有时，客户并不能完全理解这种对话的意义，他们的反应可能是："我都告诉你我要什么了。你没听过'客户永远是对的'这句话吗？别扯这些没用的，做完给我打电话就好了。"这种态度并不是寻求好的真正解决问题的态度。

代理人

一些客户可能会提出一些建议：他们愿意代表某个用户类别提供需求，然而他们自己并不属于这个用户类别。我之前担任某项目首席业务分析师时就发生过这种情况。我们最重要的两个用户群体是一个庞大的化学家群体，以及一些在化学品库房工作的人。有一个管理库房的女士跟我说，"我几年前是实验室的化学研究员。我可以给你化学家会对这个系统提出的所有需求。"真不幸，她错了。化学家对该系统的期望已经不可同日而语了，她的理解是过时及不完整的。若我们仅依靠她的意见，那将是一个错误。幸好，我们找到了几个名副其实的化学家来帮我们了解他们的需求，这次的效果极好。

若用户群体中的经理提出要代表用户讨论需求，也会出现同样的问题。经理可能不知道用户如何执行工作的所有细节。该经理的经验很可能已过时。无论在什么情况下，经理都不能像他们自以为的那样很好地介绍用户需求。

走后门

有人可能会企图绕过一些既定流程为自己争取优势。我曾在线下问过一个咨询客户的小组关于他们的系统是如何进行需求变更与增强的。随后冷场了，小组中人们开始交换眼神。最后有人站出来说，"若客户想做改变，他们总会跟 Philippe 或 Debbie 提。他们知道 Philippe 和 Debbie 会把变更纳入修改计划，而我们则只会给他们难堪。"

公司有评估变更需求的机制，而客户却试图走后门以绕过某些流程。人们肯定会试图绕过无效和无反馈的流程，也许本该如此。而前面说的这种情况则不一样，客户只是怕麻烦，而且决策者还有可能拒绝他们的变更请求。

小不忍则乱大谋

我的同事 Tanya，是一位能干的业务分析师和软件工程师，她受雇于一家公司，为该公司的一些活动设定需求，并有可能实现一个新的信息系统以实现自动化。这是一个全新的、重大的转变。Tanya 首先了解并记录了潜在用户当前的手工业务流程。然后据此计划开发一套合适的解决方案需求。那些对转变到自动化系统持怀疑态度的用户，对 Tanya 的工作很满意，并最终接受了这件事情。

然而不幸的是，用户的经理拿着 Tanya 当前令人惊艳但尚未完成的工作资料，错误地声称需求已完成，然后决定购买他一个朋友正好在出售的成品软件包。那个软件包的功能是不完善的，它不足以满足用户需求。若这位经理等到 Tanya 明确了真正的解决方案需求，就能做出一个好的决定以创建或购买相应软件，从而实现预期的商业目标。

职务之便

客户有时会因为他们的组织的地位或其他对项目有影响力的权势来让他们的需求插队（参见经验教训 15）。若人们要求的功能不会被频繁使用，以至于无法解释清楚为什么要将其置于其他功能之前，这些需求就会成为问题。某些人拥有权力，但并不意味着他们是对的。

也就是说，那些较开发团队对公司战略计划有着更多了解的高层人士，可以合法地以一种对团队来说可能不合逻辑的方式来确定需求优先级。了解这些事情背后的原因，有助于每个人都朝着正确的商业目标前进。

变更不是免费的

客户不总是对的一个常见例子是，他们要求有新的功能或其他变化，但又希望价格和交付日期不变。他们既想让马儿跑，又不想让马儿吃草。这听起来像 Dilbert 漫画中的内容[1]。但在现实生活中却在真实上演。

尊重“道理”

在日常生活中，我们都是客户。我们从商店买东西，从各种供应商处买服务。我们并不总是对的，尽管我们自己老觉得自己是对的。我会从互联网搜索中确认我对一些医疗症状的诊断，然后去看医生，最后了解到我在杞人忧天。有一次，我把汽车送到一个维修店更换刹车片。我去取车的时候，修车师傅告诉我刹车片不用换，调整一下就好了——不收费。在这些情况中，作为客户，我出错是对我有利的。

但请务必记住，客户总是有理由的。他们的诉求或要求的背后总有一个原因。作为软

1 Dilbert 是一个以现代工作环境和办公室文化为主题的美国漫画系列。

件供应商，我们应做到尊重客户的观点、努力理解它，并在适当的情况下满足需求，否则我们不能说自己提供了最佳解决方案。即使客户是错的，我们也需要给予应有的尊重，解释问题，并需要顶住因某些客户的要求而需要做出不当事情的压力。

经验教训 34 我们在软件里假装了太多事

想象是美好的，现实是骨感的。人们有时会假设事情是另外的样子。假设可能会替代事实，甚至是彻底捏造事实。而我在此所说的“假设”，更多的是自欺欺人，或毫无根据的乐观主义。有时它是只鸵鸟，埋头入沙，希望这不是事实。有时这又只是一厢情愿的想法。

活在幻想中

举个例子，我们可以假设自己已经确定了所有项目涉众。我们想象，我们与他们都了解工作目标，并已积累了所有必要的需求和其他项目信息。但这有可能不对。若我们没有进行彻底的涉众分析，从一长串潜在的涉众名单开始考虑其中与我们项目相关的人员；又如我们不能确定可以准确传达每个群体需求和限制的人并与之合作，这些情况都可能造成问题。

即使我们确实与合适的涉众进行了互动，并假设获得了正确的需求，并准确记录了下来，以便其他人可以使用这些需求，与其说“假设”，倒不如说“希望”来得更贴切。美国前总统 Ronald Reagan 在与苏联讨论军备条约时，用了一句俄罗斯谚语，“信任并予以核实（Trust, but verify）。”这个概念也适用于软件项目。我们信任与我们共事的人，但也必须核实他们的信息，并确认根据这些信息所做的工作是否正确。

软件开发人员有时会在项目管理方面做一些假设。我们假设已经考虑到了所有必要工作，且我们的估算是准确的。假装一个项目范围很容易理解，且不会失控，这真是一个美好的祝愿，然而天不总遂人意。我们假设以前项目所遇到的风险与意外事件都不会成为当前项目的问题。也许的确不会，但半路很可能会杀出新的干扰，所以我们需要预计到这种可能性，并考虑如何应对。所有项目参与者都需要用诚实准确的信息来保持项目正常进行。管理者应鼓励团队成员快速传递好消息，但坏消息则需要更快传递。

非理性繁荣

那些期望后续项目比之前的项目推进更快、更顺利的人，可能是相信团队增强的经验会带来巨量回报。或者他们可能只是对团队徒有信心。我曾听过经理们吹嘘他们团队将从新的工具和方法中获得巨大的生产力提升。然而他们并没有考虑到这些东西的学习曲线会在一段时间内减缓团队的工作速度。他们也没有考虑到供应商的营销炒作是否会影响他们的期望。他们只是假装大力能出奇迹。

虽然不可能所有团队都有 90 分的员工，但我们还是会忍不住假设团队中有一流的人才。有些公司确实建立了有着超级人才梯队的软件开发组织，但这也意味着更多处在能力分布图低谷的人被聚集到了其他地方。在我的咨询工作中，我观察到了各种各样的组织能力，其中一些在这个范围的两端都很突出（指人才分布的两端）。

还有一种情形是，我们假设团队成员可以将百分之百的时间投入项目工作，且还能挤出时间学习、创新，以及增强团队能力（Rothman, 2012）。你想多了。在经验教训 23 中我们也看到了，许多因素会侵占工作时间，将有效工作时间降至低水平。经理若假设员工是充分利用工作时间的，那他就是在否认现实。若不留出时间给成员学习、探索和改进，就会使团队总以老经验进行工作。对于期待下次能有更好的结果，这种方式的作用微乎其微。

人们玩的把戏

团队和组织有时会声称他们在遵循一个特定的过程或方法，这是因为他们知道应该这么做，或是因为在某些情况下，这么做听起来不错。但实际上，他们与该过程或方法貌合神离。也许他们遵守了流程中的某些部分，但跳过了其他一些他们认为不方便、耗时或难以遵循的部分。

我为一个政府机构提供过咨询服务，该机构有一个有趣的“鸵鸟”行为。他们的项目是按两年期的排期进行规划的，从第一年的 7 月 1 日至两年后的 6 月 30 日。他们能在 6 月 30 日之前如期“完成”他们的项目。若到期时系统未能完全交付，他们就会交付一个不完整、有问题的版本，这样他们仍可以对外宣称已完成项目。然后，他们会在下一个周期支付完成和修复的费用。他们假装从未超过交付时间，但我并不认为这种策略能骗过谁。

有时我也不太喜欢现实，但现实世界是我所拥有的全部。我必须与它共存亡。

你的组织中是否有过假装的情况发生？若有，其影响是什么？你能做什么？

我不是“假装党”。假装的世界不是它真实的样子，这的确是一针安慰剂，但不具建设性。有时我也不太喜欢现实，但现实世界是我所拥有的全部。我必须与它共存亡。所有人都应如此。

下一步：项目管理

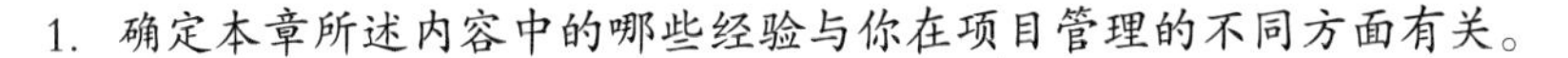

1. 确定本章所述内容中的哪些经验与你在项目管理的不同方面有关。
2. 你能从自己的经验中想到任何其他与项目管理相关的教训吗，它们值得与同事分享吗？
3. 理解本章描述的每个实践，它们可能是你在本章开头“初体验”中确定的与项目管理有关的问题的解决方案，各种做法能否改善你的项目团队设计产品的方式？
4. 你能判断第3项中的每项实践都产生了预期的结果吗？这些结果对你有什么价值？
5. 找出任何使你难以应用第3项中提到的实践的障碍，如何打破这些障碍，或者能否找到盟友来帮助你实现这些实践？
6. 将流程描述、模板、指导文档及其他辅助工具落实到位，以帮助未来的项目团队有效地应用你所实现的设计最佳实践。

第5章

文化与团队合作

何谓文化与团队合作

每个组织、公司、部门和团队都有自己的文化。简而言之，文化即“我们如何在此做事”。健康的软件文化通过一套共同的价值观和技术实践来驱动组织中人们的行为和决策（Wiegers, 1996；McMenamin et al., 2021）。健康的文化包括个人、项目团队和组织层面的承诺，通过合理采用适当的流程和实践打造高质量的产品。如若一切顺利，团队成员也会在这一过程中享受到美好时光。

我的第一本书出版于 1996 年，名为《创建软件工程文化》。书中逐条列出了我的软件开发小组所采用的 14 条共同价值观，也是文化原则。回顾这份清单，我仍相信它们与软件开发的成功相关。事实上，其中有几条在本书中作为经验教训出现。

- 经验教训 44：想要生产力高，就要把质量搞
- 经验教训 47：客户老板再强势，莫以恶小而为之
- 经验教训 48：宁让同行挑错，别让客户发现
- 经验教训 60：一口气吃不成胖子

除非领导者将组织文化引导至一个特定方向，否则一个组织的文化是有机发展的。从每个人过去的经验中随机收集的行为，不太可能自发地融合成一种健康的文化。以软件为主要产品的年轻公司通常会建立强大的文化使命，以最好地服务于他们的团队和工作（Pronschinske, 2017）。相反，一家非技术公司的 IT 部门则会继承公司的一般文化特征。将 IT 文化引导到更适合当代知识工作的文化方向，可能是一个逆流而上的过程。IT 人员的工

作与一些其他类型的企业工作不同，所以他们的文化应往不同方向发展——最好是往兼容与互补的方向发展，这也是合理的。

举个例子，我曾在一家大型消费产品公司工作，该公司的决策过程异常缓慢。似乎无人能做出决定，除非每一个以任何方式受到该决定的任何部分影响的人都能对整个决定百分之百满意。每个参与决策的人似乎都有否决权。全体一致性很好，但业务必须向前看——一个快速发展的软件项目不能以这种方式决策。这种企业文化的某些方面与当今灵活的、反应迅速的 IT 工作要求相冲突。

坚守信念

管理者通过他们的愿景、语言和行为来影响组织文化。通过采取各种文化建设的行动，管理者可以促进团队合作，并与积极的文化价值观保持一致。但是，文化同时是一个脆弱的东西。对文化杀伤力大的行为很容易破坏团体逐渐建立起来的以质量为导向的基础（Wiegers, 1996；McMenamin et al., 2021）。

一个组织是否已经牢固建立了一种改进的文化，最好的标识是，新的态度、做法和行为是否长存甚至在主要领导人离开后仍然存在。在我管理的一个小型软件小组中，我们在合作方式上有了很大改进，在交付的系统中看到了收益。三年内，我们小组从最开始的五人发展到了十八人。随着新人加入，他们吸收了我们的文化价值观，帮助我们维持我们认为重要的行为和做法。后来，我们聘请了一位新的经理取代我，因为我不喜欢当经理。其他几个新人也同时加入了这个团队。但令人失望的是，这位新经理并不完全认同我们对持续改进软件开发过程的承诺，也没有认同我“以温和的方式施压”的改进理念（参见经验教训 54）。除非领导者继续引导他们走向持续改进，否则一些团队成员可能会倒退到他们熟悉的实践舒适区。果然，我们所做的一些流程变革逐渐衰落了。不过，还是有一些文化已经被内化为最佳工作方式，仍被团队成员所实践。

文化一致性

一致性是健康文化的一个关键因素。一致性意味着管理者和团队成员的行为方式与组织所宣称的价值一致，而不是按照可能与官方声明相冲突的潜规则形式（McMenamin et al., 2021）。不协调的行为会影响文化，破坏对外宣称的对高质量标准和道德行为的关注。如下问题可揭示文化是否表里如一：

- 经理们是否言出必行，还是在外部压力下不择手段，例如交付尚未满足发布标准的产品？

- 开发者是否遵循既定流程，还是在最后关头偷工减料、敷衍了事？
- 团队成员是否做出并遵守在现实中可实现的承诺，或者他们是否做出过于夸张的承诺，尽管这些承诺往往没有得到实现？

如果你的组织有不同于上述列表所示的价值观，则可以选择用不同的问题来测试文化一致性。无论团队重视哪些原则，人们都应以符合这些原则的方式行事。

一个组织的管理者所奖励的行为清楚地表明了他们真正的价值观。一家公司同时进行了两个主要的遗留系统迁移项目（关于该案例的更多信息，请参见经验教训 44）。A 组吝于设计，大推编码。他们的系统每天都会出现故障或异常情况。在每次失败后，由 A 组成员组成的“救火队”都会让他们的系统重新运行，他们获得了杰出客户服务奖。相比之下，B 组根据坚实的软件工程原则建立了他们的系统。尽管晚完成了几个月，但系统运行良好。该团队未得到任何奖项认可。

管理层明显偏爱“救火英雄”A 组，而不是通过高质量开发实践不动声色就阻止“火灾”发生的 B 组。由于管理层认可了 A 组的英雄事迹，又把 B 组当成延期的反面教材，B 组的士气很受影响。但最后，A 组的系统崩溃了，B 组士气水涨船高——他们为自己的坚实成果感到自豪。你会更愿意和哪个小组合作？我个人选择 B 组。

文化结晶

一个组织的文化通常是无形的，是一种人们对如何在一起工作及他们看重什么东西的潜在理解。一些公司将文化的重要元素汇入员工手册（Pronschinske, 2017）。公开交流可使文化价值观保持可见，且有利于与团队新成员分享它们。

显性文化元素有助于所有团队成员接受共同价值观，从而促进合作。

Jim Brosseau（2008）在他的《团队制胜：掌握软件项目成功主动权》一书中建议团队采用团队契约，这是一个确定共同价值观、作战规则及行为规范的协议，以让所有人都遵守。每个团队都应制定自己的契约，而不是采用管理层强加的、继承自其他团队的或从网上摘抄的契约。团队契约应反映每个团队的具体性质，但也应与其他团队、与整个公司相兼容。团队契约应该是一个可行的、不断迭代的文件，人们会定期参考，并按需更新。它可能包含以下这些声明（Resologics, 2021）：

- 我们采用相互尊重的辩论制度，以达成共识决策。
- 我们准时参加会议，及一些其他预定的活动，并尊重议程。

- 团队成员应在最后期限前完成他们承诺的所有任务。
- 内部可以有分歧，但在团队外需统一立场。
- 我们欢迎多元观点、反对意见，以最大限度发挥集体创造力。

显性文化元素有助于所有团队成员接受共同价值观，从而促进合作。编写一份明确的团队契约，可以让团队成员逐渐去完善它、维护它。契约有助于新成员适应并了解他们如何为现有文化做出贡献。当以下基本诉求被满足时，软件开发团队的生产力可达最高点，团队成员的快乐值也能抵达巅峰：

- 安全、舒适的物理环境。
- 诚信、开放的合作环境。
- 团队的情感凝聚力，相互支持力。
- 具有挑战性、明确目的性且可行的工作。
- 正确的工具。
- 对所从事工作的自主权和决定权。
- 在技术上做出贡献、在专业上得到成长的机会。

IT 是一门不一样的技术学科，它吸引了不同背景、特点和观念的人，并因他们的存在而受益。除去民族、种族、性别、年龄及能力多样性这类明显价值，具有数学、工程、科学、创意设计、心理学、商业和其他领域经验的人都能为项目和文化带来一些新的东西（Mathieson, 2019）。一个大多是硬核技术专家组成的团队，会因其存在拥有强大软技能和应用领域知识的人而变得更加丰满。

壮大团队

有效的团队合作需要向共同的目标及实现这些目标的机制看齐。新团队成员会带来他们自身的文化，无论是正面的还是负面的。当你面试加入团队的候选人时，可以试着判断其与你们团队文化的契合程度。

我曾经面试过一位叫 Danielle 的候选人，她虽技术扎实，但是反对我们长期以来记录每天花在项目上的时间这种做法。我向其解释说，这些数据只用于了解我们的项目工作，并帮助我们更好地做规划。她说她不愿意这么做，对于原因缄口不言。也许她以前有过这类“遇人不淑”的糟糕经历，如之前的经理滥用指标来奖惩个人。我很欣赏她的诚实，但我们没有雇用她。我不愿意冒风险去雇用一个我知道马上会与团队文化发生冲突的人。我当时雇用了另外三位开发者，他们很快就适应了团队文化，并为我们文化的持续演进做出了建设性贡献。

一个人为什么反对当前的团队文化的某些方面，或是发展方向，这一点是值得挖掘的。他们可能有恰当的理由，只是你尚未注意到。也许他们在别的地方看到了更好的方法，或者他们遇到了一些你没有碰到的关于特定做法或价值观的长期弊端。哪怕是这些观点，也足以帮助团队提升文化。

你很快就能得出一些人能否与团队其他成员融洽相处的结论。我们的团队曾有一位成员叫 Angie，她比较注意自身的饮食。在我们的不定期集体午餐中，她从不自己点甜点，但也喜欢小尝一口别人的甜点。后来我们团队加入了一位叫 Gautam 的成员，他加入不久后，我们举办了一次集体午餐。当 Gautam 的甜点上来后，他一言不发地把盘子递给了 Angie。通过这个细节我就知道，Gautam 已经适应团队文化了——事实的确如此。

几年后，我调到公司的另一个部门。在那个部门中，Gautam 已经成长为一个成熟的经理。他懂得如何有效地领导团队，而我也非常乐意给他汇报工作。在这一章中，我会给出我和 Gautam 在文化与团队合作方面学到的 7 条经验。

初体验：项目管理

我建议你在阅读本章中和文化与团队合作有关的内容之前，先花几分钟时间进行以下活动。当你阅读这些内容时，思考它们在多大程度上适用于你的组织或项目团队。

1. 你认为你的组织有一个健康的软件工程文化吗？为什么有，或者为什么没有？
2. 你能识别那些管理人员或团队成员所采取的能加强对质量导向文化的关注的行为和过程吗？
3. 你能否观察到任何对团队成员态度、士气、行为或结果产生负面影响的破坏文化的行为？扭转反复出现的“文化刽子手”是改善工作环境的一个明显着手点。
4. 你对公司文化了解多少？你的软件开发团队文化是否与公司文化契合？若不是，你可以做些什么来调整？
5. 找出一些痛点问题，你可以将其归因于你的文化、人们在团队内和团队间互动方式的缺陷。这些缺陷隐式和显式的代价分别是什么？
6. 梳理每个问题对你成功完成项目所产生的影响。分析这些问题是如何阻碍开发组织及其客户取得商业成功的。文化上的缺陷会导致人们不愿意与他人交流信息，不接受或履行承诺，又或者通过不当行为绕过既定程序。士气问题及人员流动表明文化存在一些问题。
7. 对于第 5 项中的每个问题，找出引发问题或使问题恶化的根因。问题、影响和根因可能会被混淆，尝试将它们分开，看看它们之间的联系。你可能会发现同一问题存在多个根因，同一根因亦会引发多个问题。
8. 当你阅读本章时，列出任何对你的团队有用的做法。

经验教训 35 知识并非此消彼长

我曾与一位叫 Stephan 的软件开发者共事。他对他的知识有很强的保护意识。如果我问他一个问题，我几乎可以看到他脑中“算盘珠”的轨迹：“如果我给 Karl 完整的答案，他就会和我一样了解这个问题。这不行！我要留一手，看看他得到我给的一半答案后会不会离开。”如果我之后再回来寻求更完整的回答，可能会得到剩余的答案。我通过这种方式渐进式地接近问题的完整答案。

从 Stephan 处挤牙膏一样地获取信息有些烦人。我所寻求的信息从不是机密。我们都在同一家公司工作，所以我们应向共同目标看齐。Stephan 显然不同意这个观点，这个自由地与同事分享知识是健康的软件文化的一个特征的观点。

知识不像其他商品。如果我有 3 美元，给了你 1 美元，那么我自己就剩 2 美元了。钱是此消彼长的，即我必须失去一些钱，才能在交易中获得一些东西。但如果我给你一些我的知识，我自己仍拥有这块知识。我可以与他人分享，你同样也可以。每个被这个不断扩大的知识圈所圈住的人都能从中受益。

一个健康的组织会促进自由知识交流和持续学习的文化。

知识守财奴

有些人出于不安心理囤积信息。他们担心与他人分享一些来之不易的宝贵知识，就会提高他人的竞争力。也许的确如此，但有人向你寻求帮助，这难道不讨喜吗？这恰好是他人在承认你卓越的经验与洞察力。因为自己不想花时间去弄清楚某件事而来询问你，这种情况比较罕见。你虽不必替队友“打黑工”，但也需要明白，你和队友都是为同一个目标而工作的。

有些人会小心翼翼地保护自己的知识，以此来保障自身的地位。如果没人了解他们所知道的东西，公司就不可能解雇他们——因为这会让机构的知识外流。也许他们认为自己应该升职加薪，毕竟他们是这么多重要信息的唯一持有人。

隐瞒组织知识的人会构成一种风险。他们创造了一个知识瓶颈，这会阻碍他人工作。我的同事 Jim Brosseau 给了这种做法一个恰如其分的比喻——技术绑票（Brosseau, 2008）。对于软件设计来说，隐藏信息的确是一种好的做法；但对于软件开发团队来说，就不是了。

致知计划

一个健康的组织会促进自由知识交流和持续学习的文化。分享知识可以提高每个人的绩效，因此管理层应奖励那些无私传递他们所知道的知识的人，而非将知识私藏的人。在一个学习型的组织中，团队成员会觉得提出问题没有心理负担（Winters et al., 2020）。宇宙中所蕴含的知识庞大浩瀚，我们所知不过九牛一毛，当有机会时，让我们向同事学习。

在一个组织中，经验丰富的成员可以通过许多方式分享他们的专业知识。最直白的方式是简单地回答问题。但不限于此，专家还应邀人提问。他们应对员工表现出平易近人的态度——尤其是对新手。当有人向其请教时，他应深思熟虑，耐心解答。除了简单传递信息，专家还可以传达关于如何将知识应用于特定情况的见解。

有些组织会启用正式的辅导计划，以让团队新成员可以迅速进入状态（Winters et al., 2020）。将新员工与老员工配对，可大大加快学习进度。我最开始的职业是作为一名研究化学家，当时我是一个辅导计划中的首个小白鼠。我的导师 Seth，是我加入的小组中的一名科学家，但他并不在我的汇报链中。我向其提问时感到很自在，但如果他是我的经理那就不会有这种感觉了——这样做的话就会使我很尴尬地向经理透露我的无知。Seth 帮我在一个不熟悉的技术领域中取得了进展。辅导或“伙伴”计划使团队新成员的学习曲线变缓，并使团队新成员可以与他人即刻建立联系。

知识转移规模化

一对一沟通确实有效，但规模不会太大。有经验、有才华的人广受欢迎，不光是因为他们的工作出彩，还因为他们可以分享专业知识。为了培养一种知识共享的文化，我们可考虑采用比一对一更能充分利用时间、信息的技术。

技术随谈

我的软件开发团队曾决定使用 Steve McConnell 的经典书籍《代码大全》（McConnell, 2004）中介绍的一些优秀编程案例来工作。我们轮流学习某个章节，然后在午餐及学习会议上与大家分享。这些非正式的小组学习方式有效地在整个小组中传播了良好的编程实践，促进了大家对技术和词汇的共同理解。

演讲与培训

正式的技术演讲与培训课程是在整个组织内交流机构知识的好实践。我在柯达工作时，开发了几门培训课程，并多次讲授。如果你设立了一个内部培训项目，请安排足量的合格讲师，这样就不必让同一个人一直教一样的课程。

文档

书面知识涵盖的范围很广，可以从具体的项目或应用文件，一直到广泛使用的技术指南、教程、FAQ、维基百科和小贴士。这些文件必须有人去写，这就意味着他们无法花时间去创造其他项目的交付物。只要团队成员把书面文档作为一种有用的资源来使用，它就是一种可高度利用的组织资产。

我认识一些人，他们宁愿自己重新发现知识，也不从现有文档中寻找知识。这些人没有听从经验教训 7 的建议。一旦有人投入时间来创建相关的有用文档，那么阅读它就比重新构建相同信息要来得快。所有组织成员都应有权限更新这些文件，以保持它们作为集体经验的最新来源的价值。

可交付的模板与样例

我曾在一个大型产品开发机构工作，我们的过程改进小组创建了一个广泛的在线索引，其中包含许多项目交付物的高质量模板和样例（Wiegers, 1998b）。我们可在公司软件开发部门寻找好的需求规范、设计文档、项目计划、流程描述及其他事项。这种“良好实践”的收集，在公司任何一个软件从业者需要创建新项目时，都能为其提供一个宝贵的冷启动项。

技术同行评审

软件产品的同行评审是交流技术知识的一种非正式机制。这是一种我们可以站在巨人肩膀上看事物，同时也让别人站在我们肩膀上学习的好实践。无论作为评审员还是被评审项目的作者，我都能从我参与的每一次评审中学到一些新东西。结对编程技术就提供了一种即时的同行评审形式，也就是两个人一起写代码，这种方式同时也能在程序员之间进行知识交流。关于评审的更多内容，请参阅经验教训 48。

讨论组

当你有问题时，可以把问题发布到公司内部的讨论组，或群聊工具上，而非试图去精准地找到某人。将你的知识匮乏暴露在一个大社区中可能会很让你感觉很尴尬。这就是需要发展一种邀请提问和奖励协助者的文化的价值所在。无知并非悲剧，羞于求助才是。

讨论的参与者可以针对你的问题迅速提供多种观点。讨论中每个人都可以看到他人发出的答复，这进一步传播了知识。你可能并不是那个唯一不知道这个具体问题答案的人，这说明你问得很妙！我有个朋友，他是我认识的人中最富好奇心的。他愿意向他在日常生活中遇到的任何人询问他不熟悉的事。通过这种方式，他学到了很多东西，而被询问者也总乐于分享这些知识。

健康的信息文化

每个人都有能教给别人的东西，也都有需要学的东西。我曾管理一个软件开发小组，雇用了一个计算机科学专业的研究生作为临时的暑期雇员。我承认，一开始我对他对实用软件工程的理解持怀疑态度。同样，他也对我们小组倡导的流程驱动方式有些不屑。但仅在几周后，我就对他掌握的当代编程知识产生了敬意，他对知识的理解远超于我。而他也对合理的流程如何帮助团队更有效地工作表示赞赏。我们都因对对方的分享持开放态度而成长。

你无须成为某个主题的世界级专家，也能为他人提供帮助。你只需拥有一些有用的知识块，并愿意分享它。在技术的世界里，如果你在某些领域比后面的人领先一点点，你就是个修真者。别人无疑会在其他领域领先于你，所以你需要利用他们的开拓精神。在健康的学习文化中，人们会分享他们所知道的东西，也会承认别人知道更好的方法。

经验教训 36　压力再多，莫乱承诺

在 20 世纪 90 年代中期，我在一个由 450 名工程师组成的产品开发部门带领开展了一项正式的软件过程改进计划，该部门生产的数字成像产品中充满了嵌入式软件。与许多大组织一样，我们当时使用软件能力成熟度模型（Capability Maturity Model for Software，CMM），来指导我们的过程改进工作（Paulk et al., 1995）。CMM 是一个五级框架，可帮助组织系统地改善软件工程和管理实践。我和我的经理一起与部门主管 Martin 举行了一次会议，讨论我们的过程改进状况、目标与计划。

Martin 对我提出的时间安排表示疑惑。通过仔细评估我们这个大型组织的现状，以及与现实目标的差距，我们团队得出了一个结论——18 个月是一个在现实世界中可实现的目标。Martin 则要求 6 个月实现，我担心他并不完全了解这些挑战。他想成为他的同行中首个实现下一个流程里程碑的董事。我解释了这不现实的原因。Martin 则像一个积极进取的经理，“不要跟我说你做不到。你就告诉我，我要做什么才能让你做到这一点？”这听起来是一个很好的支持姿态，但它并不能立刻就解决问题。Martin 不情愿地退让到 12 个月完成，但我打包票这个目标是无论如何都无法实现的。

Martin 继续对我施压，让我承诺我看不到希望的结果，但我顶住了，“对不起，Martin，我无法给出承诺。”他的眼睛瞪得跟铜铃一样，直勾勾地盯着我。

“你不能承诺，”他断然说，“唔……”我把他整不会了，好像以前从来没人能最终抵抗住他的压力。我向他保证我们会尽最大努力工作，尽快达到目标，并且尽量在他能提供帮助的时候接受支持，Martin 勉为其难地接受了我们提出的目标。我回到办公室后，听说我的经理正在告诉其他人：“Karl 很硬，决然地告诉 Martin 他不会做出承诺！”我的经理相信我的判断，他是个好人。

其实我还是“怂”的，当 Martin 靠在我身上时，我的心跳已经加速了。但如果我做出自知无法履行的承诺，那是不道德也不专业的。如果我做出的承诺脱离于我们的分析，给我的团队成员带来过度压力，那也是不对的。

人们很少认真对待他们在胁迫下做出的承诺。他们也不会认真对待别人未经协商和谈判而代表他们做出的承诺。给别人强加一个不可能完成的承诺会增加他的压力，但很少大力出奇迹。若人们知道他们无法实现目标，那很可能放飞自我，自暴自弃。如果你注定失败，为何要白白赴死？

承诺在依赖链中不断积累。每个承诺的接受者都依赖于做出承诺之人。

承诺！承诺！承诺！

承诺是某人做出的保证，即在特定时间以某种质量状态执行某种行动或交付某种工作。承诺管理是项目管理的一个组成部分，正如我在第 4 章开头所述的一样。不做出你自知无法履行的承诺，这是一种个人道德。它也反映了健全的项目和人员管理。

承诺在依赖链中不断积累，每个承诺的接受者都依赖于做出承诺之人，如图 5.1 所示。若每个人都与他人真诚协商可实现的承诺，他们就可以放心大胆地相互依赖（Wiegers, 2019d）。否则，承诺链就是一个纸牌屋。任何未履行的低级别承诺都会破坏基础。

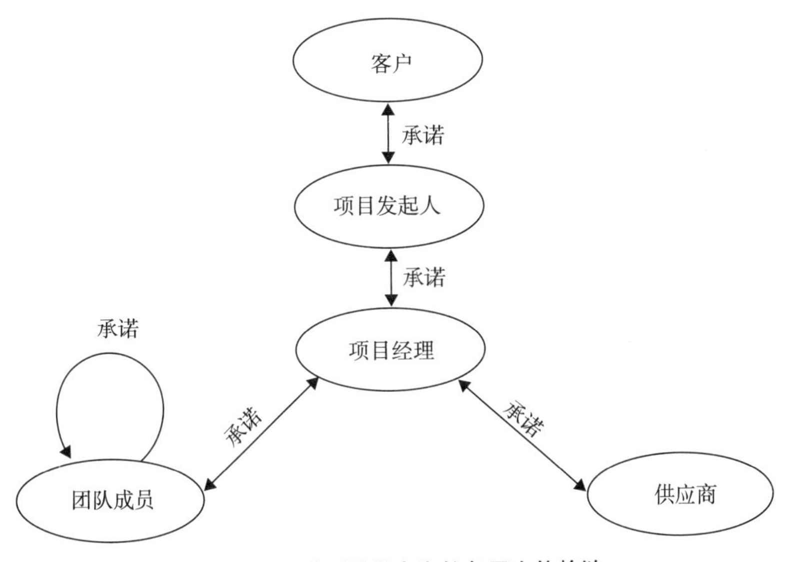

图 5.1：一系列承诺产生的多层次依赖链

作为一名顾问和作者，我践行少承诺、多交付。我在做软件开发人员时亦是如此。也许这让我有时看起来过于谨慎，但这同样让我变得可靠。我保持进度的一个方法是在我的承诺中建立应急缓冲机制，从而应对估计的不确定性、不断变化的需求及其他意外情况。这些缓冲提供了一个安全网，以防事情未按原计划进行。我为自己设定的个人目标要比我对别人做出的承诺更严格。然后我朝着个人目标努力工作，以此来保证在未完成个人目标的时候，外部承诺仍在正轨上。大多数情况，我都是提前交付。这种结果皆大欢喜。

生活处处有“惊喜”

人们怀着最美好的愿望做出承诺。然后“惊喜”到家，事情就会发生变化了。可能会出现一个新的任务或机会，它们会偷走时间，或者工作量可能比预期的要大。也许个人只是对原来的承诺失去了兴趣，把它丢到了角落，希望它变成“小透明”，没人注意。但总会“东窗事发”——承诺被他人忆起。

无论出于什么原因，一旦你发现不能如期履行承诺，请尽快告知受影响的人，以便他们能够相应地调整自己的计划。当有人对我做出承诺时，我希望他们能兑现。若我原来的期望不切实际，或者出现变化，那我们可以沟通一下。也许我们可以达成一个双方都能接受和实现的协议。但我也意识到，出于各种原因，另一方可能不会做出妥协。

我每写一本书都会遇到违背承诺的情况。我总会找几个志愿审稿人，以帮我改善写作。我需要审稿人在特定日期前对特定章节提出意见。从来没有审稿人抗议说我的日期不现实，但每本书也总有一些人提供零反馈。在最近的一本书中，26 位审稿人中的 9 位（我记得是志愿者）没有提供任何意见，也未做出解释，他们仿佛在我们开始工作后被套上了“沉默”的 DeBuff。

若要我做什么，要么我去做，要么我就解释为何无论如何做不了，然后致上歉意。你我都知道，现实情况与事项优先级都会发生变化。若一个审稿人最终无法为项目做出贡献，我只是希望他们能尽快告诉我错付了，以便我可以做出调整。这是一个简单的礼节。

曾经有另一位作者主动说要为我的一本书提供封面简介，但我至今也未收到那份简介。由于那本书是 25 年前出版的，我对于现在是否能收到这份简介都深表怀疑。但他也从未跟我说过，在他做出承诺后他会爽约。这就是我要问他的。

经验教训 37 培训实践不落地，大力不会出奇迹

我的几个咨询客户曾向我抱怨，他们的管理层告诉他们要少花钱多办事，要用更少的人提高生产力。当我问道：“为了让你们少花钱多办事，他们做了什么？”答案总是千篇一律的“没有”。

在我看来，“又要马儿跑，又要马儿不吃草”是不合理的。高级经理似乎认为软件开发人员手头有很多空闲时间，他们并没有在全速工作，是否只要施压，就能使他们的产出更高？我对此持怀疑态度。如果马儿已经跑得很快了，那再怎么抽鞭子都没用。恕我冒昧，你更需要了解的是为什么马儿没有你想象中跑得快，然后寻找加速机会。

团队的确可以被激励（或施压），从而让其为一个短期目标加倍努力工作，但这并不能持久。疲惫的人们会犯更多错误，进而导致更耗时的返工，他们就会更感到疲惫不堪。若持续对他们施加压力，人们就会离开，或者不顾管理层的咆哮，恢复正常节奏。英雄式的努力不是一个可持续的提高生产力的策略。

“少花钱多办事”，这意味着以较小的团队更快地提供更多功能。如果你不能拥有你需要的人数来压缩排期，那么还有什么变量是你能操纵的呢？这些变量中包括更好的流程、更好的做法、更好的工具及更好的人。雇用几个精英员工，比用普通员工组成的更大的团队效果要好（Davis, 1995）。然而，你不能只把你的团队换成一组新的更有能力的人，你需要让你拥有的人更具生产力。

问题在哪里

如果你需要更高的生产力，首先要问的问题是，“为什么生产力并未达到预期水平？”回答这个问题需要思考和分析。在寻求解决方案时，首先要确定问题根源（参阅经验教训51）。检查以前的项目，看看哪里可能有机会使工作更有效率、更具效果？一旦你了解了生产力不足的根因，就能找到解决方案。需要考虑的问题包含以下几个方面：

- 你的团队在做什么冗余的事？
- 你的团队目前正在做什么可以增加价值的事？是否可以再进一步？
- 你的团队没有做什么？若他们真的做了，是否能加速他们的工作？
- 还有什么拖慢进度的原因？

一些可能的方案

提高生产力的一个方法是停止做那些对项目、产品或客户没有增值的工作。是否有任何不必要的流程开销？不过要小心一个“坑”：不能提供直接价值的流程步骤往往在未来会给予回报，所以在放弃一些活动时要三思。是否有无意义的、过于冗长的，或人数过多的会议在浪费我们的时间？我有个朋友在一家疯狂开会的技术公司工作，有些会议只是在简单准备报告，为一小时后与另一群人的下一个会议提供资料。在这种环境下，她难以完成任何工作。

第二个提高生产力的方法是提高团队产品的质量。无计划的、过度的返工会扼杀生产力。团队成员必须重做已完成的工作以修复缺陷，而非继续做下一部分。（参阅经验教训 44。）减少缺陷可能意味着需要加入更多与质量相关的实践。增加静态分析、同行评审这类行之有效的做法可能会花费一些时间，但它们可以减少下游的返工，从而得到回报。强调设计，而不是强调重构，这样可以减少团队以后必须偿还的技术债。这是一个慢工出细活的问题，每个工匠都能快速学会这个技能。一个适用于许多学科的相关说法是，“慢即稳，稳即快。”

第三个提高生产力的方法是，我们需要了解时间都在哪里被浪费了。人们是否必须经常等待他人完成工作，然后才能推进自己的工作？你可以通过加快那些位于项目关键路径上的活动来提高产量。一些团队成员是否因过度的多任务处理而降低生产力？重温一下经验教训 23，看看那里描述的项目摩擦是否阻碍了项目的进展。

第四个提高生产力的方法是提高团队成员的个人能力。我总认为，人们会在当前知识和工作环境的天花板下，做到他们力所能及的程度。物理工作环境，以及文化工作环境都会影响软件开发者的生产力和质量表现（Glass, 2003；DeMarco 和 Lister, 2013）。选择更合适的流程和技术实践，可以产生效果显著的质量改进，进一步提升生产力。培养一种健康的软件工程文化，激励、奖励优秀实践，有助于快乐团队的高效工作。

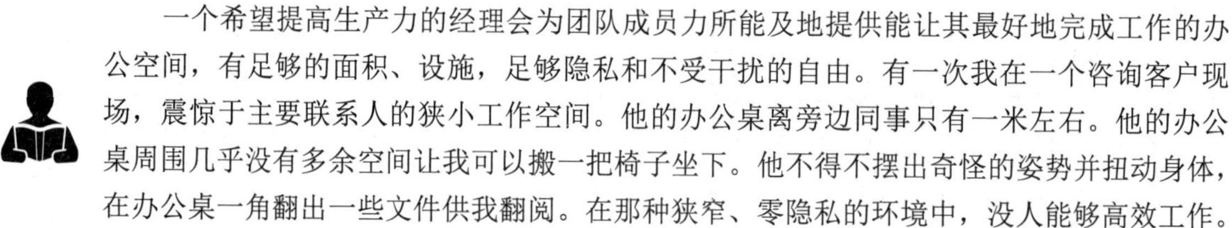

一个希望提高生产力的经理会为团队成员力所能及地提供能让其最好地完成工作的办公空间，有足够的面积、设施，足够隐私和不受干扰的自由。有一次我在一个咨询客户现场，震惊于主要联系人的狭小工作空间。他的办公桌离旁边同事只有一米左右。他的办公桌周围几乎没有多余空间让我可以搬一把椅子坐下。他不得不摆出奇怪的姿势并扭动身体，在办公桌一角翻出一些文件供我翻阅。在那种狭窄、零隐私的环境中，没人能够高效工作。不幸的是，一位软件经理告诉我，“当下，项目经理是无法争取办公室空间的，这样的办公环境确实让人糟心。”

培训是一个强大的绩效提升杠杆，但前提是人们把学到的东西真正运用到工作中去。

工具与培训

使用正确的工具可提高生产力。软件工具行业有着悠久的历史，只要你购买工具的最新版本，就能在生产力上得到惊艳的，甚至是量级上的提高。单一的新工具所带来的生产力提升很少超过 35%（Glass, 2003）。多年来，通过多种工具、新的语言和开发实践、开源软件和通用库的复用及其他因素的积累，软件开发者的生产力有了很大的提升，但还是没有单一的银弹工具或方法（Brooks, 1995）。记住，我们还要考虑学习曲线，因为人们要弄清楚一个新工具如何让人有效工作。寻找那些能够自动化和记录重复性任务的工具，如测试。

培训是一个强大的绩效提升杠杆，但前提是人们把学到的东西真正运用到工作中去。试图少花钱多办事的经理们可能会犹豫要不要把团队成员从键盘上拽下来参加培训，而且培训课程价格不菲。当我管理一个小型软件小组时，我经常以超出预算的方式对团队成员进行培训，并得到了上层管理人员的大力支持。我有个朋友在另一个部门，他们甚至没有买书的预算。这让我觉得很荒诞。假设你花 40 美元买一本技术书籍，并主要利用业余时间阅读它。如果你从中学到的东西为你的工作哪怕节省了一小时的时间，都是值得的，更不要说它有可能会在你余生的不定时间发挥作用。每当你应用一种新做法，产生更好、更快的结果时，对学习进行投资的回报就体现出来了。

开发者的个体差异

每个人都愿意让他们的团队拥有一流的人才，他们只想雇用最好的开发者。然而，事实上一半的开发者的表现低于平均水平。这些人也总会有去处，供职于某些岗位，因为并不是所有人都能从人才库的最高梯队中招聘。量化软件开发者的表现并不容易，但决定某项工作由谁来做会大大影响团队的生产力和生产出的产品的质量。

众多的软件文献报告表明，在软件开发者中，表现最好的和表现最差的两个人群之间有十倍甚至更大的差距（Construx, 2010；McConnell, 2010）。而且，该差距不仅存在于开发人员。担任其他项目角色的人在表现上也有很大差异，包括业务分析师、测试人员、产品负责人等。然而，软件工程研究所（2020）的 Bill Nichols 在最近的一份报告中称，程序员绩效的差距（10 倍的比例）是个都市传说。Nichols 的数据表明，在任何给定的活动中，观察到的开发者之间的绩效差异，大约有一半由个人每天的表现波动所致。

从我的个人经验来看，10 倍的比例并非不可信。我曾和一个开发者一起工作，他的工作质量高且极具创造力。但做同样工作，他的工作速度不到我的一半。我还曾和一个高级开发者一起工作，他的工作效率至少是我的 3 倍。他拥有计算机科学和计算机工程的双硕士学位，这使他有能力有效解决我根本无法处理的复杂问题。另外，他在职业生涯中积累了大量可复用的组件库，为他节省了很多时间。因此，在我看来，我们 3 人的表现至少跨越了 6 倍范畴。

毫无疑问，有技术、有天赋的个人和团队会比其他人更具生产力。这一点儿也不奇怪，斯坦迪什集团（The Standish Group）（2015）的报告中说，由“有天赋”的敏捷开发团队的成员开发的项目比那些没有技能的团队的成员开发的要成功得多。一个有趣的推论是，小型项目比大型项目的成功率更高，部分原因可能是，在小型团队中选择性地配备高能力人员更容易。不是每个人都能成为顶级技术人员，也不是每个人都能与之共事、能雇用到他们的。正如 Bill Nichols（2020）所指出的，“找到一个持续优秀的程序员很难，但找一个有能力的程序员则不难。”

若你无法组建一个全明星团队（在这个过程中需去除傲慢的枭雄），那就专注于创造一个富有成效的环境，从你拥有的人中获取最好的结果。通过分享内部最佳实践来提高每个人的才干。观察是什么东西让你最优秀的表现者如此优秀，以至于所有人都认同他是最优秀的。鼓励大家向其学习（Bakker, 2020）。技术技能很重要，但沟通、协作、辅导、弱化地域性、共享产品所有权的工作态度同样重要。我所认识的最好的开发者都非常注重质量。他们没有教条主义，对知识充满好奇心，有着丰富的经验，注重不断学习，并乐于分享。

如果你必须用更少的钱做更多的事，不要通过颁布法令、给团队施压或者雇用 90% 以上的顶尖人才来达到目的。提高生产力的道路不可避免地涉及培训、更好的实践及过程改进。

经验教训 38 权利的背面是责任

生活带给我们许多自由，却也带来相应的义务。你有权拥有一辆汽车，但你也必须为它注册和投保。你有权购买房产，但同时需要支付房产税。作为一个公民，你有权投票，但也有责任在投票箱前发出你的声音。

权利和责任的结合，决定了人们如何融入社会。美国有一个《权利法案》，即美国宪法的前十条修正案。但却没有相应的《责任法案》。公民责任体现在无数个司法辖区的数千条法规和条例中。我们对地球上的其他居民也有社会责任——只因我们日月同天。

软件项目中的人也有权利和责任。例如，通过考查与我们互动的人，我们期望从他们那里得到什么权利，以及我们对他们有什么责任，从而构成权利责任这枚硬币的正反两面。个人与团体成员、客户、经理、供应商和公众之间都有这些权利与责任的联系。当我们与合作者一起工作时，我们应按照这些思路进行对话。“为了在这个项目上共赢，我需要你的帮助。你对我的诉求又是什么呢？”

除了我们对他人做出个人承诺的具体责任，所有软件从业者都有责任遵守职业道德。两个主要的计算机组织——计算机协会（Association for Computing Machinery, ACM）与 IEEE 计算机协会，共同制定了《软件工程师职业道德规范》（The Software Engineering Code of Ethics and Professional Practice）（ACM, 1999）。该准则涉及从业人员的责任，即以符合公众利益的方式行事，保持机密性，尊重知识产权，努力追求高质量，等等。所有的软件专业人员都应该熟悉这个准则，并采用负责任的软件开发个人道德准则（Löwe, 2015）。

软件专业人员的权利和责任之间存在对称性。假设 A 组的人有权从 B 组获得一些服务或行为，反之 A 组成员对 B 组成员也有一些责任。你可以想象为这些成对的关系约法三章，以配合每个对应的权利。或者，你可以为关系中的双方设计互补的权利法案，并暗示相应的相互责任。

以下是一些软件开发团队中关于权利和责任的例子，这些例子来源不一。我还有更多关于该主题的建议（Atwood, 2006；StackExchange, n.d.）。你可以考虑阅读每个例子的完整内容，以获得更多关于适用于你的环境的专业的权利和责任的思考。你可能会发现，逐项列出你对项目内部的权利和责任的观点，可帮助你与项目的涉众更顺利地合作。如果你对写下权利、责任的形式主义感到不舒服，可以考虑用这样的形式来表达这些想法。“通常来说，我对你的期望是X，而你对我的期望是Y，这很合理。”

客户的权利和责任

作为客户，你有权利期望业务分析师了解你的业务和目标。你有责任让业务分析师和开发人员了解你的业务（Wiegers 和 Beatty, 2013）。

作为客户，你有权利收到一个满足你的功能需求和质量期望的系统。你有责任拿出时间来提供和确认需求。

作为客户，你有权利改变需求。你有责任将需求的变更及时传递给开发团队。

开发者的权利和责任

作为开发者，你有权利让你的知识产权得到他人的承认和尊重。你有责任尊重他人的知识产权，只有在获得许可的情况下才能复用他们的作品（St. Augustine's College, n.d.）。

作为开发者，你有权利知道每个需求的优先级。你有责任告知客户新的和重排优先级的需求对进度的影响。

作为开发者，你有权利对你的工作生成和更新估计。你有责任使你的估计尽可能精准，并尽快调整排期以反映现实情况（Wikic2, 2006；Wikic2, 2008）。

项目经理或发起人的权利和责任

作为项目经理或发起人，你有权利期望开发者生产高质量的软件。你有责任提供环境、资源和时间，使开发者能生产出高质量的软件。

作为项目经理或发起人，你有权利设定项目目标、建立排期表。你有责任尊重开发者的估计，并避免给开发人员施加压力，让他们在不现实的时间安排内完成工作。

自主团队的权利和责任

作为一个自我管理、自主的 Scrum 团队成员，你有权利管理你的能力，控制如何执行一个冲刺工作，并确定工作何时完成。你有责任确定一个冲刺工作的目标，创建一个冲刺工作的待办项，评估冲刺工作目标的日常进展，并参与回顾，以评估冲刺工作的进度，并创建一个改进计划（Ageling, 2020）。

我们最大的责任是公平对待所有专业的同行，并给予敬意。

暴风雨来临之前

你可能认为你有权利从其他社区获得某种权利，但也许他们不能或不愿满足你的期许。每当遇到这样的不匹配情况时，双方必须学会如何建设性地合作，不要有怨言。合作者值得花时间讨论他们共同的权利和责任，也可以记录下来以避免误解。这种对话是期望管理的一种形式，在第 4 章的介绍中已经解释过。

长期以来，在我与亲近的人建立的关系中，一直遵循一个理念，即在暴风雨来临之前就处理好问题。这也是我们在职业交往中一种好的做法。大多数人都是好意的，即使有时乍一看不明显。就权利和责任达成共同理解，有助于避免不愉快的人际关系危机。

我们最大的责任是公平对待所有专业的同行，并给予敬意。我们都应该能做好这一点。

经验教训 39 毫厘距离，千里隔阂

在经验教训 12 中，我讲述了为一名叫 Sean 的科学家编写软件的经历，他就坐在我旁边。我的工作效率很高，因为必要时我能从他那里快速得到反馈。在项目中期，Sean 搬到了大楼的另一边，我的工作效率迅速下降。此后，我无法第一时间抓住 Sean 来回答问题、决定某个用户界面的选项，或者恢复我的工作状态。这种分离增加了解决简单问题的周期。我意识到这样一个微小的距离会损害我的开发效率，这是我强有力的洞察力。

时空屏障

目之所及之外的距离，会使人们更难进行非正式互动。如图 5.2 所示，当我为 Sean 的项目工作时，从我坐的位置一眼就能看到他是否在办公室。若他不在，我就会去做一些我不需要他投入的事情。这个距离可以让我优化生产时间，而不必停下来等待某些事情的答案。

在他搬工位后，我不得不尝试通过电话联系他，或者发送电子邮件、等待定期会议，又或者步行去找他，看看他是否在他的新办公室。当合作者分散在多个时区时，这种异地问题会更加严重。同样的问题也会对日常生活产生影响。我有一个朋友常在他晚饭后给我打电话，但由于他住在我东边一个时区，所以那个时候我通常还在吃饭。他的来电时间对他来说很方便，但对我则不方便。异步通信可以跨越时空，但效率比实时交谈低。

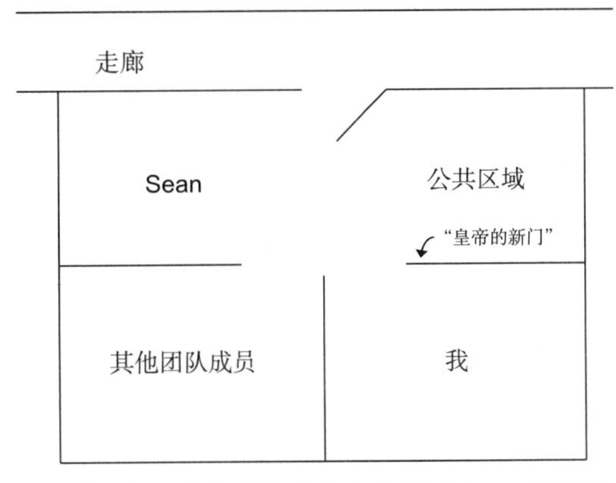

图 5.2：当时的办公室布局使我很容易看到 Sean 是否在办公室

涉及时区越多，问题越大，因为在正常工作时间内的交集就越少。有一个项目有多个国家的人参与，并跨越 12 个时区，相当于跨越半个世界，团队选择在任何时间开视频会议都很尴尬。于是，该小组顺序安排他们的会议时间，使得每位成员的不便程度一样。这种礼节体现了对每个人时间的尊重，并传达了一个重要的文化信号：所有地方的人对项目的重要性是一样的。

设计办公室空间可促进合作，同时为集中工作保留一定隐私，这是一种微妙的平衡。理想状况是，经理可以满足每个团队成员的偏好，同时又提供良好的互动机会。正如我们在经验教训 23 中看到的，知识工作者在沉浸于某项任务且进入心流状态时，生产力最高。心流状态需要不被干涉和打扰。因此，人们固然应足够靠近彼此以随时互动，但同时也需要私人空间来集中注意力。

近距离固然美妙，但我们也必须意识到每个人需在最少的干扰下完成工作。

当客户就在附近时，对开发团队来说非常好，因为他们可以迅速得到问题的答案。但从客户角度考虑，Sean 不仅是一个耐心等待我询问的聊天机器人，他还是一个科学家，有自己的工作要做。我提出的每个问题、发出的每一个查看显示屏或报告的邀请，对他来说都是一次心流状态的打断。近距离固然美妙，但我们也必须意识到每个人需在最少的干扰下完成工作。

虚拟团队：分离到极致

无论是出于个人选择，还是由于新冠病毒的流行，越来越多的软件专业人员选择远程工作。这使得关于如何更好地设计共享办公空间的争论毫无意义。不过，虚拟团队也有着他们自己大量的文化和协作挑战。你很难认识一个你从未见过的同事，也很难了解他，更不用说建立或融入一种共同价值观和实践文化。我的同事 Holly，一位学士，描述了她最近的经历。

在我没有亲自去做之前，我并不完全理解创建强大的虚拟团队所面临的挑战。我最近有了一个新的职位，100% 远程工作。我正在进行的活动对我来说并不陌生，但实际上有很大的不同。本来我期待的启动方式是——与我的新队友见面，学习新组织的语言和沟通方式，寻找相关文档，确定对支持我的角色至关重要的技术，这些对我来说都很熟悉，但又不一样。在这个新的远程世界，会议文化也有了新一层的痛苦。人们不再走着去开会，我们刚从一个会议中结束，紧接着又进入了下一个会议。我们的生理休息时间去哪儿了？

在网上搜索关键词“虚拟软件团队的挑战”，你会搜到许多文章，涉及很多问题。如果你处在一个远程工作环境中，值得花时间去了解主要挑战，并考虑如何在虚拟团队工作的世界中获得成功。

门，门，一门毁所有！[1]

一扇关着的门就是一道沟通的屏障，既有利又有弊，取决于你自身的视角。我在有门和无门的私人办公室中都工作过，也曾与人在共享办公室工作过，还曾在有一大片隔间的景观区工作过。图 5.2 所示的办公室群有一个通往走廊的门，而我们的三个独立办公区则没有门。如果有访客来找我们中的任何一位，另两位都会被其分散注意力。

同事们经常到我办公室来问问题。最后，我在门口挂了个牌子，一面写着“皇帝的新门开”[2]，另一面则写着“皇帝的新门关”。我希望人们能知道我什么时候不想被打扰。呵，我还是太年轻了。大多数访客都会注意到这个标志，然后说，“皇帝的新门关了，真是个人才！嘿，我来问个问题……”所以这根本没用。我还听说有人用一个橙色的交通锥筒或像电影院里的那种横在门口的安全警示绳作为信号，表示他们正专心工作，不希望被打扰。

后来，我终于有了一个拥有真正的门的办公室，这让我完成了更多工作。在一些公司中，

1 原文为“A door, a door, my kingdom for a door!”，该标题改自莎士比亚名句“马，马，一马失社稷！（A horse, a horse, my kingdom for a horse!）”。这句话出自一个典故，英国国王理查三世，他带领军队与里奇蒙德伯爵在波斯沃斯展开了一场决战。当理查三世跨上战马率军冲向敌人时，突然马失前蹄，他从马背上重重地摔了下来，士兵们见状纷纷转身逃跑，仗打败了。理查三世从此失去了对英国的统治权。马失前蹄的直接原因是，马夫在匆忙之中找不到钉子，少给战马钉了一只马掌。

2 此处借喻“皇帝的新衣”，指实际上不存在门，但作者希望访客们能看见门。

那些经常被咨询问题的专家会设置办公时间，在此期间，他们会邀请同事过来讨论（Winters et al., 2020）。对有些人来说，这种方式的效果并没有那么明显，但它的确减少了中断专家工作的次数。

几年后，我搬到了另一座大楼，那儿的文化和环境完全不同。那儿的办公环境简直像蜂巢。我们的办公桌周围都有一米半高的隔板，只有经理有自己的私人办公室，谁让他是经理呢。我的办公室是整个400米长的大楼中最嘈杂的空间之一。我坐的地方紧挨着贯穿整个大楼的走廊，近自动扶梯，近卫生间，近会议室和培训室。离我办公桌一米出头的地方是咖啡机，学生们在培训课的休息时间会在那儿聚集和聊天。苦中作乐的是，庆祝活动中吃剩的蛋糕会被丢在放咖啡机的桌子上。我虽不喝咖啡，但这不妨碍我爱吃蛋糕呀。

我易被刺激性的噪声影响，而大多数人并不会注意到这点。我至少花了两个月的时间来适应开放空间的干扰。虽然开放式办公区有助于与周围人互动，但架不住我压力大，很久之后，我才适应了这种嘈杂的环境。

在设计工作空间时，没有完美的解决方案能同时满足隐私、不受干扰、接近同事以快速互动，以及为项目会议提供共享空间等相互冲突的需求。空间上的分离已然是一个问题，再加上文化差异，就更增加了有效协作的挑战。协作工具可以帮助处于不同空间的人一起工作，但它们并无法完全替代实时、面对面的互动。在可能的情况下，管理者应让团队成员来设计他们的工作空间，以最好地平衡这些冲突（DeMarco和Lister, 2013）。如若不行，戴上耳机吧。

经验教训40 小型同地办公土办法，规模大了它就用不上

比尔·盖茨与保罗·艾伦，史蒂夫·乔布斯与史蒂夫·沃兹尼亚克，比尔·休利特与戴维·帕卡德——我猜他们都没有为他们的早期项目写过规范或程序手册。一对并肩工作的超级天才间思维的融合是用不上大多数文件的。但是，在跨越时空的情况下，数百个使用不同语言并沉浸在不同文化中的大脑之间是很难做到心有灵犀的。

图5.3画出了项目复杂性的定性评估尺度。项目横跨两个极端，一边是在车库里工作的一对天才，另一边则是建造国际空间站的数千人——这是我所能想到的最大的项目。随着组织成长，他们承担了更大、更复杂的项目。这两个天才走出车库，雇用了一些人，在一个地方与一二十个技术人员一起处理项目。若你开发了一个嵌入式产品，你的团队还将包括机械和电气工程师。你可能还会在某时去另一个城市收购一家公司，或以其他方式与世界上其他地方的人合作，发起分布式开发项目。那些制造巨大的复杂产品的公司，可能会有软件工程师、硬件工程师，以及其他一些专家，大家在多个国家的几十个子项目中工作，如造飞机。对于“大”的挑战，我们需要用适当的方式来解决。

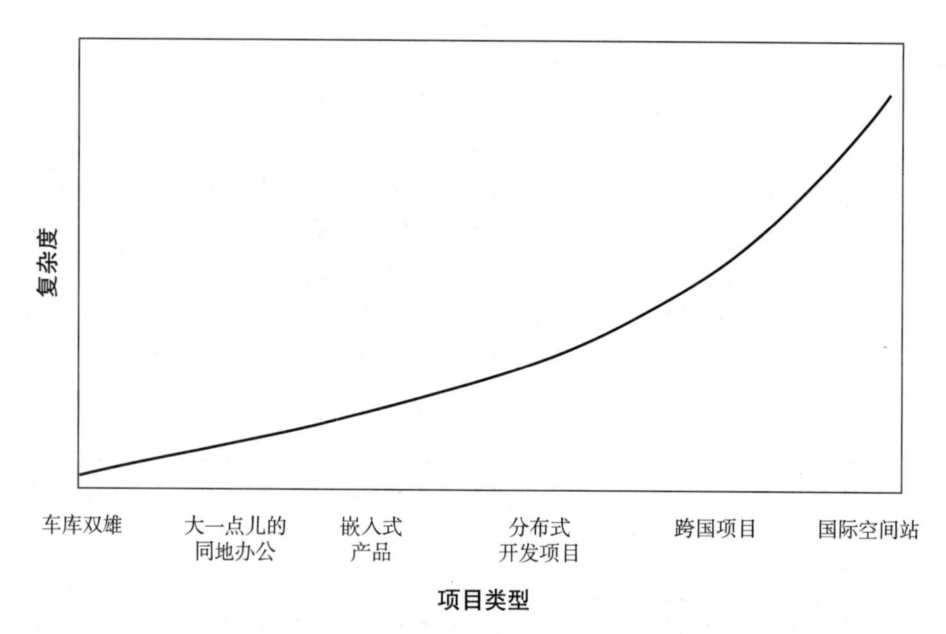

图 5.3：随着组织承担更大、更复杂的项目，它们必须相应地扩展工作流程与方法

流程与工具

随着团队、项目和组织的成长，加强其流程的诉求悄然而至。大家可能在遇到问题后才能意识到这种诉求。也许两个团队的工作相互踩脚，或者某项任务因大家都认为是另一方需要做的而被忽略。这些问题要求团队成员与团队之间有更好的计划、协调与沟通。随着参与人数的增加，摩擦和延期的温床就会悄悄出现，尤其是当大家在不同的地方工作时。

团队成员相距越远，需要的流程结构就越多。

人们需要为较大的项目写下更多的信息，以便其他人知道正在发生什么，以及将会发生什么。同时对需求、决策、业务规则、估计和衡量标准的持久化集体记忆的作用就越发凸显。团队成员相距越远，需要的流程结构就越多，就越依赖远程协作工具。

为了实现兼容、方便的信息交流，多地办公团队需要用通用的工具来进行任务管理、追踪、建模、测试、持续集成，以及很重要的代码管理（Senycia, 2020）。开源软件是分布式软件开发的一个极端例子。一个开源项目的贡献者可以生活在世界的任何地方。大量参与不断发展的项目的人们需要遵循一些一致的流程，以确保所有碎片都可被整合。正如 Andrew Leonard（2020）指出的，“对于成功促进远程协作式软件开发来说，版本控制比任何一项创新工作都关键。”

专业化诉求

我最开始为大学课程编写程序，仅供我个人使用，以及一些娱乐用途。然后，我开始为他人写程序，包括一些小型的商业应用。后来，我与其他软件开发者联合起来，承担了更大的项目。当我自己在一个项目中工作时，我轮流扮演各种角色。根据我在不同时刻的工作，我可能是一位业务分析师、设计师、程序员、测试人员、文档作者、项目经理及维护者。

期望每个团队成员都能完全精通所有这些技术是不现实的。随着项目与团队日渐壮大，一些技能的专业化既自然又有益。在某些时候，就连比尔·盖茨与保罗·艾伦也需要雇用一些除拥有编码以外能力的人，以保持他们刚起步公司的发展：技术作者、数学家、项目经理等（Weinberger, 2019）。我听说这对他们很有帮助。

沟通冲突

正如经验教训 14 中所述的，沟通链接的数量会随着团队规模的扩大而成倍增长。项目参与者需要有“快准狠”的信息交换机制。沟通的偏好也会各有不同。人们会本能地以自己最舒服的方式与他人交流，但这并不总是对方也喜欢的方式。

我曾为一个涉及 Web 开发团队与人因工程团队的项目主持过一次回顾会。会上，人因工程团队的一位成员说，她觉得自己未被纳入项目沟通，总是不知道发生了什么。而 Web 开发团队的一名成员则大吃一惊，抗议道:“明明所有的电子邮件都有抄送给你。”我们发现，这两个小组的沟通偏好非常不同，所以各自期望的沟通方式也不同。

在这个案例中，这两个团队的办公位置相距不远，但他们在沟通风格上有一些不同。当你开始参与涉及多个团队的项目时，重点是要在早期就夯实基础，以适合所有人的方式进行沟通。同样地，各团队可能会以不同的方式做出决定。为避免矛盾，加速决策，大家应就如何做出共同决定进行讨论——要赶在第一次做重大决策之前。

成功的组织会不断成长，并接受越来越大的挑战。他们不应该对那些在车库里只对几人有效的技术抱有在扩大规模并跨越远距离空间时仍能生效的期望。他们可以通过预测、整合各种团队工作所需的流程和工具来避免一些团队壮大时的阵痛。提前建立尽可能多的基础设施，比在进入酣战状态后再将其介绍给项目参与者所造成的破坏性要小。让参与者在早期就认识、了解他们的远程同行，可以帮助避免文化冲突。磨刀不误砍柴工，花点时间打下这些基础可以防止接下来的很多麻烦。

经验教训 41 工作方式转型，文化挑战不轻

在经验教训 36 中，我说过，我曾在一个大型企业的部门中主导过一个过程改进项目。该部门的高级经理 Martin（在组织架构中高我 3 级）力挺这件事，但他并不完全了解将几百名软件工程师和系统工程师的工作方式转变到新模式需要做哪些事情。

Martin 似乎认为我们仅仅是简单地编写新流程，且每人都能认同。他在我们遵循的变更框架中签署了管理政策，但也就仅此而已。他并没有宣布或解释这些政策，也没有设定适用这些政策的期望，没有定义迁移到新政策的路径，更没有强制要求人们遵循这些政策。最终，这些政策被忽视，新流程最初的影响也有限。

经验表明，采用新流程可比灌输文化要简单得多，而一个成功的变革措施则需二者兼备。你不能只是把每个人丢到培训课中，给他们一大本印有新流程的活页夹，然后就开始期待他们按新的方式有效工作了。这种做法只会让人更感困惑和压力。它会损害管理层的可信度，即使大家已然身处强大的文化中。

价值观、行为与实践

如前所述，健康的软件工程文化包含共同的价值观、行为和技术实践。让团队成员参与到变革过程中，可以增加大家的认同感，某些暗藏私心的领导可以让每个人都相信这些都是他们自己想到的。在一个正在进行变革的组织中，成员需要了解的不仅仅是他们被期望遵循的新做法，还有很多其他事情。主导者需要解释：

- 为何要变？
- 它将解决什么问题？
- 我们希望从中获取什么成果？
- 对组织架构有何影响？
- 是否有新的角色、头衔或职责？
- 对团队成员的个人期望如何？
- 时间线实现得如何？
- 对变更措施做出建设性贡献的责任感。

变更主导者必须说服每一个受影响的人，让他们接受目标和方法的优点，从而成功推行文化的变革。当所有人都清楚地了解痛点问题时，说服更显简单。一位同事曾跟我说，她从未做过一个成功的软件项目。这种挫败感强烈地推动她去主导过程改进活动，从而提高项目成果，实现公司的商业成功。

改变很难。不是所有人都想加入变革。若有人踢皮球，不愿走出舒适圈，你就无法发展新文化。但我们不能让这些对变革敏感的人阻碍整个计划的实施。实施变革有两个极端，一个是将新的变革强加给每个人，另一个是试图让每个人都能满意，我们必须在这两个极端之间努力寻求一个平衡点。

Martin 嘴上说支持他所在部门的变革措施，但我们其实不确定他是否真的致力于此。于我而言，“支持”是一个模棱两可的词。一般人们说“我支持”的时候，往往是在说“如果这事发生了，我没意见”，或者“这听起来不错”。支持的概念是容忍或批准，这与决心不是一个概念。有决心的领导会采取行动，以身作则。他们会设定具体目标，提供资源，并展示出与预期结果一致的行为。他们会将自身置于风险之中，并对其组织的结果负责。致力于持久变革的管理者懂得以一种激发情感与刺激行动的方式来构建变革（Walker 和 Soule, 2017）。纸上谈兵、强制执行、下达指示都不能解决问题。

有效变革的领导者明白，他需要用说服力和时间来引导团队成员形成新的价值观与行为。处于组织内的人有三个选择：其一，协助推进这个计划；其二，跟随计划，做好分内之事；其三，离开。如果变革的规模或性质让一些人感到不舒服，他们可能会选择离开；如果他们真的这么做了，其实对每个人都有好处。我见过太多对组织新方向不满意的人采取消极攻击方式的案例。他们阳奉阴违，表面上支持变革，暗地里忽视甚至进行破坏。

敏捷开发与文化变革

一个软件组织若要转向敏捷开发，这会是一场重大转变。我曾说过，你不能像购买一个新工具或技术实践一样，把文化包装妥帖，然后在组织中进行“安装”。不过对于敏捷开发来说，却不完全是这样的。迁移到形如 Scrum 的过程中时，我们的确得预先吸收一种包装好的文化，包括一套价值观、行为和技术实践。在过渡到敏捷开发时，许多方面的文化改造都势在必得，这些方面包括（Hatch, 2019）：

- 组织结构和团队构成。
- 术语表。
- 价值观与原则。
- 新的项目角色，如敏捷教练、产品负责人。
- 排期与规划的实践。
- 协作与沟通的本质。
- 如何量化进展。
- 对结果负责。

我们需要在短期内消化掉许多干扰。传统的软件过程改进策略是渐进式的：新的流程

与实践被纳入项目活动中，然后被逐步消化。而转向敏捷开发则是一个突然的思维与实践的转变。我们无法通过对每个人进行简单培训来获得新价值、改变个人行为，以及采用新做法。实践者需要用时间来为以前的做事惯性松绑，然后才能对新的工作方式感到舒适并逐渐得心应手。

我知道有两家公司对其数百名软件开发人员进行了大规模的敏捷培训。其中一家公司迅速投入一个大规模的战略项目，该项目涉及多地 150 多人，高级管理层规定必须使用敏捷开发技术来完成。经过几年巨额资金的投入，该项目被叫停，未交付任何东西。

另一家公司则采用了企业级的敏捷框架，并规定无论适合与否，都要将其用于所有项目。该公司的一位朋友曾说：

> 这是一个巨大的转变。它影响了我们所有的开发实践、流程及审计要求，我们没有为这些领域提供足够的时间或培训来实现平滑过渡。向敏捷开发方式转变是作为一个最终决定被提出的。高管们没有把它与解决公司内部的具体问题相结合，也没有试图说服我们去接受它。整个组织都存在不同程度的反对意见。很多开发人员不高兴，因为他们原先是作为瀑布式开发人员被雇用的，并不是敏捷型的。
>
> 在理想世界中，对待如此深刻的变化，每个人的思考应该是："这对我们有什么收益？"但在现实中，大多数人想的其实是："你为什么要让我这么做？"有些人克服了这种反应；有些人则没有。

如果管理层能更多地关注到这些激进的、一蹴而就的转型所带来的实质性文化影响，这些变化就可能更容易被大家接受，结果也可能会更令人满意。时间会给出答案，告诉我们这类大规模转型的尝试有多成功。

内化

为了实现预期的业务结果，一个以流程为导向的文化变革倡议应达到两个目标。第一个目标是制度化。制度化意味着新的实践、行为和价值观已经在整个组织中建立，并成为项目运作的日常方式之一。第二个目标则是内化。内化意味着新的工作方式已经扎根进每个团队成员的思维和职能中。

当团队成员已内化新的方法和行为时，他们就不会被经理、流程说明书或是敏捷教练要求后才去执行这些方法。他们会自发地以这种方式工作，因为这是他们知道的完成工作的最佳方式。内化比制度化更难，需要的时间也更长，但这是文化变革成功的一个有力标志。一旦你内化了一种更好的工作方式，它将永远陪伴你。

从既定工作方式向截然不同的方向进行本质性的过渡，需要多种形式的改变：组织、管理、项目领导力、奖励、技术实践、个人习惯及团队行为。这都不是一些可购买或授权的东西。高管必须致力于变革，并向所有受影响的人提出令人信服的理由（Agile Alliance et al.，2021）。文化转型所带来的挑战可比践行一套新实践和方法所带来的更大，但若不这么做，你很可能会失败。

当团队成员已内化新的方法和行为时，他们会自发地以这种方式工作，因为这是他们知道的完成工作的最佳方式。

经验教训 42　秀才遇上兵，有理说不清

在工作中，你可能经常会遇到让你觉得不讲道理的人。他可能是一个团队成员、经理、客户，或是其他合作者。我在之前的经验教训中提到过这几个人：

- 一个期望团队成员每周在不同项目上专心致志干完 5 个 8 小时活动的领导（经验教训 23）。
- 一个坚持认为她可以代表一个她所不属于的用户类别提供需求的客户（经验教训 33）。
- 一个私藏知识不分享的同事（经验教训 35）。
- 一个期望通过颁布新流程来改变一个大型组织的文化的高级经理（经验教训 41）。

当你遇到一个看起来不讲道理的人，你要明白，这不再是一个技术问题，而是人的问题。你可以采用几种方式来应对。一是以辩论的形式捍卫你的立场；二是屈服于他们的“道理”，做他们所说的任何事情，哪怕你认为是错的；三则是表面服从，背地里做别的事，或直接不做。

其实还有一种更好的策略，那就是了解为什么这个人在你眼里看起来不讲道理，然后考虑如何回应。他们可能不是在保护他们的合法权益，而只是在捍卫一个根深蒂固的立场。通常情况下，那些不讲道理的人只是不了解情况。那些不熟悉的做法、专业术语和高冷的软件开发者会让那些没有软件团队合作经验、缺乏技术知识的客户感到害怕。对过往项目经验感到失望的人，很可能“一朝被蛇咬，十年怕井绳”。

在我还是一个项目首席业务分析师的时候，我曾和一个客户一起工作。他在以前的项目中“被蛇咬了两次”，失败了。所以他与另一个软件团队合作的时候，异常谨慎。在我了解到他这段惨不忍睹的过往后，我开始理解他为什么不相信我，尤其是那个时候我们刚认识。不过，我们通过一些耐心和解释就解决了这个问题，那个项目取得了巨大成功。

小教一下

如果一个人不讲道理是缺乏知识导致的，那就尝试对其进行教学。他们需要了解你所使用的术语，你实践的做法，以及为什么这些做法有助于项目成功，如果不这么做会发生什么。和你一起工作的人必须明白你需要他们投入什么、怎样行动，以及他们能从你这里获得什么。如果一个业务分析师在与新客户谈话时，开门见山地说："让我们来谈谈你的用户故事吧。"这会把客户吓跑。客户不知道什么是"用户故事"，也不知道他们在这个过程中所扮演的角色是什么。有时候，只需要多传递一些信息，我们就不会产生那些被认为是"不讲道理"的反应。

我在成为一家大公司的研究实验室的软件组经理后不久，就遇到过这种缺乏知识的情况。我在一次高级研究管理人员和技术人员的年会上介绍了团队的工作。我说，从现在开始，我的团队不会编写没有书面规范的软件。一名叫 Scott 的高级经理就抗议了，"等一下，我不确定你对规范的定义是否与我相同"。我下意识地回答，"那就以我的为准"。不过为了避免显得我太草率（实际上的确很草率），我又接着描述了我对规范的解释。一旦他明白我并没有要求什么过分的东西，Scott 就同意了这个合理的要求。

谁出线了

我与 Scott 的对话体现了一个重要观点：确保你不是那个无理取闹的人。如果业务分析师、项目经理或者开发者不同意做别人让他们做的一切事情，那么他们可能看起来不好相与。一个业务分析师要求用户或经理花时间与软件团队合作，对于那些没想在项目中投入太多精力的人来说，可能会显得不合理。

有时候，人们会高估自己，认为自己拥有的知识多于自己实际拥有的，并会对项目施加压力、采取不合理的方法。我的朋友 Andrea 是一名经验丰富的开发者和数据库设计师。她曾为一家公司创建过几个成功的系统。客户方的一位高级开发人员坚持使用他自己开发的数据模型来构建他们的新系统数据库。Andrea 指出了数据模型中的严重缺陷，但客户方的开发人员威胁道："必须使用我的模型，否则项目取消！" Andrea 无奈同意。果然，人们遇到许多需要付出很大努力才能解决的产品问题，当 Andrea 指出这些问题源自错误的数据模型时，客户方的开发者指责她砸了他伟大数据模型实现的场子。该客户的行为从任何角度看都是不合理的，每个人都要承担后果。

为确保无人不讲道理，去试着理解对方的目标、优先事项、压力、驱动力、恐惧和限制吧。

支持灵活性

教条主义是另一种不合理的方式。我曾在一个团队中工作，主导一个基于软件能力成熟度模型的软件过程改进项目，有一次被拉进了与一个经验不足的同事的辩论中。Silvia 坚持认为，“CMM 是一个模型，我们就应该按它说的做。”这让我觉得这是一种对过度约束的误解。我的回答是：“CMM 是一个模型，没错，但我们也应该根据实际情况去调整它！”我认为 Silvia 是教条主义的，不灵活的；而她则认为我没有规范地应用 CMM，违反了它的初衷。通过随后的讨论，团队对如何在我们的场景中使用 CMM 达成了共识。不过，我仍被我和 Silvia 对“模型”天差地别的理解所震惊。

为确保无人不讲道理，去试着理解对方的目标、优先事项、压力、驱动力、恐惧和限制吧。让我们找出哪些行为和结果会在我们双方的世界中产生正向激励和负向反馈。让我们拟定协议，以便我们都知道别人对我们的期望以及我们对他人的期望。如果我们欣赏并尊重对方的观点，世界会更美好。

下一步：文化与团队合作

1. 确定本章所述内容中的哪些经验与你在文化与团队合作的不同方面的经验有关。
2. 你能从你自己的经验中想到任何其他与文化、团队合作相关的教训吗，值得与同事分享吗？
3. 理解本章描述的每个实践，它们可能是你在本章开头“初体验”中确定的与文化、项目管理有关的问题的解决方案，每个实践能否改善你的项目团队成员协同工作的效果？你如何纠正那些扼杀文化的行为并加强文化建设的行动？
4. 你如何判断第 3 项中的每项实践都产生了预期结果？这些结果对你有什么价值？
5. 找出任何使你难以应用第 3 项中的实践的障碍，如何打破这些障碍，或者能否争取到盟友来帮助你实现这些做法？
6. 思考如何创造团队合作方式的最佳实践，并将这种大智慧传播给其他项目团队。如何灌输能够长存的文化实践和态度，以帮助未来的项目团队有效地应用你所实现的设计最佳实践。

第6章

质量

何谓质量

我曾写过一个完美的软件，甚至用上了汇编语言。那是一个具有教学性质的化学游戏，它并不大，却没有任何缺陷，正确地完成了它应做的一切。不过我也写过很多包含错误的代码，哪怕我尽最大努力去避免但还是会有，后来我不得不纠正它们。高质量的软件对我来说很重要，对每个创建或使用软件的人来说亦是如此。我们都应该在我们所做的工作中追求质量，那么质量究竟意味着什么呢？

质量的定义

长期以来，人们一直试图定义“质量”，然而它却那么难以捉摸。我听闻过很多版本，但我深知没有一种在软件领域对“质量”简洁且全面的定义。美国质量协会（American Society for Quality，2021a）在其关于质量的定义的第一部分中承认了这一现实。“这是一个主观术语，每个人或部门都有自己的定义。”这是一句正确的废话。不同的人的确会对“什么是质量”或“什么是缺乏质量”有不同的概念。以下是一些关于质量的定义，这些定义各有价值，却没一个是全面的。

- 美国质量协会（American Society for Quality，2021a）的定义：一、产品或服务的特征，它能够满足明示或暗示的需求；二、没有缺陷的产品或服务。
- 国际标准化组织和国际电工委员会（ISO/IEC，2011）的定义：在特定条件下使用时，软件产品满足明示和暗示需求的程度。

- 质量先驱 Joseph M. Juran（American Society for Quality，2021b）认为：适用性（Fitness for use）指，产品应满足客户的真实需求，并让客户满意。
- Philip B. Corsby（1979）：符合需求。
- 又是 Philip B. Corsby（1979）：零缺陷。
- Gerald Weinberg（2012）：对某些人的价值。

从这些不同的定义中，我们可得出两个结论：质量有多个方面，质量与情境相关。在软件交付的情境中，我们通常认为，质量描述的是产品实现了它所要完成的任务的程度。我们可能难以找到一个更严谨的定义。即使如此，每个项目团队仍需要探索质量对其客户究竟意味着什么，如何评估，以及如何实现，并清晰地将这些知识传达给所有项目参与者（Davis, 1995）。

在理想情况下，每个项目都能在最短时间内以最低成本提供一个功能完备、无缺陷、极其易用的产品，并满足所有用户的需求。然而这只是白日梦，对质量的期望必须是现实可行的。每个项目的决策者需要确定项目成功的哪些方面最为重要，以及在追求业务目标时可做出哪些适当的权衡。

质量规划

软件质量缺陷所积累的影响对于组织、国家甚至整个世界来说都是巨大的。一项详细的分析估计，若不考虑技术债，2018 年美国质量不佳的软件总成本约为 2.26 万亿美元，但若考虑技术债，则是 2.84 万亿美元（Krasner, 2018）。想象一下，更高质量的软件可能带来的在各层面上的经济收益。

如图 6.1 所示，经典的项目管理铁三角通常不会将质量作为一个“可调节”的参数，而范围、成本和时间则可以。你可以将这种情况理解为：高质量是一个不容讨价还价的期望，或者可以说，在其他参数的约束下，团队应达到其能够实现的最高质量水平。也就是说，质量是一个因变量，而不是一个独立变量（Nagappan, 2020b）。

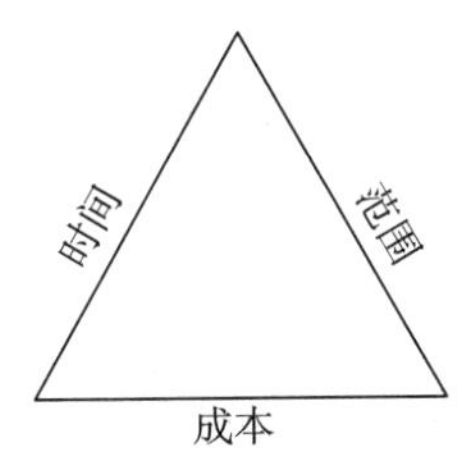

图 6.1：经典的项目管理铁三角并没有明示质量

然而，开发团队和管理层有时会决定在质量上做出妥协，以满足交付日期，或者以此

去包括更丰富但不完美的功能集，从而使产品更具吸引力。这就是为什么我在经验教训 31 中将项目管理铁三角增强为五维模型，将质量作为一个明确的项目参数，与范围、排期、职员和预算摆在一起。如果做出发布决策的人认为某个缺陷对客户或业务影响不大，他们就可能会容忍这些已知缺陷的存在。然而，受影响的用户则可能不买开发团队做出的所谓明智的权衡决策的账（Weinberg, 2012）。如果某个用户最喜欢的功能有缺陷，他很可能会认为整个产品都有缺陷，并告知他所认识的人。

一个软件系统并不需要存在很多问题就能给人一种质量差的印象。我喜欢写歌、录歌，纯属个人爱好。我买了一款可以用来打谱的应用。编写乐谱是一件复杂的事情，我所使用的应用也同样复杂，并且不可避免地存在一些问题。它有一些可用性缺陷，与之比起来，录入音符最多只能算是乏味了些。更糟糕的是，我在尝试创建或修改乐谱的时候遇到了许多软件故障。当我试图输入一些普通的音乐数据时，程序就会“癫狂”，显示出完全不对的内容，这让我很挫败。这个应用包含了过多功能，其中有很多我永远也用不到，有些则根本无法正常运作。我宁愿它少一些功能，只希望现有的功能都能正常运作，并且满足大多数用户的需求。

软件团队在项目之初制订质量管理计划非常有用。该计划应为产品建立实际可行的质量期望，包括定义缺陷严重程度的分类（严重、中等、轻微、外观问题）。这将有助于所有项目参与者以一致的方式思考问题。进一步确立对所需各种软件测试类型的共同术语和期望，有助于将涉众对高质量解决方案的共同目标进行调整。

多个质量视角

软件质量包括许多维度。它不仅仅是满足指定需求（假设这些需求是正确的），也不仅仅是没有缺陷。我们必须考虑许多特性来全面理解对于给定产品及对用户而言质量意味着什么：功能、美观性、性能、可靠性、易用性、成本、及时交付等（Juran, 2019）。

我们在经验教训 20 中提到，软件项目团队需要探索广泛的质量属性需求。由于无法创建在每个属性上表现都理想的产品，所以通常需要在质量上做出妥协。设计人员必须做出有利于某些属性却不利于其他一些属性的决策。各种质量属性必须被精确规定，并按优先级排序，以便决策者可做出折中选择。

此外，不同涉众对质量的认可可能会相互冲突。开发者可能认为高质量代码是被优雅编写、高性能且正确的代码。而维护人员则可能更重视它的易理解性和易修改性。对用户来说，他们可能认为高质量代码是指那些可以让他们轻松使用产品且无故障的代码。开发者和维护人员关注的是产品内部质量，而用户则关注的是外在质量。

构建质量属性

除了外观和美学上的改进，质量属性并不是你随便抽空就能加入系统的东西。你不能仅在用户故事中写下几个可用性目标，然后将该故事添加到产品待办项中静候未来的开发迭代。必须从初始就有意识地通过你所遵循的流程、设定的目标及团队成员的态度来构建质量属性。某些质量属性会对整个开发过程而不仅仅是某个具体功能点施加限制（Scaled Agile, 2021c）。满足某些质量属性会带来架构上的影响，团队对这种问题应从项目之初就加以解决。

质量属性并不是你随便抽空就能加入系统的东西。

将质量属性纳入已建立的产品是非常困难的，尤其是在产品基础不牢靠的情况下。如果开发者急于实现功能而饮鸩止渴，他们就会积累技术债，使得代码库越来越难以修改和扩展。技术债指的是已实现的软件中积累的质量缺陷。它由许多原因造成，并且是项目不能在截止日期前完成的主要因素之一（Pearls of Wisdom, 2014a）。技术债终须偿还（参见经验教训 50）。

被质量问题所害的客户会感到不满意。我几乎每天都会遇到一些未经思考就设计的、浪费时间的或是根本无法正常运作的网站或产品（Wiegers, 2021）。这很招人烦，因为我知道建立一个更好的产品往往不比这难。我的一位软件同行会定期向我描述他的低质量体验，他称之为“NWNC”，意思为“光摆烂，爱谁谁（Nothing Works and Nobody Cares）”。可悲的是，他的总结通常很扎心。

质量的总成本包含你为防止、检测和纠正产品缺陷所做的一切。生而为人，业务分析师、开发者和其他项目参与者都会犯错。你需要建立技术实践来最小化所产生的缺陷的数量。你还需要发展个人道德和组织文化，重视缺陷预防，重视早期检测。努力在缺陷造成过多伤害前就发现它们。

并非每个产品都必须完美，但每个产品都必须展现出足够的质量，这得交由用户和其他涉众评判。高度创新的产品的早期试用者通常对缺陷的容忍度很高，只要产品的确能让他们做一些很酷的新事情。而其他领域（如医疗设备、飞行系统和可复用的软件组件）则需要更严苛的质量标准。首先，每个团队需要决定他们的产品在各方面的质量都意味着什么。然后，他们可能会发现本章关于软件质量的 8 个经验教训对他们很有帮助。

初体验：质量

我建议你在阅读本章中和质量有关的内容之前，先花几分钟时间进行以下活动。当你阅读这些内容时，思考它们在多大程度上适用于你的组织或项目团队。

1. 你的组织如何定义产品的质量？包括开发者和维护者关注的内部质量以及终端用户关注的外在质量。
2. 你的团队是否记录了质量对每个项目的具体意义？他们是否指定了可衡量的质量目标？
3. 你的团队如何判断每个产品是否符合其团队和客户的质量期望？
4. 列出你的团队特别擅长的软件质量实践。有关这些实践的信息是否被记录下来，以提醒团队成员注意，并使其易用？
5. 找出一些痛点问题，你可以将其归因于你的团队如何处理软件质量的缺陷。
6. 梳理每个问题对你成功完成项目所产生的影响。分析这些问题是如何阻碍开发组织及其客户取得商业成功的。质量问题会导致有形或无形的成本，如计划外的返工、延期、支持和维护成本、客户的不满意及不受欢迎的产品评价。
7. 对于步骤 5 中的每个问题，找出引发问题或使问题恶化的根因。问题、影响和根因可能会被混淆，尝试将它们分开，看看它们之间的联系。你可能会发现同一问题存在多个根因，同一根因亦会引发多个问题。
8. 当你阅读本章时，列出任何对你的团队有用的做法。

经验教训 43 当下搞质量便宜，以后再搞可贵了

假设我是一名业务分析师，我与客户进行对话以详细了解一些需求细节。回办公室后，我按项目所使用的需求格式，将我所学到的内容整理成文档。次日，客户来电子邮件了，“我刚和同事聊了一会儿，发现我们昨天讨论的需求中有些问题。”对我来说，我需要做多少工作来纠正这个错误？非常少，我只需更新需求就能满足客户当前的诉求，估计它耗费价值约 10 美元的公司时间。

我们再假设一下，若客户不是在第二天提醒我，而是在一个月或六个月后指出这个问题，那么纠正这个错误又需要多少费用呢？这取决于团队根据原始的、错误的需求，完成了多少工作。我的公司仍然需要耗费价值 10 美元的时间来修复需求，而开发人员可能需要重新设计某些部分，可能会造成额外的 30 或 40 美元的花费。若开发者已经实现了原来的需求，那么他们将不得不修改这部分代码，甚至是重写。此外，他们还需要更新测试、验证新实现的需求，并执行回归测试，以查看代码变更是否出现新的问题。所有这些可能性需要再多花 100 美元。也许还有人必须修改网页或帮助页。账单越来越像老奶奶的裹脚布。

软件的可扩展性让我们能在必要时进行更正和修改。但是每次更改都是有代价的。即

使只是讨论一下可能添加的一些功能或修复的漏洞，即使后面决定不去实现它，也是需要花时间的。需求缺陷未被发现的时间越长，需要进行的工作就越多，代价也就越高。

修复成本的增长曲线

纠正一个缺陷的成本取决于它何时被引入产品及何时有人修复它。图 6.2 中的曲线描述了对于后期发现的需求错误，其成本会显著增加。我在纵轴省略了数值刻度，因为不同来源引用的是不同的数据，其实软件相关人员也在争论其确切的数字。曲线的成本比率和陡峭程度取决于产品类型、遵循的开发生命周期，以及其他因素。

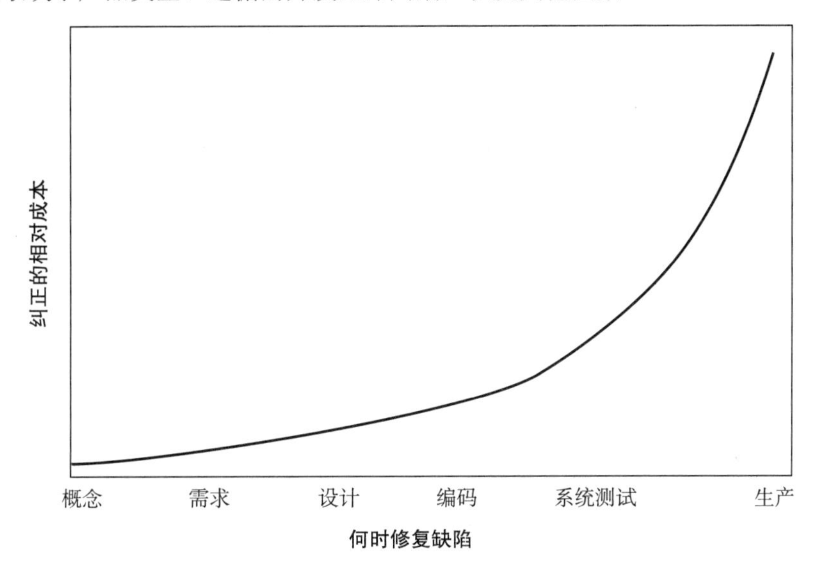

图 6.2：随着时间推移，修复缺陷的成本迅速增长

例如，惠普公司的数据表明，若客户在产品已投入生产使用时发现需求缺陷，与有人在需求开发阶段就发现该缺陷，其成本比率可能高达 110 ∶ 1（Grady, 1999）。还有一项分析表明，在产品发布后纠正在需求开发阶段引入的错误的成本与在产品发布后纠正在架构设计阶段引入的错误的成本的比率大约为 30 ∶ 1（NIST, 2002）。对于高复杂度的软件系统而言，在需求阶段发现错误与在运营阶段发现错误相比，其成本放大因素可以在 29 倍至 1500 倍的区间中（Haskins et al., 2004）。

纠正一个缺陷的成本取决于它何时被引入产品及何时有人修复它。

无论精确的数字是什么，人们都普遍认为，早期修复缺陷比发布后再修复要便宜得多

（Sanket, 2019；Winters et al., 2020）。这就有点类似信用卡还款。你可以按时还款，也可以先还一部分，然后未来再还剩余部分及滞纳金。Johanna Rothman（2020）假想了三个公司，比较其采用不同策略处理缺陷最终得出的相对修复成本。在这三种情况下，越后期修复缺陷，成本越高。

有人认为，敏捷开发极大地缓和了变更成本曲线（Beck 和 Andres, 2005）。我还没有找到任何实际项目数据来支持这一观点。然而，本章经验教训所讲的并不是关于类似添加新功能这类变更的成本，而是关于纠正缺陷所需付出的代价。在编写用户故事前发现的需求缺陷比在验收测试期间发现相同缺陷的修复成本低。Scott Ambler（2006）认为，敏捷开发项目的相对缺陷修复成本更低，因为敏捷开发的快速反馈周期缩短了某项工作完成和质量评估之间的那段时间。这听起来挺是那么回事的，但其只是部分解决了缺陷修复成本的问题。

修复成本的问题不仅在于引入缺陷直到有人发现它所持续的天数、周数或月数，其放大因素在很大程度上还取决于“基于当下必须重做的有缺陷的那部分工作的工作量”。若你的小伙伴在你引入错误后不久就发现了这个编码错误，那么修复该编码错误的成本极低，因为这时你对存在缺陷的这个工作本身的认知还很清晰。但如果在软件处于生产阶段时，客户报告了一个同类错误，那么修复则会难上加难。例如，我的一位开发者朋友最近跟我描述了他的经历：

> 本周，我为客户定制网站时，在其 ColdFusion[1] 脚本中漏了一个逗号——真的只是一个逗号而已！这导致了网站崩溃，给客户带来了延期及一些麻烦。此外，我还需要来回发送电子邮件，然后再打开所有的工具和源代码，找出错误，添加逗号，重新测试……就因为这个该死的逗号！

除了修复成本的问题，我的朋友还提了另一个需要我们牢记于心的方面：对缺陷检测的拖延会对用户造成负面影响。

难以定位

若潜在故障被引入的时间越早，则诊断它所需耗费的时间也就越久。如果你审查某些需求的时候就发现了一个错误，那么你能准确厘清问题所在。但如果客户在某人编写需求后的一个月报告了故障，或者是五年后报告了该故障，那么需要进行的诊断工作则极具挑战性。故障是否由错误的需求、设计问题、编码错误或第三方组件引入的错误导致？这就是 Ambler 在敏捷开发项目中主张降低缺陷修复成本的论点所在：当缺陷在引入不久后就被

1 ColdFusion 是 Adobe 的一款产品，是创建网站和向用户提供网页服务的一款流行、成熟的产品。——译者注

发现时，我们可以更容易找到导致该故障的根因。

当你找到客户报告的故障的根因后，必须识别所有受影响的投产的产品，然后修复、重新测试、编写发布说明，最后重新部署正确的产品，并向客户保证问题已得到妥善解决。这涉及很多昂贵的重复工作。此外，到此为止，该问题所影响的涉众可比在早期发现它多得多。

早期质量行为

在系统测试期间发现严重的缺陷，可能导致大量的修正工作。但是，在发布后发现的缺陷则可能会干扰用户操作、触发紧急修复，使团队成员从其他开发工作中转移过来。这种实际情况会让我们产生一些有关如何为高质量软件付出更少代价的想法。

预防而非纠正

质量控制旨在寻找缺陷，如测试、代码静态分析、代码审查等。而质量保证则旨在从开始就预防缺陷发生。改进流程、采用更好的技术实践、提高技术水平以及花更多时间仔细完成工作，这些行为都是防止错误并避免花费修复成本的方法。

质量实践左移

无论项目采用哪种开发生命周期，越早发现缺陷，解决起来成本越低。每一小块软件工作都涉及一小串需求、设计和编码过程，其会在时间轴上从左向右推进。我们已知，在需求阶段根除错误可为日后节省时间提供最大的杠杆。因此，我们应让手头工具物尽其用，在这些错误转化成错误代码之前，从需求和设计中揪出它们。

同行评审和原型设计都是检测需求错误的有效方法。将测试从其世袭位置（即在开发序列的最后，时间轴的右侧）左移至最前面，这种方式特别有效。可供选择的策略有遵循测试驱动开发过程（Beck, 2003）、编写验收测试及细化需求细节（Agile Alliance, 2021b），还有我个人所偏爱的同时编写功能需求及其相应测试（Wiegers 和 Beatty, 2013）。

每次我在编写需求后写测试时，都能从需求和测试中发现错误。编写需求和编写测试所涉及的思维过程是互补的，这就是我发现同时进行这两项活动可以得到最高质量成果的原因。通过业务分析师和测试人员之间的协作来编写测试，可以充分利用早期进行测试的想法，并跨组从不同视角看待同一件事情。在开发周期的早期编写测试，并不会增加项目的总时间成本，且能在更早阶段就提供高质量的保障。随着开发工作的推移，这些概念性测试可被细化为更详细的测试场景和过程。

在实现过程中，开发者可以使用静态和动态代码分析工具，这比人工审查代码能更快发现更多问题。这些工具可以找出一些很难由人工发现的运行时错误，例如，内存损坏Bug、内存泄漏（Briski et al., 2008）等。同时，人类审阅者也能发现一些自动化工具无法检测到的代码逻辑错误和遗漏。

质量控制活动的时间安排非常重要。我曾与一位开发人员合作，她不允许任何人在她的代码未完全实现、测试、格式化和文档化之前对其进行审查。也就是说，这些动作都非常显式地存在于她的工作时间轴的最右侧。那时，她心理上对听到自己实际上未完成工作的说法非常抵触。每当有人在代码审查中提出问题时，她就会做出防御性回应，并解释为什么自己的代码已经非常有水平了。相比之下，在某项工作任务部分完成时就开始进行初步审查，并从中得到他人对如何更好地构建剩余部分的意见，这种做法要高明得多，无论那项工作是需求开发、设计、编码还是测试。通过早期和经常性的审查来推动质量活动的左移吧。

追踪缺陷，深入了解

最高效的缺陷控制方法是将它们局限在产生它们的生命周期活动中，如需求开发、设计、编码等。在过程中记录一些关于缺陷的信息，而不仅仅是处理它们然后继续推进。问自己一些问题，以确定每个缺陷的起源，从而总结出哪些错误类型最常见。这个问题是由于我没有理解客户需求而引起的吗？若我准确理解了需求，那么是其他系统组件或接口做了错误的假设吗？我在编码阶段犯蠢了吗？某个客户的变更请求被传达给所有需要知道的人了吗？

注意每个缺陷产生时所处的生命周期（不一定是一个独立的项目阶段），以及它是如何被发现的。你可以根据这些数据计算出你的缺陷控制百分比，以确定有多少问题会从它们的引入阶段渗透到后续的开发活动中，从而放大了它们的修复成本因子。这些信息将向你展示哪些做法是最好的质量过滤器，以及你的改进机会在何处。

将缺陷的产生最小化，并尽早发现它们，这可以降低整体开发成本。努力从项目的早期阶段就挥舞你质量武器的“全家桶”。

经验教训 44 想要生产力高，就要把质量搞

组织与个人在研发软件时，巴不得提升产能。然而，质量问题像是一个针对高产应运而生的大“障碍”。团队设定限时任务，计划按部就班完成，而这个时候，问题就像不断蹦出的小豆子，让团队不得不修补已完成的工作，或者重新分配精力去修复已投产的系统。“腻子工程”就像黑洞一样吞噬着团队时间，让团队士气跌落至谷底。要提高生产力，就得一开始就制造出高质量的软件，这样团队才能在开发过程中乃至部署后少花时间缝缝补补（Wiegers, 1996）。

我讨厌返工，要重新弄一遍已完成的事情。这个教训可是我在九年级手工课上学到的哦。

那时我们的第一个作业就是把一小段 2cm×4cm 的木头，按特定尺寸加工，并用各种工具进行练习。要是把孔钻错了位置，或者把木头刨得比规定尺寸薄，那就得从头再来。老夫终于在第 9 次尝试时成功了，不容易啊。

然而我发现有一个同学比我动作慢，但他只试了两次就完成了项目。他因犯错而需返工的次数可比我少多了，因此也不用买 9 块 2cm×4cm 的木头。他的工作质量和产能都比我高。于是我深刻理解了一个至理名言：欲速则不达。从那以后，我尽量避免重复做同一件事情。一开始就保证质量，就可以把时间腾出来投入新的、更有价值的工作。这在木工车间如此，在软件开发中更是如此。

双子传奇

为了说明质量差会如何降低生产力，咱们对比一下同一家公司的两个真实项目，这些故事都来自 B 团队的顾问 Meilir Page-Jones。他所在公司的 IT 部门同时开发了两个新的高可用的核心程序，用以替换 20 年前的老旧系统。于是就有了两个项目，两个团队，两种方法，以及理所当然的两种截然不同的结局。（关于这个案例的更多信息，请参见第 5 章的相关介绍。）

两种方法

A 团队与 B 团队的管理者制定了时间和预算估算，但都被高层砍掉不少。A 团队编写了一份相当冗长且乏味的文本需求规格说明书，获批后很快就开始了编码工作。他们认为，若不马上开始编码，那就赶不及了。A 团队不知道干了什么就在编码的过程中完成了数据库的设计。

B 团队的项目经理则坚信软件工程的重要性。他们主要通过视觉模型来创建需求，用文本描述在用例、数据及其关系、页面布局等方面进行补充。他们根据类关联图来开发数据库设计，并在开发初期根据软件模型创建测试用例。

两种结局

A 团队以大入局，后面项目更大了。他们通过增加几名开发人员和测试人员，加班加点赶工，最终如期交付。然而，他们的预算超了 50%，这其中很大一部分花在了交付前几个月的调试工作上。交付后，A 团队每天都会收到至少一条来自用户的消息，说他们的系统崩溃了，或者“发生了一些灵异事件”。他们成立了一个“救火队”，负责扑灭源源不断的问题。

B 团队则以微入局，后续逐渐扩大，不过最终项目没长到 A 团队那么大。到截止日期，B 团队完成了一个能运行但尚未完成的系统。他们又花了两个月的时间交付了完整的系统。这个项目超了 20% 的时间及 10% 的预算。但系统运行良好，只产生了一些不太引人注目的改进建议。

几个月后，在某次审计中，人们发现 A 系统的神秘问题是由一个人规模损坏的数据库引起的，该数据库已积累了数月的错误信息。人们手动清理了数据库，然而这是徒劳的。不久后，数据库再次出现问题，无人知晓其原因。A 团队无奈回滚到了他们原先试图替换的老系统，同时对新系统进行了全面改造。然而几个月后，他们的系统根本无法重启。公司最终宣判系统无法修复，并将其报废。他们启动了一个新项目，重建 A 系统——不过这次由 B 团队掌舵。

思考

A 团队在没有采用可靠软件工程实践的情况下，仓促设计、匆忙搭建了一个系统，并按计划投入生产。在公司最终放弃对该系统持续投资前，团队在交付前后的返工上花了数月时间。管理层原希望 A 团队在交付后就能投入下一个项目，但他们的“救火队”忙于追踪问题和修补漏洞。由于他们的系统被废弃，A 团队的最终生产力值为 0。整个项目过程中的低劣质量使公司浪费了大量时间和财力。

相反，B 团队多花了一点儿时间构建了一个高质量的系统，几乎不需要返工，使得团队大部分成员可以投入下一个项目。若要站队，我选 B，远离 A。

返工之祸

软件返工有两大原因：修复缺陷和偿还技术债。前面的经验教训中描述了缺陷纠正成本随时间增长的情况。同样地，代码中缺陷存在的时间越长，积累的技术债就越多，改进设计所需的工作就越多。（参见经验教训 50。）重构使代码更易于维护和扩展，但有时重构是因为代码生于不精良的设计。过多的、意料之外的返工是一种浪费，让开发者无法专注于为客户提供更多价值。

很多时候，组织默认将返工视为软件开发的正常部分，而缺乏深入思考。一定程度的软件返工不可避免。这是由知识工作的本质、人类沟通的不完美及我们无法清晰预见未来而产生的结果。为了适应意料之外的新功能而重新设计，要比为了容纳可能从未实现的增长而过度设计更为可取。然而，每个团队都应努力通过提高初始工作的质量来尽量减少可避免的返工。

将返工作为独立项目任务进行标注，而不是将其隐藏在缺陷检测任务中。

项目团队并不总会将返工的可能性考虑到他们的计划中。即使他们对开发工作的估算是准确的，一旦出现返工问题，这些估算也会偏低。我曾在一些项目计划中看到过这个问题，那些计划中没有为修复在质量控制活动（或同行评审）中发现的错误分配时间。我建议将返工作为独立项目任务进行标注，而不是将其隐藏在缺陷检测任务中。显式化返工是减少返工的第一步。

那些追踪软件返工投入的组织可能会得到一些令人瞠目结舌的数据。一家银行发现，每个月在自动化重测上会花费 100 万美元到 150 万美元，这简直就是在烧钱（McAllister, 2017）！各种研究表明，软件团队可能会在可避免的返工上花费 40% 到 50% 的时间（Charette, 2005）。想象一下，若你的团队能将三分之一或更多的时间夺回，用于新的开发工作，你们的生产力会猛增到什么程度？产能盛宴！

如果你正在记录任何软件工作量指标，请尝试将发现缺陷的工作量与修复缺陷的工作量分开。了解你在返工上花费多少时间、何时以及为什么。这些数据可以揭示提高生产力杠杆的机会。有一个小贴士：多达 85% 的返工成本可归因于需求中的缺陷（Marasco, 2007）。挖掘有关于你返工负担的一些基准数据，可助你设定改进目标，并观察是否有更好的软件流程和实践能降低你的返工程度（Hossain, 2018；Nussbaum, 2020）。当我的软件团队这么做时，我们将缺陷修正的维护工作量从总工作量的 13.5% 降低至持续约 2% 的程度（Wiegers, 1996）。可不要小瞧这个成果。

质量成本

也许你曾听过这么一句话——质量免费。这是 Philip B. Crosby 在 1979 年编写的一本经典图书的书名。“质量免费”，意味着为首次正确完成工作所进行的额外付出是一项明智的投资。修复问题所需的时间和金钱要比预防问题花费更多。做得不好的工作对工作流中的任何人来说都是麻烦，并且会产生一些不愉快的副作用，比如：

- 积累的技术债使产品越来越难以改进。
- 当返工导致开发人员转移时，会对其他项目造成损失和延误。
- 客户服务中断，以及随之而来的问题报告、信任丧失，甚至是可能的诉讼。
- 保修索赔、退款，以及不满意的客户。

质量成本是指一家公司为提供质量可被接受的产品和服务所支付的总费用。质量成本由以下四个部分组成（Crosby, 1979；American Society for Quality, 2021c）。

缺陷预防：质量规划、培训、过程改进活动和根因分析。

质量评估：评估可工作产品和流程的质量问题。

内部故障：在发布产品之前进行故障分析和返工以修复问题。

外部故障：在产品交付后进行故障分析和返工，处理客户投诉、产品维修和更换。

如果我们缩减缺陷预防和质量评估的投入，就会导致故障成本飙升。除了时间和金钱上的返工成本，外部故障还会带来业务方面的问题，比如影响业务效率（就像之前提到的 A 团队一样），以及客户流失。有很多关于公司因软件故障而遭受巨额经济损失和公众信任损失的恐怖故事（McPeak, 2017；Krasner, 2018）。

软件组织会发现，了解其总质量成本以及这些成本在各种质量活动中的分布是非常有启示性的。这需要收集和分析数据，这些数据可以准确地展示组织在质量方面花费的资金。这些数据让组织能够决定是否希望将其资金用于这些方面。

我为我的一个咨询客户建立了一个质量成本表格模型。这个模型让他们能够计算出每个需求或设计错误平均花费了多少成本。一旦他们知道他们的预算有多少用于新软件开发和有多少预算用于缺陷预防、质量评估及内部和外部故障修复，他们就可以重新部署工作以获得最大的效益。这种分析可以揭示组织从缺陷预防和早期缺陷发现中获得的投资回报。

人类犯错及一些返工是难以避免的。如果返工能使产品功能更加强大、高效、可靠或易用，可以增加价值，那公司的管理人员可能会选择容忍一些返工，作为速度和付出一些额外成本之间的可接受权衡。这种商业决策在会计账簿上看起来不错，但它可能会导致更

昂贵的问题。经验教训 43 的末尾描述的技术也可以减少过多的返工，从而降低组织的总质量成本并提高生产力。

我之前是不是说过我讨厌返工？

经验教训 45 没工夫一开始就弄对，却有时间以后再来修

在上一条经验教训中，我们讲述了一家公司同时进行的两个系统更新项目。其中一个项目成功了，虽然比预期时间和预算稍微超了一点儿。另一个项目在很大程度上超过了预算，按时交付了一个存在严重缺陷的系统，最终被废弃了。当公司放弃失败的系统时，他们没有说：“那没关系，我们接下来就做下一个项目。”由于业务需要，他们仍然需要更新遗留系统。因此，他们不得不再次尝试，这次使用可靠的软件工程方法。

我长期以来一直感到惊奇：在软件行业中，很多项目团队都在面临不切实际的完成时间和预算压力，有时还被迫降低质量标准。结果通常是，产品必须经过广泛而昂贵的修复，甚至被废弃。然而，组织总能找到时间、资金和人力资源来执行修复或更换工作。

我的高中化学教室的墙上贴着一则标语：“你连第一次做对的时间都挤不出来，还敢说有时间重做？”

为什么不一次搞定

你可能认为，如果一个系统如此重要和紧急，以至于管理层迫使 IT 员工匆忙推出，那么建立它就应该是值得的。我的高中化学教室的墙上贴着一则标语：“你连第一次做对的时间都挤不出来，还敢说有时间重做？”我内化了这个信息，并一直保持着这种思维方式。当软件团队没有足够的时间、熟练的员工、正确的流程或称手的工具来做好工作时，他们不可避免地会不得不重新做一些工作。正如我们在前面的经验教训中看到的那样，这样的重复工作是一个低效的泥淖。

遗憾的是，太多人不珍视“花费额外时间来构建正确的软件，而非之后修复它”的价值。有效的质量实践（例如技术同行评审）的时间往往没有被纳入计划。因此，只有在他们个人内化了对质量的价值观时，人们才会进行评审。即使评审作为开发过程的一部分被计划好了，但过于追求进度的项目可能也会跳过评审，因为没有人有时间参与。省略评审和其他质量实践并不意味着缺陷不存在，只会意味着某个时候会有人发现缺陷，而后果更加严重。

大规模的失败通常更多的是由于管理问题而非技术问题导致的。低估了项目的范围，再加上过于不切实际地期望开发人员能够比过去更快地工作，导致了进度滑坡和质量问题。无论是个人从业者还是在管理层面上，人们都需要采取必要的行动和保障足够的时间以确保成功，避免浪费可能更多的时间和金钱。

1亿美元综合征

然而，似乎只有当一个失败的政府系统造成的损失超过 1 亿美元时，该系统才会被完全废弃。公司需要新系统来开展业务，所以他们会再次尝试；政府有时会放弃或转向 B 计划。这里有一个例子，联邦航空管理局的高级自动化程序计划于 1982 年启动，旨在将其空中交通管制系统进行现代化改善。该项目的核心是先进的自动化系统，预计到 1996 年完成，届时将耗资 25 亿美元。

这个项目遭遇了许多延误和成本超支，部分原因是需求变更引起了大量返工。该项目在 1994 年进行了重大重组，当时预计的最终成本已经上升到了约 70 亿美元。一些核心组件被估计滞后了多达八年的时间（Barlas, 1996）。该项目的一些工作被挽救用于后续的空中交通管制现代化工作，但联邦政府损失了大约 15 亿美元（DOT, 1998）。

最近有一个大型项目失败，其更让我倍感“亲切”。美国国会在 2010 年通过了《平价医疗法案》，也称奥巴马医改，各州建立了医疗保险交易所，为居民提供医疗保险市场。有些州建立了自己的交易所，有些州建立了州 - 联邦合作伙伴关系，还有些州依赖联邦交易所的 HealthCare.gov。我的家乡俄勒冈州试图建立自己的复杂医疗保险交易所，名为“覆盖俄勒冈（Cover Oregon）”。该州聘请了一家大型软件承包商来实施。经过约三年的投资，花费了大约 3.05 亿美元纳税人的钱，该州放弃了这个项目并转向使用 HealthCare.gov（Wright, 2016）。“覆盖俄勒冈”是一个巨大的失败，产生了巨大的诉讼。

权衡取舍

几乎所有的技术人员都想做好自己的工作，交付高质量的产品和服务。有时候这种愿望会与外部因素发生冲突，例如，由管理层规定的、荒谬的、短的工作时间或由管理机构强制实施的法规。技术从业者并不总是知道这些压力背后的业务动机或理由。当人们考虑如何在满足截止日期、实现业务目标和包含正确功能的前提下以可持续的方式构建产品时，质量和诚信需要成为团队考虑的一部分。

像很多人一样，我有一个个人和职业的理念——敢为极致。不是所有的事情都能做得尽善尽美，但我会尽可能地在第一次就做好我的工作，以避免因为需要重做而带来的附加成本、额外时间、尴尬以及潜在的法律后果。如果这意味着需要花更多的时间来从一开始就做好，那就这么做吧。长期的回报值得这个前期的投资。

经验教训 46 莫跌进烂货水沟

良品与劣品（也就是我们常说的“烂货”）之间的距离往往很小。举起你的手，让你的拇指和食指相距两厘米。我们把这个小小的距离称为“烂货水沟”（Wiegers, 2019e）。在许多情况下，仅仅多做一点儿分析、提问、检查或测试就能让一个产品从烂货变成高质量的产品。当我谈论“烂货水沟”时，并不是指那些人人都会犯的普通错误，而是由于急躁、马虎或对细节不够关注而导致的问题。

烂货水沟具象化

来看一个我们在日常生活中就会遇到的“烂货水沟”的实例（Wiegers, 2021）。去年，我买了一台大型家用电器。我有一个问题，于是我访问了制造商网站上的联系表单。这个表单让我选择一个主题，然后再选择一个子主题。然而，子主题列表空空如也。不管我选择哪个主题，子主题列表上唯一可选的就是默认提示：“请选择一个主题。”当我尝试强行提交表单时，却收到了一个错误信息，说我需要选择一个子主题。可问题是，这个选择根本就不存在！于是，我无法提交表单，只好给制造商打电话，然后开始了漫长的寻找有用支持人员的过程。

测试网站时，难道没有人发现这个问题吗？或许在开发阶段这个功能运行得非常好，但是到了正式上线的版本，选项表单却没有得到适当的填充。又或者，测试中发现了这个问题，但有人决定暂时不修复它。我报告这个问题好几个月后，现在网页终于提供了针对每个主题定制的子主题列表。也许在实现过程中稍晚修复这段代码的成本并不比一开始就解决要高。但在公司最终修复这个 bug 之前，浪费了多少位顾客的时间呢？企业可不能把顾客的时间当作是免费的。

管理层必须塑造一种文化，让团队成员在第一次就把工作做好，而且要有这样的期望、能力和条件。

就像我之前提到的，我讨厌返工，因为某个问题的冒头，我就不得不重新审视我认为已经完成的事情。一个组织的领导者应通过在自己的工作中避开“烂货水沟”并且不容忍他人工作中的“烂货水沟”来树立标准。管理层必须塑造一种文化，让团队成员在第一次就把工作做好，而且要有这样的期望、能力和条件。

软件中的烂货水沟情景

要避免“烂货水沟”，通常应在继续行动之前多想一点儿。我遇到过太多软件产品中的错误，这些错误本应在测试阶段就被发现，或者设计没有充分关注用户体验。比如，当我登录一个热门金融服务网站时，它提示我有一条通知。但当我点击通知图标时，却出现一条信息：“您没有任何通知。”另一个例子，我最近看到一份打印报告的最后一页上写着：“第5页，共4页。”这类问题让我感到困惑，而且常常浪费我的时间。

以下是一些软件团队会遇到的问题类别，它们可能导致可避免的质量问题。

- **假设**：业务分析师可能会做出错误的假设，或者记录客户所做的假设，但却忽略了验证假设是否有效。
- **解决方案构想**：客户通常以解决方案的形式向业务分析师提供意见，而非以需求的形式；除非业务分析师能看穿这些提议，理解真正的需求，否则很容易解决错了问题或者制定了不够完善的解决方案，到头来还得修正。
- **回归测试**：如果开发人员在快速修改代码后没有进行回归测试，他们可能会放过修改后的代码中的错误——一个糟糕的修复；即使是小小的改动也可能意外地搞砸其他东西。
- **异常处理**：实现可能太专注于期望的系统行为——快乐路径，而忽略了处理常见的错误情况。缺少、错误或格式不正确的数据输入会导致意想不到的结果，甚至可使系统崩溃。

- **变更影响**：有时候人们在实施变更时没有考虑到它是否会影响到系统的其他、不明显的部分或相关产品；如果没有相应地修改在其他地方出现的类似功能，那么只更改系统行为的一个方面会产生不一致的用户体验。

在经验教训 44 中，我们讨论了质量的成本以及“质量免费”这一观念。实际上，质量并不是完全免费的，因为缺陷的预防、检测和纠正都需要消耗资源。然而，收缩“烂货水沟”将会带来回报，因为你能够避免可避免的质量问题及其相关的成本。

经验教训 47 客户老板再强势，莫以恶小而为之

一位名叫千寿子的软件开发者表示，她的项目经理告诉她：“为了省时间，我不希望你做任何单元测试。”她对这个指示感到震惊。作为一个经验丰富的开发者，千寿子深知单元测试对于验证程序是否正确实现的重要性。她觉得经理是在要求她在质量上走捷径，幻想着这样可能会让她更快完成工作。也许这的确能节省千寿子的一些时间，但是跳过单元测试无疑会导致后期发现的缺陷比本该发现的时间要晚。值得称赞的是，她最后还是决定坚持进行单元测试。

我们每个人都应该承诺遵循我们所知的最棒的专业实践，像变色龙一样将它们融入各种情境中以发挥最大效用。

我一直深信，我们绝不能让老板、客户或同事劝诱我们搞砸工作（Wiegers, 1996）。坚持我们的原则是个人和职业诚信的体现。我们每个人都应该承诺遵循我们所知的最棒的专业实践，像变色龙一样将它们融入各种情境中以发挥最大效用。如果你被逼到让你在工作中感到不舒服的境地，试着阐述你的需求，这样你才能交付一个不错的作品。就像许多事情一样，过犹不及。我们应在实现专业卓越与避免过于教条或顽固之间寻求适当的平衡。

权力游戏

掌握权力的人可能会用各种方式试图影响你，让你去做一些你认为糟糕透顶的工作。试想一下，你给某人提交了一份即将进行的工作估算，而他们对你给出的数字摇头叹气。他们可能会给你施压，让你降低估算，以便让他们自己、高级经理或客户在预算或交付上光彩生辉。虽然这种动机可以理解，但这可不是一个改变估算的充分理由。

有时候，那些反驳估算的人可能受到了你意想不到的压力。当然，他们有权了解你如

何得出这个估算，也可以讨论是否可以对其进行调整。（参见经验教训 28。）不过，仅仅因为某人对你的估算不认可就让你去改变它，简直就是对你对现实的解读的漠视。这并不会改变项目的预期结果。

匆匆赶码

设想你身处一家公司内部的 IT 部门，突然新项目“横空出世”。那些与业务相关的涉众可能会逼着你们的软件小分队立马动手敲代码，哪怕还没有稳妥的商业案例和明确的需求。或许他们拿到了项目经费，就想赶紧花掉免得白白浪费。IT 小伙伴们也许也摩拳擦掌、迫不及待。可能他们就是不想浪费时间讨论需求，因为这些需求说不定到头来还是得改。

于是乎，一大堆毫无目标的编码工作朝着一个扑朔迷离的结果狂奔。而很多时候，没人会为实现不了目标负责，毕竟一开始就没有明确的目标。那么，IT 部门是不是应该抵抗那些来自业务方的压力，在弄清楚目的地之前别急着踏上这趟旅程呢？

知识匮乏

那些逼迫你做一些你认为不合适的事情的人，可能并不了解你所提倡的软件开发实践。比如说，有人可能觉得对工作成果进行技术同行评审纯属多余。或许他们认为花时间在需求挖掘的讨论上或者把需求写下来根本就是在浪费时间。经理或客户也许会迫切地要求交付产品，哪怕产品没有达到所有的发布标准。客户并不总能明白，质量走捷径或许能让你更早地交付某个成果，但这个“成果”可能还得经过大量修补才能真正发挥作用。

有那么一次，一位同事向他的项目经理推荐了一种针对特定程序的技术方法。这位经理本身也是一名老练的软件开发者，但他没能看到这个方法的闪光点，直接予以否定。于是，我的同事面临三个选择：

1. 解释这个方法，让技术及其优势更加清晰。
2. 虽然经理不同意，但还是坚持采用自己的策略。
3. 听从那位缺乏信息的经理的意见，走一条次优的道路。

你觉得哪个是最佳选择呢？我建议先试试选择 1（教育沟通）。如果没能成功，那就尝试选择 2，坚定地做正确的事。当然，这种做法根据经理的宽容程度，可能会有一定的风险，但我认为这对项目来说会是更明智的选择。

有一次，我遇到一位经理，他不明白为什么我能在软件完成之前就给新应用写好用户文档。他是一个搞过一点儿编程的科学家，所以他认为自己了解软件开发。我向他解释说，多亏了需求和设计工作，我已经了解了系统的功能。因此，在敲下最后一行代码之前编写帮助页面和用户手册并非浪费时间。

曾经有个客户跟我说，他搞不懂为什么一个项目会花费我团队预期的那么长时间。基于他有限的软件开发方面的经验，他大言不惭地宣称这项工作就是个 SMOP（Simple Matter of Programming，简单的编程问题）。我以前从未听过什么 SMOP，但它显然不适用于那个项目，我试图向他解释。那些不以此为生的人并不能理解“写点儿代码”和“软件工程”之间的巨大差别。

道德阴影

独立顾问和承包商可能会面临各种不良的工作压力。曾经有个潜在的咨询客户让我以虚假的名义进入他的公司。他希望我们的合同表明我会执行某项工作，实际上我要做的事情却完全不同。这位客户无法为他计划的活动筹集资金，但他有钱支付另一项服务。我觉得他的要求违背道德，于是我拒绝了这个项目和这个客户。如果我接受这些条件，会导致我出现职业过失，一旦客户的经理发现实情，我可能还会面临法律问题。

规避流程

合理的流程是有原因的。当我在柯达公司工作时，如果用户询问关于修改某个应用程序的问题，我会引导他们使用我们非常简单的变更请求工具。用户提交的信息将让相关人员能够对请求的更改做出明智的业务决策。有些用户不愿意费力提交请求，他们会问我能不能直接把更改加进去？哦，不行——抱歉。为了一时的方便而绕过合理、实用的流程，在我看来就是糟糕的工作表现。

你可能需要阐述为何你所主张的做法是必要的，指出它如何为项目带来质量和价值上的增值。这些信息将帮助对方理解你为什么拒绝他们的请求。然而，有些人就是不讲道理。即使你竭力说服他们，他们还是可能逼你走捷径或采取不合适的方法。

假设你拒绝以你认为不专业或不道德的方式行事，对方可能会向你的经理抱怨你在不必要的活动上浪费时间或者不合作。经理可能会支持你，也可能会给你施加更多压力让你服从。在第二种情况下，选择权在你。你会屈服于压力以让项目和你的心理承受潜在的负面影响吗？你会继续以你所知道的最佳专业方式工作吗？这里存在风险，但我支持后者。

经验教训 48 宁让同行刨活，别让客户报错

在我最近写的一本书的手稿中，我犯了一个严重的错误——把某件事搞得完全颠倒了。幸运的是，一个眼光敏锐的同行评审者发现了这个错误。我非常感激他。如果那本书带着这个错误付梓，那可真叫尴尬得没地儿插针呢。

就算是最能写作的作家、最牛的商业分析师、最机智的程序员和其他各路专家，也难免失手。不论你的作品有多么“高大上”，让别人瞅瞅总能让它更上一层楼。很多年前，我就养成了这个习惯，让同行帮我审查自己为软件项目写的代码和其他交付物。

每次评审者找出我犯的错误，我都觉得自己有点儿蠢，但“好眼力”这个念头总会立马在我脑海里冒出来。

把你的作品呈现给别人，让他们告诉你哪里有问题，并非一种天生的行为，而是一种后天学来的行为。当别人找出我们所做的事情中的问题时，感到尴尬甚至愤怒是人之常情。每次评审者找出我犯的错误，我都觉得自己有点儿蠢，但“好眼力”这个念头总会立马在我脑海里冒出来。当我对评审者说“谢谢，好眼力！”时，谈话的氛围变得更加愉快，因为我在表示对他们的发现表示感激，而不是表现得受伤或是戒备。在发布前让朋友或同事找出我的错误，远比发布后让客户发现要好。

有人觉得自己的工作不必让别人过目，但我所认识的优秀的软件开发人员会在没有人审查他们的代码时感到不安。他们知道来自其他聪明开发者的意见是多么有价值。不同的审查者可提出不同类型的问题，并提供不同层次的反馈，从肤浅且明显到深刻且独到。无论是审查文本稿件、需求规格还是代码，都是如此。从各种角度发现问题对我们都是有帮助的。

同行评审确实是软件工程的最佳实践。在尝过几十年的甜头后，我不想在一个没有将评审融入文化的组织中工作。

同行评审之益

技术同行评审是一种经过验证的提高质量和生产力的方法。这可通过在较早阶段发现缺陷来提高质量，比其他方式可能更早。正如我们所看到的，这些早期发现的问题提高了生产力，因为这可使团队成员在开发后期或交付后修复缺陷的时间更少。

人们通常会等到完成某个项目后才请其他人审阅。然而，在工作成果完成之前就进行审阅，可以让使用者评估该项目将如何满足他们的需求。接收到诸如需求文档等交付成果时，发现其中没有包含所有需要的信息、包含不实用的材料或未针对你的目的进行有效组织，

这会让人感到沮丧。在交付成果完成之前提供反馈，可以让作者调整内容，使其对涉众更有用。

除了结对编程，我们很少看到别人工作的内部细节，除非我们需要修复一个缺陷或增加一个功能。由于除原始程序员之外的其他人可能需要在未来修改代码，因此通过审查让他们了解代码会有所帮助。如果你从项目团队外部找审查者，可以使他们了解产品的某些方面，同时也可以让你看到另一个团队的运作方式。这种交叉工作有助于在整个组织中传播有效的实践。

现在，我发现软件文献中关于代码评审的讨论越来越多。我一直很高兴看到人们对审查的重视，毫无疑问，代码审查非常重要。然而，软件团队还会产生许多其他也适合审查的工作成果。这就是为什么我更倾向于使用更通用的术语“同行评审”。这个术语并不意味着我们正在审查我们的同行，而是邀请我们的专业同行评审我们的一些工作成果。除了代码，项目团队可能还会创建计划、各种形式的需求、多种类型的设计、测试计划和脚本、帮助界面、文档等。任何一种人类创建的东西都可能包含错误，让其他人审查很有必要。

软件评审的多样性

你可以采用各种方法进行评审：是否举行会议，线上还是线下，以及采用不同程度的严谨性。所有这些方法都有其优点和限制。评审会议可以产生协同效应，一个人的评论启发另一个人发现问题，而这个问题在各自评审时均没有被发现。然而，有会议的评审成本更高，而且安排起来比没有会议的评审更困难。以下是一些可以检查同事工作成果的方法（Wiegers, 2002a）。

- **同行桌查**（Peer deskcheck）：找个眼尖、有空帮忙的同事查看你的内容，并让其提出改进或修正建议；事后别忘了回报对方——公平交易。
- **轮查**（Passaround）：将内容分发给几位同行，并要求他们单独给出反馈；有一些审查工具可以让审查者查看和讨论彼此的意见；在参与者不方便或不需要开会时，传阅是进行异步或分布式审查的好方法。
- **走查**（Walkthrough）：作者牵头讨论，逐块讲解成果，并征求意见；这种走查的做法很适合设计评审，跟同事们一起讨论可大开脑洞。
- **团队评审**（Team review）：作者把作品和支撑材料提前发给几位评审者，让他们自己研究、找出问题。开会时，大家各抒己见；主持人得把握好讨论节奏，别走神儿，也别拖沓；速度刚刚好，才能发现问题，不会让人昏昏欲睡；安排一名记录员，把提出的问题统统记录下来。

- **检查**（Inspection）：最正式的评审类型，涉及结构化会议中的多个角色——作者、评审负责人、记录人、检查者，有时还有阅读人（Gilb 和 Graham, 1993；Radice, 2002）；尽管检查是最昂贵的评审方法，但大量研究表明，它在发现缺陷方面是最有效的；检查最适用于高风险的成果。

即使你没有执行这些结构化的同行评审，只是请同事瞄一眼，帮忙找找编码错误或优化设计，也是一个绝妙的主意。有评审总比没有强。Google 的软件工程师们分享了一些代码审查的最佳实践，包括：礼貌和专业，编写小的更改，撰写好的更改描述，并将审查者数量保持在最低限度（Winters et al., 2020）。

软因素：评审的文化影响

同行评审既是一项技术活动，也是一种人际互动。组织在实践评审方面的做法（或不实践评审）反映了其对质量和团队合作的态度。如果团队成员因担心受到批评而不愿分享他们的工作，那么这就是一个危险信号。如果评审人员因为作者犯了错误，或者仅仅因为他们完成工作的方式与评审人员不同而对作者进行批评，那也是危险信号。处理不当的评审可能会损害软件团队的文化（Wiegers, 2002b）。

在一个良好的软件工程文化中，团队成员既提出也接受建设性批评。他们不会把自己的工作领地化，防止别人窥探。他们乐意花部分时间审查别人的工作，因为他们知道这样做的好处。这是一种互助的心态：你帮我，我帮你，我们都能受益。

我曾为一个客户提供咨询，他们已经建立了一个审查制度。参与者将举行审查称为“掉入狼窝”。这可不是什么积极的形象。谁愿意手里拿着诱饵，毫无防护地掉进狼窝呢？那些在审查过程中感受到侮辱或攻击的作者，将永远不再自愿请他人审查他们的工作。一朝被蛇咬，十年怕井绳。

只要由合适的人在适当的时间以正确的方式进行，审查就能提升团队的协作。但如果参与者在提供反馈时不够周到，审查也可能产生负面影响。以下几个指导原则可以帮助审查者参与到有建设性的活动中，使人们认为这是有价值的：

- 对事不对人，将评审重点集中在工作成果上，而非作者本身；评审者的目标不是炫技，而是提升团队共同的成果。
- 将评论表述为观察，而非指责；多用“我”，少用“你”；“我没有看到这些变量在哪里被初始化了”比“你没有初始化这些变量”更容易让别人接受。
- 重视内容而非形式，着力寻找主要缺陷；作者可以在评审前消除一些容易发现的问题，如拼写错误；遵循标准的文档模板和代码格式规范（例如，使用整洁的格式），避免因风格问题引发无谓的争论。

- 身为作者，要学会放低自我，对于改进建议要放平心态；尽管你需要为自己作品的质量负责，但同时也要倾听同事们的意见。

你不必等待你的组织设立审查机制或培养审查文化——只需向你的朋友们寻求些许帮助。任何审查的基本成功因素都是抱有这样的心态的：你宁愿让你的同事发现问题，而不是假设你的工作毫无瑕疵。如果你不认同这种观点，那只需将工作传递到下一个开发阶段或用户那里，然后坐等电话铃声响起。

经验教训 49 聪明人善用工具

我的好友 Norm 可谓木工界的大师。他不仅设计了自己的木工车间，甚至还亲手建造了车间所在的整栋建筑。在他的车间里，琳琅满目的手动和电动工具应有尽有。而且，他深知如何正确且安全地使用这些工具。同样地，软件工程专家也懂得挑选合适的工具，以及如何发挥它们的最大效用。

也许你听过这句话："一个用工具的傻瓜还是傻瓜"，这句话有时被认为是软件工程师 Grady Booch 说的。其实这句话已经太宽容了。对于那些不甚了解自己在做什么的人来说，工具只会让他们更快速、也许更危险地完成工作。这种杠杆作用只会加剧他们的无效。所有工具都有优点和局限性。要想充分发挥工具的效用，实践者需要理解工具的原理和方法，这样才能正确地将其应用到适当的问题上。在这里我说的"工具"，既包括帮助或自动化某些项目工作（如估算、建模、测试、协作）的软件包，也包括像用例中这样的专门软件开发技巧。

如果人们不了解技巧，不懂得何时使用，那么一个能让他们更快速、更漂亮地完成工作的工具，对他们来说也毫无意义。

工具能让有技巧的团队成员的工作更有效率，但并不能让未经培训的人变得更出色。给能力较弱的开发者提供工具，如果他们不能明智地使用，实际上可能会妨碍他们提高生产力。如果人们不了解技巧，不懂得何时使用，那么一个能让他们更快速、更漂亮地完成工作的工具，对他们来说也毫无意义。

工具必须提供价值

软件团队的工具可以通过节省时间或提高质量帮助成员正确地构建合适的产品，但我见过很多无效的工具使用案例。我的软件团队曾经采用 Microsoft Project 来进行项目规划。我们中的大部分人发现 Project 对于记录和安排任务、预估任务持续时间以及跟踪进度非常有用。然而，有一位团队成员对这个软件过于投入。她是一个项目的唯一开发者，该项目的开发迭代周期为三周。在每个迭代开始时，她会花费几天时间创建一个详细的 Microsoft Project 计划，精确到小时。我支持计划，但她使用这个工具的方式实在是浪费时间。

我知道一个政府机构购买了一款高端的需求管理（Requirements Management，RM）工具，但没有从中获得多少好处。他们在传统的需求规格文件中记录了数百个项目需求，然后将这些需求导入 RM 工具。但是这个文档依然是最终的存储库。每当需求发生变化时，业务分析师必须更新文档和存储在 RM 工具数据库中的内容。这个团队只用到了工具的一个主要功能——定义需求之间的复杂跟踪链接网络。这很有用，但后来他们发现，没有人使用他们生成的跟踪性报告！该机构对工具的无效使用耗费了大量时间和金钱，但产生的价值很少。

建模工具很容易被滥用。分析师和设计师有时会过度努力地完善模型。我很喜欢使用可视化建模来促进反复思考和发现错误，但人们应该有选择地创建模型。对于已经很好理解的系统部分进行建模，深入到最细节并不会为项目增加成比例的价值。

除了自动化工具，专业的软件实践也可能被不当地应用。例如，用例可以帮助我理解用户需要使用系统做什么，从而推断需要实现的必要功能。但我见过一些人试图将每个已知的功能都强行塞进一个用例中，仅仅因为这是他们项目采用的需求技术。如果你已经知道某些需要的功能，那么将这些功能重新打包只是为了体现你有一套完整的用例集合，在我看来价值不大（形式大于价值）。

必须明智地使用工具

有一天我在咨询客户的现场，正好看到他们的一名团队成员正在配置一款他们刚刚购买的变更请求工具。我支持明智的变更控制机制，包括使用工具收集变更请求并跟踪它们的状态。然而，该团队成员在配置该工具时设置了不少于 20 种可能的变更请求状态：已提交、已评估、已批准、已延期等。即使这些状态从逻辑上看是有意义的，但是谁会用到这么多种状态呢？ 7 个状态足矣。这样做会让使用工具的人感到过于复杂和不切实际，甚至可能会让人认为使用这款工具比不使用它还麻烦。

有一次我在教授软件工程最佳实践的课程时，我问学生是否使用过静态代码分析工具，比如 lint。有一位项目经理回答:“是的，我有 10 份 PC-lint 的拷贝。”我的第一个想法是:“也许你应该把它们分发给开发人员，因为它们放在你那里没有任何用处。”软件工具经常变成“高阁软件（shelfware）”，即人们可以使用但出于某种原因被束之高阁的产品。如果人们不知道如何有效地应用工具，那么对他们来说这个工具就没有任何价值。

我曾在另一家公司问了关于静态代码分析的同样的问题。一个学生说，当他们的团队对系统代码库运行 lint 后，报告了约 10 000 个错误和警告，因此他们就不再使用了。如果一个庞大的程序从未经过自动检查，那么它很可能会触发很多警报。其中很多报告都是假阳性、不重要的，或者是团队决定忽略的问题。但是也很可能有一些真正的问题被淹没在了噪声中。如果有机会，就要配置工具，以便能够专注于真正重要的问题，而不被琐碎问题所淹没。

我最近在写作中开始使用商用的语法检查器，遇到了同样的假阳性问题。它报告的问题超过一半我都没理它，因为它们与我所写的内容不相关、与我的写作风格不相符，或者纯属胡说八道。要找到有用的提示，需要花费相当多的时间来筛选报告的问题。可惜，这个工具缺乏有用的配置选项，无法提高信噪比。

工具 ≠ 流程

有些人可能认为使用一个好的工具就能解决所有的问题。然而，一个工具不能替代一个流程，而只能支持一个流程。当我的一个客户告诉我他们使用了一个问题追踪工具时，我问了一些关于该工具所支持的流程的问题。我发现他们没有定义接收和处理问题报告的流程，他们只是有一个工具而已。如果没有一个实际的流程来配合，一个工具就像一只无头苍蝇，只会增加混乱，并不能解决问题。

有时候，工具会让人误以为自己的工作做得很好。自动化测试工具并不能比存储在其中的测试更好。即使你可以快速运行自动化回归测试，也不能保证它所执行的测试可以有效地发现错误。代码覆盖工具可能会报告高百分比的语句覆盖率，但这并不能保证所有重要的代码都被测试了。即使语句覆盖率极高，工具也无法告诉你当未测试的代码被执行时会发生什么，是否在两个方向上测试了所有的逻辑分支，不同的输入数据值会产生什么结果，或者实现的代码是否缺少任何必要的路径。工具也不能取代人。测试软件的人会发现测试工具无法发现的问题。

我曾经遇到一些人，他们声称使用需求管理工具就能够很好地处理项目需求。需求管理工具确实提供了许多有用的功能，但它们能够生成漂亮的报告并不意味着存储在数据库中的需求就是好的。需求管理工具生动地诠释了计算机世界中的一个古老说法——GIGO（garbage in, garbage out），吃啥补啥，你喂垃圾，它产出的仍然是垃圾。这个工具无法知道需求是否准确、清晰明了或完整，也无法发现缺失的需求。

了解每个工具的功能和限制是很重要的。一些工具可以扫描一组需求，检查冲突、重复和模棱两可的单词，但这并不能说明这些需求在逻辑上是正确的或是有必要的。使用需求工具的团队首先需要学习如何很好地引出、分析和详细说明需求。购买需求管理工具并不会让你成为熟练的业务分析师。在自动化之前，你应该先学会手动使用技术，并证明它对你有效（Davis, 1995）。

正确使用工具和实践可以为项目增加巨大的价值，提高质量和生产力，改善规划和协作，并从混乱中带来秩序。但即使是最好的工具也无法克服薄弱的流程、未经培训的团队成员、具有挑战性的变革倡议或组织中的文化问题（Costello, 2019）。请始终牢记韦格斯的计算定律之一："人工智能无法替代真实的东西"（Wiegers, 1989）。

经验教训 50 今日之必达，明日之梦魇

在将系统发布到生产环境中后，它就进入了维护状态。软件维护可分为以下四个主要类别（Merrill，2019）。

适配：调整系统以适配变化的操作环境。

修正：诊断并修复缺陷。

完善：进行修改以增加客户价值，例如，添加新的功能、提高性能和优化易用性。

预防：优化和重构代码，使其更高效、更易理解、更易维护和更可靠。

对于增量式开发系统，添加新的、计划中的功能和扩展现有功能并不算完善性维护，这只是开发周期的一部分。然而，已交付的增量仍可能需要进行修正性维护以修复缺陷。

本章前面的经验教训展示了为什么修正性维护随时间的推移而变得更加昂贵，以及质量问题是如何消耗团队的生产力的。除了需求缺陷和代码缺陷，软件设计问题会随着时间的推移不断消耗资源，因此开发人员和维护人员需要通过预防性维护不断改进代码库。

技术债与预防性维护

为了赶进度，开发团队有时候会采取捷径和忽视良好的软件工程实践，从而产生技术债。开发团队可能会忽略重要的防御性编程，例如忽略输入数据的验证和异常处理。为了赶工期，编写的代码可能有着草率的设计，这虽然暂时能够解决问题，但不利于长期的发展，会造成代码的执行效率低下，未来的维护人员难以理解。有时，软件或数据库设计不适用于未来的扩展，导致快速添加新功能而没有进行适当的规划或考虑，从而增加了技术债。

程序员的草率修补可能会导致预料之外的副作用。脆弱的代码一旦被改动，就可能引发连锁反应，需要进行一系列的修改才能使产品正常工作。为了让产品在改变的环境下能正常运行或为其添加新的功能，未来的开发人员可能会选择重新构建某个令人头疼的模块。

就像其他债务一样，技术债最终必须被还清——连本带利。这种债务在系统中滞留的

时间越长，产生的利息就越多。还清软件技术债需要对代码进行重构、重组或者重写——看到这个“重”字就头大。正如 Ward Cunningham（1992）所说：

> 有一些小的技术债能够加速开发进程，只要能及时地通过重写代码还清……但是，如果不还清这笔债务，那就危险了。处理不大正确的代码的每一分钟都会产生技术债的利息。松散脆弱的实现所带来的技术债会像 502 胶水一样让整个工程组织的进度停滞不前。

很多预防性维护工作都是为了清除技术债。无论是对当前项目上一次迭代的代码进行重构，还是处理脆弱的遗留系统，你的目标都应该是让代码比你接手时更好。这样做比仅仅诅咒那些制造让你面临混乱的早期开发人员更有建设性。

这个决策可以归结为有意识地接受一些技术债，并充分考虑到你以后需要花更多的时间进行预防性维护。

故意的技术债

有时候为了加速开发进程，累积一些技术债是可以接受的，只要团队充分认识到不久后需要花费更多时间改进有缺陷的设计。如果代码的使用寿命很短，你可能决定不过于深思熟虑地考虑设计。然而，在太多情况下，这样的期望往往成为致命的谬误。所谓的临时代码，经常会进入生产软件，给未来的维护者带来困扰，比如可能在原型中加入的代码。

如果你知道自己在采用快速设计，并计划在未来的迭代中花费时间来解决缺陷，而不只是希望它们不会引起问题，那么推迟彻底的设计思考可能是有意义的。或者，你正在进行一些新颖的、不确定的或探索性的工作，你找到了一个基本上可行的设计，现在就可以满足要求。然而，你迟早需要改进设计，所以请确保你会这样做。

这个决策可以归结为有意识地接受一些技术债，并充分考虑到你以后需要花更多的时间进行预防性维护。也就是说，故意的技术债和无意的技术债是有区别的（Soni, 2020）。如果不纠正设计和代码中的缺陷，将会在后续迭代或运营中使系统的使用变得越来越困难。这些问题会减缓接下去的开发速度，并在以后消耗过多的维护工作。

清除技术债也会给项目带来风险。虽然看起来只是在调整已经运行的代码，但这些改进需要与其他项目代码一样经过验证和批准。为了捕捉糟糕的修复程序，需要进行回归测试和其他质量实践，这超出了代码修复本身所需的时间。代码和设计的重构范围越大，就越有可能意外破坏其他部分。

质量导向设计：现在还是以后

总有比修复现有代码更紧迫的事情需要处理。当客户要求尽快提供更多软件时，经理们可能会发现很难分配资源来偿还技术债。但是，经理必须下定决心偿还技术债。许多软件应用程序存活了几十年，并且具有不断增长且日益脆弱的代码库。正如 David Rice（2016）所指出的那样：

> 与老代码打交道的主要痛点在于修改所需的时间过长。因此，如果你的代码计划有一个较长的生命周期，那你需要确保未来的开发人员在修改代码时感到全身愉悦。

也许“全身愉悦”这个期望值有点像传说中的独角兽一样难以实现，但仍然应该努力构建高质量的软件，让未来的开发人员可以轻松地进行修改。

将预防性维护纳入你的日常开发工作，每次涉及设计和代码时都要改善它们。不要绕过你遇到的质量缺陷，要尽量减少它们。增加预防性维护就像每天刷牙一样；为了减少已经积累的技术债而进行的返工就像定期去洗牙一样。如果你不想让牙医费尽心思地清洁你的牙齿，那么就每天都要好好刷牙。同样地，如果你想长期维护代码，就需要预防性维护。

下一步：质量

1. 重新审视你在本章“初体验”中对质量的定义。你会更改定义吗？如果是，你是否也会改变对产品质量的看法？
2. 确定本章所述内容中的哪些经验与你在软件质量方面的经验有关。
3. 你能从自己的经验中想到任何其他与质量相关的教训吗，值得与同事分享吗？
4. 理解本章描述的每个实践，它们可能是你在本章开头“初体验”中确定的与质量有关的问题的解决方案，每种做法能否改善你的项目团队提高产品质量的方式？
5. 你如何判断第 4 项中的每项实践都产生了预期结果？这些结果对你又有什么价值？
6. 找出任何使你难以应用第 4 项中实践的障碍，如何打破这些障碍，或者能否找到盟友来帮助你实现这些做法？
7. 将流程说明、模板、指导文档及其他辅助工具落实到位，以帮助未来的项目团队有效地应用你所实现的质量最佳实践。

第7章

过程改进

何谓过程改进

你可能还记得本书的第一句话："就我所知，没人敢打包票说自己打造的软件是有史以来最好的。"除非你能真实地做出这个声明，否则你应该一直寻找更好的方法来开发软件项目。这就是软件过程改进（Software Process Improvement，SPI）的全部意义所在。

软件过程改进是什么？为什么要改进？

软件过程改进（SPI）的目标是降低开发和维护软件的成本。它的目的不是生成一大堆流程和程序，也不是为了遵循当前最时尚的过程改进模型或项目管理框架的规定。过程改进是实现目标的手段，目标是优越的商业成果，至于怎样才算是优越的商业成果，由你自己定义。你的目标可能是更快地交付产品、减少返工、更好地满足客户需求、降低支持成本或者所有上述目标。你的团队需要改变工作方式以实现这个目标。这个改变就是软件过程改进。每当你的团队举行回顾会议以获取使下一次工作变得更好的想法时，这就是在为过程改进奠定基础。当你每次应用一种新技术来提高项目的工作效率和效果时，你都是在实践过程改进。

过程改进是实现目标的手段，目标是优越的商业成果，至于怎样才算是优越的商业成果，由你自己定义。

自20世纪80年代末以来，许多组织在各个部门和项目团队中开展了系统的改进工作，取得了不同程度的成功。这些方法通常遵循一个既定的 SPI 模型，如软件能力成熟度模型（Capability Maturity Model for Software, CMM）（Paulk et al.，1995）或其后继者，能力成熟度模型集成（Capability Maturity Model Integration，CMMI）（Chrissis et al.，2003）。全球数以千计的组织，特别是美国政府的供应商，每年仍进行正式的 CMMI 过程能力评估（CMMI Institute，2017）。许多公司发现，系统化的 SPI 方法帮助他们取得了卓越的成果。这就好像他们喝了神奇的变强药水，突然之间，他们的软件开发能力就变得无人能及，让竞争对手望尘莫及。

部分原因是，敏捷开发运动是对很多“成熟度模型驱动的软件过程改进”所做的努力而体现出的烦琐过程的一种回击。事实上，一些早期的敏捷开发方法被称为轻量级方法。敏捷软件开发宣言的第十二条原则是：“团队应定期反思如何变得更有效，然后相应地调整和改进行为”（Agile Alliance，2021c）。这就是过程改进的精髓所在。

莫要惧怕过程

在某些圈子里，“过程”这个词具有负面含义。有时候人们没有意识到他们已经有了一个软件开发过程，即使它被定义得很糟糕或根本没有被定义。有些开发者担心必须遵循明确的过程会束缚他们的风格或扼杀他们的创造力。经理们可能担心遵循特定的过程会拖慢项目进度。当然，以教条主义的方式应用不合适的过程是有可能造成上述后果的，这样做不仅无法增加价值，还不能适应项目和人员的变化。但这并不是强制性的！当过程运作得当时，组织会因他们拥有的过程而取得成功，而不是受其束缚。

明智且适当的过程有助于软件组织取得成功，而不仅仅是合适的人通过努力才能完成一个困难项目。过程和创造力并非互斥。我在写书时遵循一个过程，但这个过程丝毫不限制我在页面上填写的文字。我的过程是一个结构，它为我节省时间，让我的工作有序，并让我朝着按计划完成一本好书的目标持续前进。当我可以依赖现有的过程时，我能将精力集中在手头的问题上，而不是在管理工作上。

尽管在概念上简单，但 SPI 仍具挑战性。让人们承认他们目前的工作方式存在不足并不容易。在项目工作总是很紧迫的情况下，你如何说服团队花费时间来识别和解决改进的领域呢？在面临紧迫的截止日期时，说服经理投资于未来的战略利益是一场艰苦的战斗。改变组织的文化是一项挑战，而 SPI 却涉及了文化变革及技术和管理实践的修改。

让 SPI 成为既定事实

许多 SPI 项目未能产生有效和持续的成果。大型、引人注目的新变革举措闪亮登场，但又悄然消失，没有任何声明或回顾。组织放弃了努力，然后尝试其他不同的方法。我认为，在战略改进方面只有两次失败的尝试机会，然后人们会得出结论认为组织并不是真心想改变。在经历过两次失败之后，很少有团队成员会认真对待下一次变革举措。

成功的过程改进需要时间。组织需要坚持足够长的时间才能获益。几乎任何系统性的改进方法都可以带来更好的结果。然而，如果你中途放弃，即在投资评估和学习之后、变革带来回报之前放弃，你将让你的投资付之东流。因为大规模的过程变革不会很快，所以要学会从小胜仗中获得满足。试着去发现那些可以快速实施的改进措施，解决已知问题，同时也考虑那些长期的、系统性的变革。

管理层领导意见的一致性也是至关重要的。我的一位咨询客户曾感到沮丧。他的组织在基于 CMM 的改进策略上已经取得了很好的进展。然而，一位新任高级经理决定转向另一个方向。他放弃了在 CMM 上的努力，转而采用基于 ISO 9001 质量管理体系的方法。那些曾在 CMM 策略上努力工作的人在看到他们辛勤工作的成果被抛弃时会感到沮丧。在 SPI 活动上的无效挥舞可能会让那些想脚踏实地地把事情做得更好的从业者感到幻灭。除非组织有一个迫切的需要遵循的特定标准（如为认证目的），否则任何用于制定高质量过程的框架都应该是可接受的。

当我开始在一个大型企业部门领导 SPI 项目的新工作时，我遇到了一位曾在该公司类似部门担任过相应职位一年的女士。我问她，你们部门的软件开发人员对这个项目持什么态度。她想了一会儿，回答："他们只是在静候它消失。"如果 SPI 仅被视为最新的噱头，大多数实践者将只是等待把它熬过去，尽管在等待过程中会受其干扰，但他们还是会努力完成他们的本职工作。这不是成功改变的方式。

本章将介绍我在多年的软件过程改进工作中，在我的组织及我咨询客户的组织中学到的九个经验教训。也许它们能帮助你的 SPI 项目取得成功。

初体验：软件过程改进

我建议你在阅读本章中与过程改进有关的内容之前，先花几分钟时间进行以下活动。当你阅读这些内容时，思考它们在多大程度上适用于你的组织或项目团队。

1. 你还没有实现哪些业务成果，这可能表明需要改进软件开发或管理过程？
2. 你的组织在过去的 SPI 项目中取得了多大的成功？如果取得了一些成功，是哪些行动和态度使这些努力取得了回报？是通过应用既定的改进模型还是通过自主研发的方法获得了更好的结果？
3. 识别你的组织在改进软件开发和管理过程方面存在的任何不足或问题。
4. 陈述每个问题对你识别、设计、实施和推广更好的流程和实践的能力产生的影响。这些问题如何阻碍你持续改进构建软件的方式或在产品交付中取得成功的能力？

5. 对于第 3 项中的每个问题，找出引发问题或使问题恶化的根因。问题、影响和根因可能会被混淆，尝试将它们分开，看看它们之间的联系。你可能会发现同一问题存在多个根因，同一根因亦会引发多个问题。
6. 当你阅读本章时，列出任何对你的团队有用的做法。

经验教训 51 管理切忌人云亦云，亦步亦趋

对令人失望的结果感到沮丧是尝试不同方法的强大动力。然而，无论是谁将要采取什么新策略，你都需要对其有信心，相信它很可能解决你的问题。组织有时会转向最新的热门解决方案，作为解决软件挑战的神奇仙丹，这种解决方案往往是软件开发领域的新贵。

一个经理可能读到一个有前途的但可能是被过分吹捧的方法论，然后坚决要求他的组织立即采用该理论来解决存在的问题。我听说这种现象被称为“人云亦云式管理”。也许一个开发人员在听完关于一种新工作方式的会议演讲后充满热情，希望他的团队尝试一下。改进的动力是值得称赞的，但你需要将这种能量引向正确的问题，并在采用之前评估潜在解决方案与你的公司文化的契合程度。

多年来，人们纷纷跃身投入无数新的软件工程和管理范式、方法论和框架。其中包括：

- 结构化系统分析与设计
- 面向对象编程
- 信息工程
- 快速应用开发
- 螺旋模型
- 测试驱动开发
- 统一软件开发过程
- DevOps

最近，敏捷软件开发的诸多变体——极限编程、自适应软件开发、特性驱动开发、Scrum、Lean、Kanban、SAFe 等——都体现了对理想解决方案的追求。

可惜的是，正如 Frederick P. Brooks, Jr.（1995）所生动告诉我们的，没有银弹：“在技术或管理技术方面，没有哪项单一的发展可以在十年内仅靠自己将生产力、可靠性和简单性提高一个数量级。”上述所有方法都有其优点和局限性；所有这些方法都必须由准备恰当的团队和经理应用于合适的问题。在这个讨论中，我将使用一个名为 Method-9 的假设性新

软件开发方法作为例子。

在你确定采用任何新的开发方法之前，问问自己：“是什么阻止我们今天取得更好的结果？”

问题先行，而后方案

关于 Method-9，其发明者和早期采用者在文章和书籍中赞美了它的好处。有些公司之所以被 Method-9 吸引，是因为他们希望他们的产品能更好地满足客户需求。也许你希望更快地提供有用的软件，谁不想呢？ Method-9 可以帮你实现。也许你希望减少软件中困扰客户的缺陷，减少团队因返工而浪费的时间，嘿，同样，谁不想呢？ Method-9 来拯救！这就是过程改进的本质：设定目标，识别障碍，选择你认为可以解决它们的技术。

然而，在你确定采用任何新的开发方法之前，问问自己：“是什么阻止我们今天取得更好的结果？”（Wiegers, 2019f）。如果你想更快地交付有用的产品，那是什么让你的速度放慢了？如果你的目标是软件具有更少的缺陷和更少的返工，那为什么你的产品今天还有这么多问题？如果你的雄心是更快地适应不断变化的需求，那是什么阻碍了你前进的道路？

换句话说，如果 Method-9 是答案——至少根据你读过的那些文章来看——那问题是什么呢？我怀疑，并非所有的组织在抓住看似有前途的解决方案之前，都会进行仔细的根因分析。设定改进目标是一个很好的开始，但你还必须了解实现这些目标的现有障碍。你需要治本，而不是治标。如果你不了解这些问题，选择任何新方法都只是在黑暗中抱有希望地进行尝试。

根因示例

假设你想交付的软件产品比过去的产品更能满足客户的需求。你已经读到，使用 Method-9 的团队中会有一个叫作“愿景导师”的角色，他负责确保产品实现预期的结果。“完美！”你这样认为。“愿景导师会确保我们构建正确的东西，让客户满意是有保障的。”问题解决了，对吧？也许吧，但在进行任何大规模的过程改进之前，我建议你们团队应该了解为什么你们的产品还没有让客户眼前一亮。

根因分析是一种反向思考的过程，多次询问“为什么”，直到找到可以通过精心选择的改进措施解决的问题。先被提出的可能原因也许不是直接可操作的；也可能不是最终的根因。因此，解决最初的原因并不能解决问题。你需要再问一两次“为什么”，以确保你抵达了分析树的顶端。

图 7.1 展示了一张鱼骨图的一部分——也叫作石川图或因果关系图——这是进行根因分析的一种便捷方式。你所需要的工具仅仅是一些感兴趣的涉众、一个白板和一些记号笔。让我们一起看看这张图。

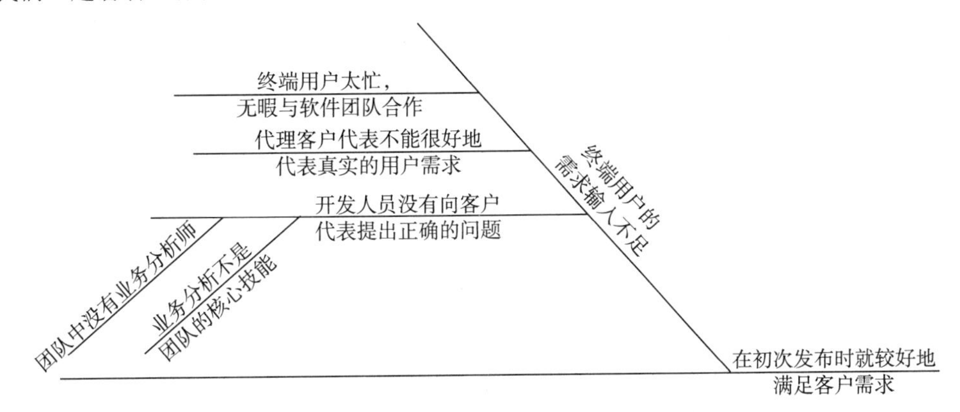

图 7.1：根因分析通常被呈现为鱼骨图

你的目标是，在软件产品初次发布时就能较好地满足客户诉求。将这个目标写在一条长的水平线上。或者，你可以将其表述为一个问题陈述："初次产品发布不满足客户需求。"无论哪种情况，这条长的水平线——鱼骨图中的脊椎线——代表你的目标问题。

接下来，问你的小组："为什么我们还没有满足客户的需求？"现在开始分析。一个可能的答案是，团队没有从终端用户那里获得足够的需求输入——这是一种常见的情况。将这个原因写在从目标陈述线出发的一条斜线上。这是一个好的开始，但你需要更深入地了解才能知道如何解决问题。你问："为什么？"

小组中的一个人说："我们试图与真实用户交谈，但他们的经理说他们太忙了，无暇与软件团队合作。"还有人抱怨，与团队合作的代理客户代表没有很好地表达最终用户的真实需求。将这些二级原因写在从父问题的斜线出发的水平线上。

第三位参与者指出，试图获取需求的开发人员并不擅长向客户代表提出正确的问题。接下来是常见的追问："为什么？"可能有多种原因，包括开发人员在需求方面缺乏培训或兴趣。也可能是因为业务分析既不是核心团队技能，团队也没有专门的相关角色。每个原因都要附在其父问题的新斜线上。

现在，你已经找到了团队当前表现与大家期望之间的障碍。继续进行这种分层分析，直到参与者们认为他们已经了解为什么现在还没有实现期望的结果。我发现这个技巧在聚焦参与者的思考和快速达到对情况的清晰理解方面效果非常显著。图可能会变得混乱；考虑将原因写在便利贴上，这样你可以在探索过程中随时调整它们。

诊断引导治疗

在随后的头脑风暴会议中，团队成员可以探讨解决这些根因的实际方案。然后，你就可以走上取得卓越绩效的道路了。你可能会得出这样的结论：在团队中增加经验丰富的业务分析师可能比采用拥有愿景导师的 Method-9 更有价值。或者，两者的结合可能会被证明是"葵花宝典"。除非你仔细考虑，否则你无法知道答案。

当你思考一种新的开发方法是否适合你时，要看到炒作和流行背后的本质。还要了解与新方法相关的先决条件和风险，然后将这些与对潜在回报的现实评估进行权衡。值得探讨的好问题包括以下几个：

- 你的团队是否需要培训、工具或咨询帮助来开始并维持进展？
- 投入解决方案的成本是否能带来高投资回报率？
- 转型对团队、客户及其各自的组织和业务可能产生哪些文化影响？
- 学习曲线可能有多陡峭？

根因分析可以引导你找到更好的方法来解决你发现的每个问题。如果你没有搞清楚现状与目标之间存在的障碍，当你转向不同的开发策略后，不要惊讶问题依然存在。与其追求被宣传的最热门的新事物，不如尝试进行根因分析。

根因分析所需的时间可能比你想象中要少。这是一项有益的投资，可以有效地集中改进工作。任何医生都会告诉你，在开处方治疗之前了解疾病是一个好主意。

经验教训 52 有什么好处，主语用"我们"而非"我"

当人们被要求使用一种新的开发方法、遵循不同的过程或承担意外的任务时，他们本能的反应是想知道："这对我有什么好处？"这是一种自然的人类反应，但这并不是正确的问题。正确的问题是："这对我们有什么好处？"这个问题中的"我们"可以指团队中的其他成员、IT 组织、公司，甚至整个人类——任何超越个人的范畴。有效的变革举措必须考虑团队的整体成果，而不仅仅是对每个个体的生产力、效率或舒适度的影响。参与及领导改进工作的人应该能够坚定地回答"对我们有什么好处"这个问题。如果对我们有一些重要的价值，那么对我也有好处，因为我是我们的一部分。

要求一个忙碌的项目团队成员做一些额外的事情，比如审查同事的工作，似乎并不能为这个团队成员带来任何直接的好处。然而，这种努力可能会为团队节省的时间总和超过个人投入的时间，从而为项目提供净正收益。让同事检查你的一些需求或代码中的错误确实会占用他们的时间。一次代码审查可能涉及每位参与者两到三个小时的工作时间。这些时间是审查者没有义务付出的。然而，有效的审查揭示了缺陷，前面我们已经说过，早期纠正缺陷总比晚期再进行纠正的成本低。

参与领导及改进工作的人应该能够坚定地回答“对我们有什么好处”这个问题。

团队回报

为了说明团队与个人收益之间的差异，让我们通过一个假想的例子来看看同行评审如何带来巨大的团队利益。假设我的团队中的业务分析师 Ari 已经写了几页需求，附带了一些视觉分析模型和状态表。Ari 请另外两位同事和我审查她的需求。在团队审查会议前，我们 4 个人每人花 1 小时检查材料，审查会议也持续了 1 小时：

准备工作量 = 1 小时 / 审查者 × 4 名审查者 = 4 小时

审查会议工作量 = 1 小时 / 审查者 × 4 名审查者 = 4 小时

总审查工作量 = 4 小时 + 4 小时 = 8 小时

假设我们的审查发现了24个不同严重程度的缺陷，每个缺陷Ari平均需要5分钟来修正：

实际返工时间 = 24 个缺陷 × 0.0833 小时 / 缺陷 = 2 小时

接下来，想象一下，如果 Ari 没有进行这次审查，这些缺陷将会躺在需求集中，只有在开发后期才会被发现。到那时，Ari 仍然需要纠正这些需求，其他团队成员也必须重做基于错误需求的设计、编码、测试和文档编写。这项工作可能需要花费快速修复错误需求的 10 倍时间。如果这些缺陷进入最终产品并被客户发现，返工成本会更高。这个 10 倍的工作量倍增因子让我们可以估算出如果 Ari 和公司没有进行审查，可能产生的返工：

潜在返工时间 = 24 个缺陷 × 0.833 小时 / 缺陷 = 20 小时

因此，这个假设的需求审查可能减少了 18 小时的后期返工时间：

减少的返工时间 = 20 小时潜在返工 − 2 小时实际返工 = 18 小时

这个简单的分析表明，从审查中获得的最低投资回报率为 225%：

同行评审的投资回报率 = 减少的 18 小时返工时间 ÷ 8 小时审查时间 = 2.25 = 225%

这对整个项目团队来说是一个实实在在的好处。即使这对单个参与者来说，没有获得好处，但对于整体来说，我们还是有实打实的收益的。

许多对严格同行评审（称为检查）的好处进行过测量的公司都报告了比这个例子更惊人的结果。例如，惠普公司从其检查项目中测得的投资回报率为 10 ：1（Grady 和 Van Slack, 1994）。IBM 发现，与在已发布的产品中发现缺陷相比，平均每小时的检查可以节省 82 小时的返工时间（Holland, 1999）。与所有技术实践一样，你的实际效果可能会有所不同，但很少有软件工程实践能产生如此高的投资回报率。

个人回报

假设你向不明白为什么要花他宝贵的时间审查你的工作的团队成员解释了这个分析，那他可能会接受你的理由，并认识到他花两个小时进行审查可能为团队带来显著的回报。然而，他仍然觉得这对他个人没有好处。你将如何说服他呢？作为一个经常参与审查的人，我发现从审查别人的工作中得到了很多好处，包括以下几点：

- 每次我在看同事编写的代码时，都能学到一些东西；他们可能使用了我不熟悉的编码技巧，或者他们找到了比我的方法更好的需求沟通方式。
- 我更好地了解了项目的某些方面，这有助于我更好地完成自己的工作；当某个开发人员离开组织时，这也有助于防止关键知识的丢失。
- 审查可以在项目团队间传播知识，从而提高整个团队的绩效；我们有理由期望所有团队成员与同事分享他们的知识；审查是实现这一目标的途径之一。

这些好处是否值得我花时间去审查别人的工作呢？也许不完全值得。但还有另一个好处。在某个时候，我会请一些同事来审查我的工作。作为一个软件开发者和作者，我了解到让不同的同事审查我的工作的巨大价值。他们发现的错误和改进建议总是可以帮助我创造一个更优秀的产品。

别人的审查意见让我意识到我犯的错误类型。反过来，这些知识帮助我在未来的所有交付物上从一开始就做得更好。最重要的是，我参与的集体质量改进活动总是为我的同事和我带来回报。

为团队做件事儿

下次当同事或经理让你在项目上做一些看似对你个人没有好处的事情时，请站在个人利益之上去思考。员工有责任遵循已建立的团队和公司的开发实践。提问“如果我这么做，我们能得到什么好处？”是合理的。请求者有责任解释你的贡献如何让团队整体受益。然后，你需要为团队的共同成功做出贡献。

经验教训 53 痛点是第一更改力

2000 年 12 月，我在出差时不慎踩到冻冰的台阶上摔倒，我的右肩严重受伤。这是我经历过的最剧烈的疼痛。三天后，我终于回到家里，去看了医生，医生告诉我结论——肩袖撕裂[1]。一位物理治疗师给了我一些能在家里做的锻炼的指导。疼痛强烈激励着我去做这些锻炼，以便尽快恢复，尤其是我非常依赖右臂和右手——我的左臂的作用主要是为了人体视觉上的对称。

对于团队和组织来说，痛苦就像个体受伤一样，是一个强大的改变动力。我说的并不是人为的、外部施加的痛苦，比如要求不可能完成任务的经理或客户，而是团队从目前的工作方式中所经历的非常真实的痛苦。鼓励人们做出改变的一种方法是告诉他们，当他们达到 CMMI 5 级或完全实现 Scrum-Lean-Kanban 敏捷化时，花园中将会流淌着阳光，空气中将会充满着花香。然而更有力的动机是提醒他们身后的花园着火了。过程改进应强调首先扑灭火源，然后预防火灾，以此来减少项目带来的痛苦。

为了激励人们参与改进计划，对于减轻痛苦的承诺必须超过付出努力本身的不适。

过程改进活动并不是那么有趣。它们会让团队成员从最感兴趣且能创造业务价值的项目工作中分心。改进工作可能会让人觉得像永远在往上推巨石，因为有很多因素抵制持续的组织变革。为了激励人们参与改进计划，对于减轻痛苦的承诺必须超过付出努力本身的不适。而且在某个时候，参与者必须能感受到痛苦的减轻，否则他们下次就不会加入了。找到组织中的影响者和他们面临的痛点，将这些痛点与改变目标联系起来，那么你就拥有了一个强大的基础来进行改进工作。

啊！痛！

我曾经在一个建设大型公司网站的快速发展团队中领导了 SPI 活动。团队成员被新项目和现有网站增强功能的需求淹没。他们还面临着配置管理问题，使用两个内容相似但并非完全相同的 Web 服务器。这个团队的每个成员都接受了我关于引入实用的变更请求系统和更严格的配置管理实践的建议。他们受够了当前实践带来的混乱和浪费。我们实施的过程在很大程度上帮助减轻了配置管理的痛苦。

---

1 肩袖是由冈上肌、冈下肌、小圆肌及肩胛下肌的肌腱所组成的，并附着于肱骨大结节和解剖颈的边缘。肩袖又称肩胛旋转袖。肩袖撕裂是肩袖部位的一种损伤。——译者注

你如何定义你的组织中的“痛苦”？你的项目经常遇到哪些问题？如果你能找到它们，就可以将改进工作集中在你知道会带来巨大回报的地方。项目痛点的常见例子包括：

- 无法按计划交付产品。
- 发布存在过多缺陷或功能不足的产品。
- 无法跟上变更请求的处理。
- 创建的系统在不进行大量返工的情况下无法被轻松扩展。
- 提供的产品无法充分满足客户需求。
- 处理系统故障，迫使支持人员在半夜工作。
- 与对当前技术问题和软件开发方法理解不足的管理者相处。
- 饱受未被识别或缓解的风险之苦。

任何过程评估活动（团队讨论、项目回顾或外部顾问的评估）的目的都是要识别这些问题领域。然后，你可以确定问题的根本原因，并选择采取相应措施。作为顾问，我提供给客户的观察很少出乎他们意料，这表明客户此前多少已经意识到相关问题的存在，但他们还未花时间去面对和解决由此产生的痛苦。

无形之痛

很久以前，我曾作为客户与一位开发人员 Jean 合作创建数据库和简单查询界面。我们没有书面需求，只是经常讨论系统的功能。有一次，Jean 的经理有点儿生气地打电话给我。“你必须停止这么多的需求变更，”他要求，“因为你提出了太多的变更，Jean 无法取得任何进展。”

这个问题对我来说是个新闻。Jean 从未表示过我们对需求的不确定性是个问题。我的方法给 Jean 带来的困难对我来说是不可见的。如果她或她的经理在一开始就解释了他们更喜欢的流程，我会很乐意遵循它。从那时起，Jean 和我就对如何更有条理地描述我的需求达成了一致，我们取得了很好的进展。

这段经历让我明白，某些项目参与者面临的问题可能对其他人并不明显。这强调了在所有涉众之间清晰沟通期望和问题的必要性。同时，它揭示了本节经验教训的一个重要推论：对于那些不知道自家有鼠患的人来说，很难向他们推销更好的捕鼠器。

如果你没有意识到目前的做法对他人产生的负面影响，那么你可能不会接受改变的建议。任何建议的改变看起来可能都像是在寻找问题的解决方案。因此，SPI 的一个重要方面是识别与过程相关问题的原因和成本，然后将这些信息传达给受影响的人。这些认知可能会鼓励所有参与者采取不一样的做法。

有时候你可以通过小妙招激发这种意识。我把培训课上的学生分成小组，让他们讨论项目团队目前遇到的问题。当小组成员代表不同的角色发表对项目的观点时，这些讨论最有成果：业务分析师、项目经理、开发人员、客户、测试人员、市场营销人员等。在一次这样的讨论之后，一位客户代表分享了一个令人大开眼界的见解。“现在，我对开发人员更加同情了。”她说。这种同情是朝着让每个人受益的更好工作方式迈进的一个良好开端。

经验教训54 欲落新规，怀柔不断

几年前，当我在SPI领域工作的时候，有一个笑话在我们的社区流传开来：

问：需要多少个过程改进领导者来换一个灯泡？

答：只需要一个，但灯泡必须愿意改变。

我听说心理治疗师之间也有类似的笑话。

这确实是真理。没有人能真正改变别人的想法、行为或工作方式。你只能采用一些方法激发他们以不同的方式行事。你可以解释为什么做出某些改变对他们和其他人都有好处，希望他们接受你的论点，并奖励那些做出改变的人。你甚至可以威胁或惩罚那些不愿意做出改变的人，尽管这不是推荐的SPI激励技巧。然而，归根结底，每个人都需要决定他们是否愿意在未来以不同的方式行事。

转舵

要有效地引导一个软件组织（无论是一个小团队还是整个公司）朝着新的工作方式转舵，变革领导者需要在期望的方向上施加持续的、温和的压力（The Mann Group, 2019）。为了确立期望的方向，变革计划的目标必须被明确、清晰地传达，并显示出其对组织的商业成功明显有益。任何组织或个人都很难做出快速、激进的变革。渐进式变革不那么具有破坏性，更容易融入每个人的日常工作。个体需要时间来吸收新的实践和新的思维方式。

领导者还必须从情感角度争取到支持。参与其中的每个人都需要明白他们如何为项目的成功做出贡献。寻找那些愿意接受并能成为倡导者的早期采用者，以便他们能在同行中推广变革。实施和受到变革影响的人必须感觉到他们的声音被听到，而变革并不是被强买强卖的。

如果你是一个变革领导者，以下是一些温和且不懈地施加压力的方法，可保持组织朝着目标迈进：

- 明确变革计划的目标、动机和所追求的关键成果。模糊的目标，如成为“世界级”或“绩效领航员”，并无实际帮助。
- 选择度量方式（关键绩效指标），以展示朝目标进发的进展及这些变革对项目绩效的影响。后者是滞后指标。你发起变革活动是因为相信新方法会带来更好的结果，然而，这些新实践对项目产生影响需要时间；传达积极的指标进展情况有助于坚定参与者的决心。

- 设定切实可行的目标和期望。团队成员会抵制突然改变工作方式的要求，他们可能表面上会配合，但这并不意味着他们真心愿意遵守这一举措或认可其价值。
- 将变革计划视为具有活动性、可交付成果、里程碑和责任的项目，当然，还有资源。为人们提供必要的时间，以便他们能够在承担项目责任的同时进行改进活动。
- 保持变革计划的可见性，使其成为状态汇报会议和报告的常规内容。在进行常规项目跟踪活动的同时，跟踪 SPI 工作朝其目标发展的进度。
- 让人们对承诺执行某些 SPI 活动负责。如果项目工作始终是首要任务，改进行动将被忽视。
- 争取一些早期的小胜利，以展示变革计划已经开始产生成果。明确这些胜利为组织带来的好处。第一个吃螃蟹的团队为其他人铺平了道路。
- 即使是小的成功也应公开展示，可将其作为新工作方式带来回报的证据。通过这种低调、积极的压力，保持实践的可见性，直到它们融入团队成员的个人工作风格和组织运营中。
- 提供新工作方式所需的培训。观察团队成员是否应用了培训，但要接受有学习曲线的现实。人们需要时间将所学应用于有效实践。

变革计划的目标必须被明确、清晰地传达，并显示出其对组织的商业成功明显有益。

培训是对未来绩效的投资。在一场近 2000 人参加的年终回顾会议上，一家企业研究实验室的主管将大量科学家接受实验设计培训视为一项成就。但这并非成就，而是投资。我希望管理层在培训结束几个月后能跟进科学家应用培训的情况，了解他们因为这次培训而做得更好的方面。管理层通常忽略了检查他们的培训投资所获得的回报。

向上管理

过程改进影响到管理者以及技术团队成员。向上管理是任何变革领导者的宝贵技能。如果你是一名变革领导者，可以指导你的管理者在公开场合该说些什么，要关注哪些行为和结果，以及对于结果要给予奖励还是进行纠正。

曾经有个咨询客户非常擅长向上管理。Linda 十分清楚如何将变革项目的价值以与各个管理者产生共鸣的方式呈现，从而容易获得管理者的支持。她知道如何引导管理者公开强调她所领导的变革计划的重要性。Linda 擅长在组织政治中引导关键领导者支持变革项目，同时自己不卷入政治斗争。

一个拥有成功 SPI 项目的组织记录了他们期望管理者在未来展示的态度和行为。图 7.2 展示了其中的一部分期望。无论你是致力于在诸如 CMMI 这样的流程框架中达到更高的成熟度水平，还是在整个组织中实施敏捷开发，管理者都需要了解他们自己的行动和期望如何发生改变。通过身体力行，实践新的工作方式并公开加强它们的管理者向其他所有人传递了持续的、积极的信号，从而加强了文化变革。

- 我同意需求是基本的工作产品的说法。
- 在从项目团队获得承诺之前，我不会对客户的成本和时间表要求做出承诺。
- 即使与客户的要求和压力发生冲突，我也承诺遵循项目规划流程。
- 我帮助解决项目经理和客户之间的冲突项目的优先级问题。
- 我鼓励团队成员在项目规划过程中考虑跨项目的承诺，但不要过度承诺。
- 我要求查看项目状态跟踪数据。
- 我通过消除软件开发过程中的障碍来帮助团队成员。
- 我创建一个以数据驱动的环境，使用相关指标来管理业务。
- 在制定预算时，我会考虑到过程改进的需求。
- 我支持并捍卫向客户介绍软件开发过程。

图 7.2：一个组织定义了一些与软件过程改进有关的管理行为的期望

我父亲曾告诉我，如果我处在一个拥挤的人群中，所有人都试图通过同一扇门，那我只需保持向前迈进，就会到达门那里。我尝试过这个方法，它是有效的。软件过程改进也是如此。保持脚步朝着期望的方向前进，你将稳步朝着更好的工作方式和优越的结果前进。

经验教训 55 众人已载之失，莫要重蹈覆辙

正如我在第 1 章中提到的，我在软件开发方面没有受过太多正规的教育，只是很久以前在大学里上了三门编程课程。然而，从那时起，我通过阅读图书和文章、参加培训课程、出席研讨会和专业学术会议，学到了更多的东西。我通过写下我想回到工作中进行尝试的东西来评价一次学习经历的价值。（我希望你在阅读这本书时也这样做。）最好的学习经历让我了解到我可以与同事分享的技巧，这样我们都能变得更强大。

从别人那里获取知识比自己攀爬每一条学习曲线要高效得多。这就是本书的重点：分享我在职业生涯中获得的见解，以节省你在了解和尝试应用同样的实践时所花费的时间。所有的专业人士都应该花一部分时间获取知识，提升他们在这个不断发展的领域中所需的技能。

我曾加入的一个软件小组每周举行学习会议。每个团队成员轮流选择一篇杂志文章或一个图书章节，并为其他人进行归纳总结。我们讨论了如何将这个话题应用到工作中。参

加会议的其他人会与我们分享亮点。这样的学习会议在团队中传播了大量相关信息。当我加入柯达公司的一个新团队时，他们正通过这种方式逐章阅读我写的第一本书《创建软件工程文化》，当时我感觉有点儿尴尬。然而，我们进行了一些有趣的讨论，他们可以理解我在与他们一起改进开发过程时的观点。

从想法到日常实践的转变总是涉及一条学习曲线。

并非每一种我从会议上带回来的方法都像我希望的那样有效。有一次，一位热情洋溢的演讲者宣扬他在需求收集研讨会上激发创意的技巧。我回到工作中后尝试了他的建议，但结果非常糟糕。但有时也需要做一些努力。有一次，我听到会议演讲者称赞用例的潜力时，我对用例感到十分兴奋。第一次尝试应用用例时，我努力向用户代表解释它们，并使它们发挥作用。我努力克服了最初的困难，在那之后成功地使用了用例。我必须克服在学习新技能过程中的不适，这样才能获得回报。从想法到日常实践的转变总是涉及一条学习曲线。

学习曲线

学习曲线描述了一个人在掌握一项新任务或新技术时，熟练程度如何随着他们的经验而变化。在生活中，我们面临着无数的学习曲线。每当我们尝试做新鲜事物时，就会出现学习曲线。我们不应该期望一种方法从一开始就能发挥其全部潜力。当项目团队尝试使用不熟悉的技术时，他们的计划必须考虑到他们提高速度所需的时间。如果他们没有成功地掌握新的做法，他们投入的时间将打水漂儿。

毫无疑问，你肯定对所掌握的技术组合能让你达到的整体工作表现（也许是生产力）感兴趣。图 7.3 显示，从某个初始的生产力水平开始，你希望通过改进流程、实践、方法或工具来提高这个水平。你的第一步操作是进行一些学习。你的生产力会立即受到影响，因为在你投入学习的时间里，你没有完成任何工作（Glass, 2003）。

随着你花时间创建新流程、努力发现如何让新技术发挥作用、获取并学会使用新工具及提高速度，生产力会进一步下降。当你开始掌握某种新的工作方式后，你可能会看到收益，但也可能会遇到一些挫折——图 7.3 中生产力增长曲线的锯齿部分。如果一切顺利，你最终会从投资中获得回报，享受到提高的效果、效率和质量。在将新实践融入你的个人活动、团队和组织时，牢记学习曲线的现实。一定要抵制住过早放弃的想法，即学习投资开始回报之前就放弃。

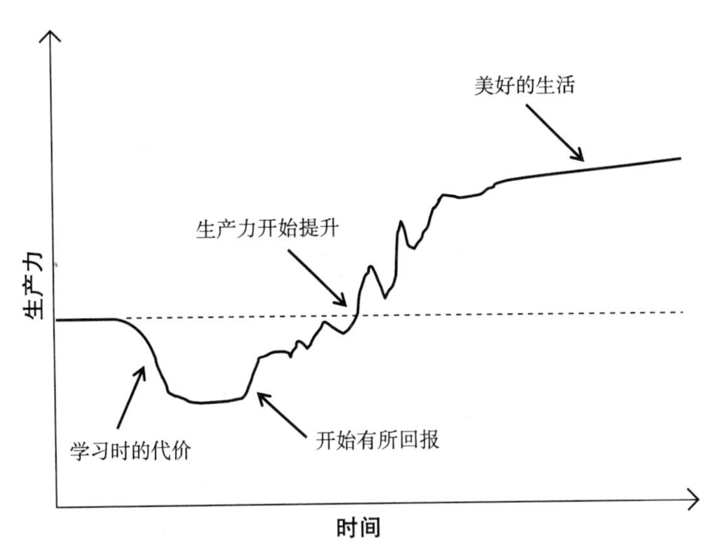

图 7.3：学习曲线在提高生产力前会降低你的生产力

好的实践

我发现一个人抱怨另一个人时很有趣，“他总是认为他的方法是最好的。”他当然会这么想！为什么有人会故意以一种他们知道不是最佳选择的方式做事呢？那太荒谬了。

问题不在于认为你的方法是最好的，而在于你不考虑别人可能有更好的方法，也不愿意向他们学习。我从我遇到的任何来源收集好的想法和有用的技巧。仅仅因为骄傲而拒绝一个明显比我过去使用的方法更好的方法是愚蠢的。

同行评审为观察其他工作方式提供了一个很好的机会。你可能会看到有人使用你不熟悉的语言特性、巧妙的编码技巧或其他能在你的大脑中触发灵感的东西。在一次代码审查中，我发现程序员的注释风格显然优于我的，我立即采用了他的风格，并从那时开始一直使用那种风格。这是一种简单的学习和提高的方法。

人们经常谈论行业最佳实践，这立即引发了关于哪种实践是最好的、为了什么目的、在什么背景下及是谁做出了这个决定的争论。在互联网上搜索，你会找到大量关于软件最佳实践的文章和图书（可将 [Foord, 2017] 作为一个例子）。所有这些都是好东西，但最佳实践是一个绝对的词汇。

我的建议是，积累一个充满良好实践的工具箱。只要一种不同的技术比你现在正在使用的技术更好，就把它放进你的工具箱。例如，在我和 Joy Beatty 合著的《软件需求》（2013）一书中描述了与需求开发和管理相关的 50 多种良好实践。我相信其中一些实践确实是在它们所处领域的最佳实践，但其他人可能不同意。这个观点并不值得争论——对你有效的方法可能对其他人并不奏效。

当你积累了各种工具和技巧时，请保留大部分你成功使用过的工具和技巧。只有当新方法在所有情况下都能产生更好的结果时，才能用新方法替换当前的方法。通常情况下，新旧工具或方法可以共存，你可以根据实际情况在它们之间进行选择。例如，UML 活动图本质上是一个强大的流程图，但有时一个基本的流程图就能展示你需要看到的所有内容，所以要随时准备好这两种工具，并使用能完成工作的最简单的工具。

正如我之前提到的，我是将用例作为需求获取技巧的支持者。在一本关于用例的非常好的书中，作者建议从解决方案的工具组中丢弃某些需求工具："与需求列表一样，我们建议从需求分析师的工具箱中去掉 DFD（Data Flow Diagram，数据流图）"（Kulak 和 Guiney，2004）。我认为这个建议不好，因为在需求分析中，我遇到过很多情况，数据流图在需求分析中是很有用的。为什么不在工具箱中保留各种锤子，以备用于项目工作中遇到的各种各样的钉子呢？

经验教训 56 无招胜有招

我知道，一个项目团队会努力地遵循他们的组织实施的繁重的流程框架。他们通常会专门安排一个人为他们为期六个月的项目编写详细的项目计划，因为他们认为这是流程所要求的。他在项目即将完成之前完成了计划的编写。

这种故事让 SPI 名声受损。这个团队完全没有理解流程的意义：目的不是遵循流程，而是通过应用流程获得比其他方式更好的业务成果。流程应该为你服务，而不是相反。基于经验对具体情况进行调整的合理流程，可以引导团队不断取得成功。人们需要选择、调整规模和适应流程，以便在每种情况下获得最大的效益。流程是一种结构，而不是束缚。

仅仅拥有一个定义明确的流程并不能保证它是合理的、有效的、适当的或具增值效果的。然而，一个流程通常是出于一个很好的初衷而实施的。质疑一个流程总是可以的，但并不总是可以颠覆它。在选择绕过一个流程步骤之前，请确保了解其背后的原理和意图。在受监管的行业中，某些流程步骤被包含在质量管理系统的强制性合规要求中。跳过一个必需的步骤可能会在你试图获得产品认证时引发问题。通常情况下，流程的存在仅仅是因为一些人认为它们对团队的工作和客户的产品有益。

流程与节奏

组织实施流程和方法论是为了提高效率。通常，流程对成功有很大贡献；而有时候则没有。一个流程在编写时可能是有道理的，但在后来的某些情况下可能不太适用。即使出于好的意愿，人们有时也会创建过于复杂和规定性的流程。这看起来像一个好主意，但如果不切实际，人们就会忽略它们。一个明确定义的流程代表了 1.0 版的良好判断，但流程不能取代思考。基于经验而产生的良好判断力有助于明智的实践者知道何时遵循流程是明智的，何时根据他们学到的东西改进流程更为明智。

每当人们不遵循他们“应该”遵循的流程时，有以下三种可能的行动方案：

1. 开始遵循流程，因为这是我们所知道的执行特定活动的最佳方式。
2. 如果流程不能满足你的需求，修改它以使其更有效和实用，然后遵循它。
3. 丢弃流程，停止假装你在遵循它。

有些人对“流程”这个词感到反感。流程只是描述个人和团队如何完成工作。流程可以是随机和混乱的，也可以是高度结构化和纪律严明的，或者介于两者之间。项目情况决定流程的严谨程度。我不在乎你如何构建一个小型网站或应用程序，只要它能正确为客户工作，但我非常关心人们如何构建医疗设备和交通系统。

我的一位咨询客户告诉我：“我们没有流程，但我们有节奏。”这是描述非正式流程的一种好方法。他的意思是，他们的团队没有书面记录的流程，但每个人都知道他们应该执行哪些活动以及如何协同工作，以便顺利进行合作。

与完全没有记录的流程相反的另一个极端是应用系统的改进框架，例如五级 CMMI（Chrissis et al., 2003）。在成熟度 1 级，人们按照他们认为应该执行的方式完成工作。更高的成熟度逐渐引入了更加结构化的流程和衡量标准，并持续改进。五级组织拥有一套全面的流程，团队一直在执行并加以改进。

随着组织达到高成熟度水平，有时会发生有趣的事情。一个在五级组织工作的朋友说：“我们并没有真正遵循一个流程，这只是我们的工作方式。”他们确实有一套明确定义的流程，但我的朋友和她的同事已经内化了流程元素。他们没有有意识地遵循流程的每个步骤。相反，他们根据多年积累的、记录的和共享的经验自动且有效地应用了流程。这是理想的目标。

成为非教条主义者

我相信合理的流程，但重要的是不要教条地遵循过于规定性的流程或方法。正如前面的内容所提到的，我喜欢为各种问题积累丰富的“工具箱”，而不是遵循一个脚本。我在一个通用的流程框架内工作，该框架包含了我发现的有价值的一些优秀实践。多年来，软件界已经创建了许多开发和管理方法，声称能解决所有问题。我喜欢从许多方法中选择最好的部分，并根据实际情况应用它们，而不是严格遵循其中任何一个。

自 20 世纪 90 年代末以来，敏捷软件开发方法飞速发展。维基百科（2021b）列举了不少于 14 个重要的敏捷软件开发框架和 21 个常用的敏捷实践。这些框架的开发者将各种实践组合在一起，期望特定的技术和活动组合能产生最佳结果。

我遇到过一些纯粹主义者，他们似乎非常注重遵循某种方法，比如，Scrum。他们担心放弃或替换某些实践将意味着 Scrum 团队不再真正实施 Scrum。根据《Scrum 指南》中的说法（Schwaber 和 Sutherland, 2020），这是正确的：

> Scrum 框架，如本文所述，是不可变的。虽然可以实施 Scrum 的部分内容，但结果并不是 Scrum。Scrum 只能以其完整的形式存在，并且可以作为其他技术、方法和实践的容器。

没有哪种软件开发方法如此完美，以至于团队不敢根据自己认为可以增值的方式定制它。

发明一种方法的人可以定义该方法的内容——但那又怎样？目标是遵循 Scrum（或其他方法）还是高效、迅速地完成项目工作？我听到有人抱怨某些实践“不太符合敏捷开发的方式”或“违反敏捷开发的基本原则”。我再次问：“那又怎样？”这种特定的实践是否有助于项目和组织实现业务成功？这应该是决定是否使用它的决定因素。没有哪种软件开发方法如此完美，以至于团队不敢根据自己认为可以增值的方式定制它。我是一个实用主义者，而不是纯粹主义者。

敏捷——就像所有流程和方法一样——不是目的本身，它是让业务成功的手段。我建议所有团队成员积累工具和实践，以完成自己的工作，并与他人共同努力实现共同目标。我不关心某个特定的实践是否符合特定的开发或管理理念。然而，这种实践必须是，在考虑到所有影响的情况下，它是完成工作的最佳方式。如果不是，那就做别的事情。

经验教训 57 用文档模板践行自适应哲学

在我认识到创建书面需求集的价值之后，我会汇编一个简单的功能列表，列出客户要求的功能。这是一个很好的开始，但是除了功能，总是有其他与需求相关的重要信息，我不清楚应该把它们放在哪里。后来我发现了软件需求规格（software requirements specification，SRS）模板，它被描述在现已废弃的 IEEE 标准 830 中，“IEEE 推荐软件需求规格实践”。我采用了这个模板，因为它包含了许多有助于我组织不同需求信息的部分。通过经验，我修改了模板，使之更适合我的团队开发的系统。图 7.4 展示了我与我的同事 Joy Beatty 最终创建的 SRS 模板（Wiegers 和 Beatty, 2013）。

1. 引言
    1.1 目标
    1.2 文档约定
    1.3 项目范围
    1.4 参考资料
2. 总体描述
    2.1 产品视角
    2.2 用户类别和特征
    2.3 运行环境
    2.4 设计和实现上的约束
    2.5 假设和依赖关系
3. 系统特性
    3.x 系统特性 X
        3.x.1 描述
        3.x.2 功能需求
4. 数据需求
    4.1 逻辑数据模型
    4.2 数据字典
    4.3 报告
    4.4 数据完整性、保留和处理
5. 外部接口需求
    5.1 用户界面
    5.2 软件接口
    5.3 硬件接口
    5.4 通信接口
6. 质量属性
    6.1 可用性
    6.2 性能
    6.3 安防性
    6.4 安全性
    6.x 其他
7. 国际化和本地化要求
8. 其他要求

附录 A：术语表

附录 B：分析模型

图 7.4：一个丰富的软件需求规格模板包含许多类型的信息

文档模板提供了几个好处。它定义了从一个项目到另一个项目，从一个个体到另一个个体组织信息集的一致方式。一致性使得与这些交付成果一起工作的人更容易找到他们需要的信息。模板还可以揭示文档作者在项目知识方面的潜在差距，提醒他们可能应该包含的信息。我已经使用或开发了许多类型的项目文档模板，包括以下几种：

- 请求提案
- 愿景和范围文档
- 用例
- 软件需求规格
- 项目章程
- 项目管理计划
- 风险管理计划和风险清单
- 配置管理计划
- 测试计划
- 教训总结
- 过程改进行动计划

假设我正在使用图 7.4 中的模板来构建关于新系统的需求信息。我不是从头到尾地完成模板，而是在收集到相关信息时填写特定部分。过一段时间，我可能会发现 2.5 节中假设和依赖关系是空的。这个空白促使我确认是否有一些我应该追踪的关于假设和依赖关系的缺失信息。也许我还没有与某些涉众进行过交流。也许还没有人指出任何假设或依赖关系，但我们应该确定是否存在一些。有些假设或依赖关系可能已经在其他地方被记录下来了——我应该将它们移到这一部分，还是在其中放置指向它们的指针？或者也许真的没有已知的假设或依赖关系——我应该找出来。空白部分提醒我还有工作要做。

我还应该考虑，如果模板中的某个部分与我的项目无关，该如何处理。一个选择是在完成时从我的需求文档中删除该部分。但这个缺失可能会在读者的脑海中引起一个问题："我在这里没有看到关于假设和依赖关系的任何东西。有吗？我最好问问某个人。"或者我可以保留标题，但将该部分留空。这可能会让读者怀疑文档是否已经完成。我更喜欢保留标题，并在该部分写明说明："本项目未确定任何假设或依赖关系。"明确的沟通比含糊的沟通更不容易引起困惑。

从一张空白表单开始制作合适的模板是缓慢的。我喜欢从一个丰富的模板开始，然后根据每个项目的规模、性质和需求进行调整。这就是我所说的"自适应（shrink-to-fit）"。许多既定的技术标准都描述了文档模板。发布与软件开发相关的技术标准的组织包括以下几个：

- 电气和电子工程师学会（IEEE）
- 国际标准化组织（ISO）

- 国际电工委员会（IEC）

例如，国际标准 ISO/IEC/IEEE 29148 包括软件、涉众和系统需求规范的建议大纲及描述性指导信息（ISO/IEC/IEEE 2018）。在线搜索将展示许多可下载模板的来源，这些模板适用于各种软件项目，可以帮助你开始一个项目。

由于这些通用模板旨在涵盖各种项目，所以它们可能不完全适合你。但它们将提供许多关于应包含哪些信息类型以及合理组织这些信息的方式的想法。自适应的概念意味着你可以通过以下方式根据你的实际情况定制模板：

- 删除项目不需要的部分。
- 添加模板中尚未包含的有助于项目的部分。
- 在不引起混淆的情况下简化或合并部分模板。
- 更改术语以适应你的项目或文化。
- 重新组织模板内容以更好地满足你的涉众需求。
- 在适当的情况下，拆分或合并相关交付物的模板，以避免文件过于庞大、文件过度繁殖和冗余。

如果你的组织要处理多个类型或规模的项目，请为每个类别创建一套合适的模板。这比期望每个项目从不适合它们所做的事情的标准模板开始要好。一位咨询客户请我为他们的复杂系统工程项目创建众多流程和相应的可交付模板，这对他们来说效果很好。该客户后来要求为他们创建一套与他们较新、较小的敏捷项目相适应的流程。敏捷项目在最小化文档工作的同时仍然必须记录必要的项目信息，因此我简化了原始的流程和模板。

与其他合理的过程组件一样，一个好的模板将支持你的工作，而不是帮倒忙。

公司之所以成功，并不是因为他们编写了出色的规格说明书或计划，而是因为他们构建了高质量的信息系统或商业应用程序。精心制作的关键文档可以为这种成功做出贡献。有些人对模板持怀疑态度，可能担心它们会对项目施加过于严格的结构。他们可能担心团队会专注于完成模板，而不是构建产品。除非你有合同要求这样做，否则你没有义务填写模板的每个部分。当然，你也没有义务在进行开发工作之前完成模板。与其他合理的过程组件一样，一个好的模板将支持你的工作，而不是帮倒忙。

即使你的组织不使用文档来存储信息，项目仍然需要以某种持久化形式记录某些信息。你可能更喜欢使用清单而不是模板来避免忽略某些重要的信息类别。与模板一样，清单可以帮助你评估信息集的完整性，但它不能帮助你以一致的方式组织信息。

许多组织将需求和其他项目信息存储在工具中，这些工具可为存储的数据对象定义模板，类似于传统文档中的各个部分。用户可以根据工具数据库中存储的内容生成所需的文档并将其作为报告。使用该工具的每个人都应认识到，该工具是当前信息的最终存储库，生成的文档代表数据库内容在某个时间点的快照，明天可能就过时了。

我珍视简单的工具，如模板、清单和表格，它们让我免于在每个项目上重新思考如何开展工作。我不想仅出于形式而创建文档，也不想在不增加工作价值的流程上花费时间。经过深思熟虑的模板提醒我和我的同事，我们可以如何最有效地为项目做出贡献。对我来说，这似乎是一种合理的结构化过程。

经验教训 58 不要祈祷下一个项目会更好，好好学习来得更实在

我所居住的城市最近遭受了一场严重的冰雹风暴。在停电期间，我的全电动房子中的壁炉和发电机都不能工作了，屋里相当寒冷。我和我的妻子准备得很充分，所以我们渡过了这个难关。然而，当电力恢复后，我开始思考如何为下一次紧急情况做好更充分的准备。我购买了几件能让我们在长时间停电期间更安全、更舒适的物品，更新了我的食物储备和准备计划，并调整了我的应急检查清单。

对事件进行反思，以便学习如何更好地应对下一次发生的事件，这个过程被称为*回顾*。所有软件项目团队都应在开发周期（发布或迭代）结束时、项目结束时及出现一些令人惊讶或破坏性事件时进行回顾。

往回看

回顾是一个学习和改进的机会。它是团队回顾所发生的事情，识别哪些方面做得好，哪些方面没有做好，并将所得到的经验融入未来工作的机会。一个不投入时间进行反思的组织，是把对未来更好表现的渴望建立在希望上的，而不是建立在基于经验指导的改进上的。

回顾在软件世界中也被称为项目后评审、行动后评审。在这个领域的开创性资源是 Norman L. Kerth 编写的《项目回顾》(2001)。回顾试图回答四个问题：

1. 我们做得好的地方是什么，我们希望重复这样做？
2. 哪些方面做得不好，我们下次应该有所改进？
3. 发生了什么事让我们感到惊讶，可能会成为我们未来需要考虑的风险？
4. 是否有我们尚未理解的事情，需要进一步调查？

另一种引导这次讨论的方式是问回顾参与者：“如果我要开始一个与你刚刚完成的项

目类似的新项目，你可以给我什么建议？”这些来自前辈的明智建议有助于回答上述四个问题。

进行回顾时必须充分考虑并尊重所有参与者的意见。

回顾更多的是人际互动，而不是技术活动。因此，进行回顾时必须充分考虑并尊重所有参与者的意见。回顾并不是一个批评别人的机会，而是一个了解我们下一次如何做得更好的学习机制（Winters et al., 2020）。重要的是要客观地探讨发生了什么及如何不产生负面影响。参加回顾的每个人都应该记住 Kerth 提出的首要原则：

> 无论发现了什么，我们都必须理解并真正相信，每个人都在他或她的认知范围内，根据他或她的技能和能力、可用资源和手头的情况，尽力做到最好。

敏捷开发社区通过将回顾纳入每次迭代，拥抱了持续学习、成长和适应的理念（Scaled Agile, 2021d）。回顾一下敏捷软件开发宣言的原则之一，“团队应定期反思如何改善效果，并相应地改变和调整其行为”（Agile Alliance, 2021c）。敏捷的短迭代周期为提高即将到来的迭代性能提供了很多机会。对于相对较新的敏捷开发团队或正在过渡到不同敏捷框架的团队，将从早期迭代中学到很多东西。Esther Derby 和 Diana Larsen（2006）合著的《敏捷回顾》一书描述了三十种活动，你可以从中进行选择，为你的团队量身定制一个合适的回顾体验。

将你在回顾中投入的时间与项目工作的规模、进展情况及需要学习的内容进行平衡。敏捷开发团队可能需要在两周的 Sprint 结束时花费 30 到 60 分钟进行反思。Kerth（2001）建议在一个大型项目团队中，如果以前没有进行过回顾并遇到了需要探讨的重大问题，最多可以花费三天时间进行回顾。我主持过几次持续半天的回顾。提高未来绩效的潜在杠杆越大，回顾过去所花费的时间就越值得。

回顾的结构

回顾并不是一个自由形式的抱怨会议。它涉及结构化和限时的一系列活动：计划、启动活动、收集信息、确定问题优先级、分析问题以及决定如何处理信息（Wiegers，2007；Wiegers，2019g）。图 7.5 展示了回顾的主要输入和输出。团队成员贡献了他们对项目开发过程的回忆：什么时候发生了什么事及事情是如何发展的。征求项目中每个参与者的意见是个好主意，因为每个参与者的观点都是独特的。我喜欢从积极的方面开始：让我们骄傲地记住我们有效地做了哪些事情及是如何互相帮助取得成功的。

在一个安全、不带评判性的环境中，回顾参与者还可以分享他们的情感起伏。有人可能会因为项目的延迟交付影响了他们履行承诺的能力而感到沮丧。另一个团队成员可能会对同事提供的额外帮助表示感谢。也许人们会感到非常紧张，因为已经不乐观的时间表被缩短到更不切实际的水平，他们不得不筋疲力尽地努力按时交付。团队的幸福感是项目成功的重要贡献者。在回顾期间解决情感因素可以提高每个人的幸福感和工作满意度。

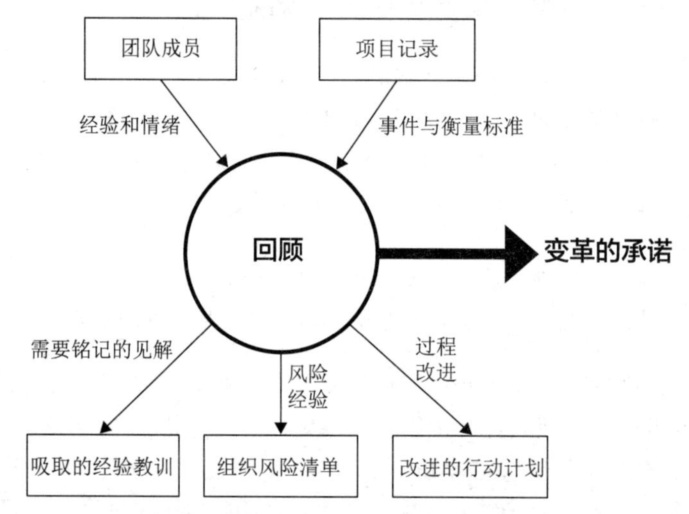

图 7.5：回顾性地收集项目经验和指标，以产生经验教训、新的风险、改进行动及团队承诺，以进行有价值的改变

回顾参与者可以为团队带来在常规软件度量维度中收集的任何数据。

- 大小：计算需求、用户故事和其他项目的数量和规模。
- 工作量：计划和实际的任务工时。
- 时间：计划和实际的任务的日历持续时间。
- 质量：缺陷计数和类型、系统性能和其他质量属性的度量。

所有这些输入都为团队提供了深入了解工作进展及参与者对项目的看法的素材。

图 7.5 中显示的回顾输出可分为几个类别。首先是你希望为后续开发周期记住的经验教训。你可以制作一定要再次执行的事项清单，团队不应再次执行的事项清单，以及下次应以不同方式执行的事项清单。如果你的组织维护一个经验教训库，请将回顾中选择的项目添加到该库中，以帮助未来的项目。

令人不悦的意外应被填充到你的组织的候选风险主列表中，每个团队都应该研究这些列表。（请参阅经验教训 32。）未能充分缓解的项目风险及其他未按预期进行的事情表明，这是开始进行过程改进行动的良好起点。回顾中最重要的输出是团队对改进工作的承诺（Pearls of Wisdom，2014b）。

回顾之后

回顾本身无法改变下一次的情况——它必须融入持续的 SPI 活动中。要实现更好的未来，需要一个行动计划，列出团队在下一个开发周期之前或期间应该探索的过程改进。负责回顾项目的人需要花时间探索解决过去问题的方法。这段时间他们无法从事项目任务，因此改进工作必须被添加到项目进度中。如果项目团队进行回顾，但管理层没有提供解决所识别问题的资源，那么回顾就毫无用处。

在开发周期中没有停工时间的团队将没有机会反思、学习和重塑他们的能力（DeMarco，2001）。因此，请在项目进度中留出一些时间，让人们接受培训和进行尝试，以便有效地应用新的实践、工具和方法。如果你不投入这些时间，就不应该期望下一个项目进行得更顺利。进行回顾而不做任何改变浪费了时间，会让参与者感到沮丧。

回顾并非免费的——它需要时间、努力，甚至可能需要资金。然而，这种投资在团队未来的所有工作中能得到更多回报。回顾与持续改进相结合，会促使已知痛点得到改变。当管理团队致力于持续提高能力时，他们会将回顾视为实现这一目标的强大工具。

在企业文化能够邀请、倾听并采纳坦诚反馈的情况下，回顾具有价值。回顾仪式将一群人聚集在一起，从比任何单个参与者都更广泛的视角观察他们共同的经历。当这个团队的成员回顾刚刚结束的工作时，他们可以设计一种新的前进方式，他们预计这将使他们的专业工作达到更高的水平。成功回顾的最终标志是它导致了持续的变化，这是对团队花时间反思过去事件的持久投资回报。

经验教训 59　软件行业总在做无用功

当我还在柯达公司工作时，公司举办了一次年度内部软件质量大会。有一年，我受邀担任大会策划委员会成员。我要求查看公司这项会议的流程手册，以了解如何策划和举办这次会议。他们的回答是："我们没有。"

我当时感到非常震惊。在我所能想到的各种团队中，我认为由质量和过程改进专家所领导的团队应该是最擅长积累流程、清单和从过去经验中吸取教训的。这种资源在你有一个年复一年不断更迭的人员组成时特别有价值，就像我们当时一样。策划团队每年都必须重新考虑如何策划和举办会议，从头填补所有空白。多么低效啊！（参见经验教训 7。）在我担任委员会成员的那一年，我们开始编写一本流程手册。我只能希望后来参与会议的人员能参考这份资源并保持其更新。

这段经历突显了软件行业中一个非常普遍的现象：人们总在一个项目一个项目地重复

过去的错误（Brössler, 2000；Glass, 2003）。（某些作者经常在他们的书中引用哲学家 George Santayana 的名言："遗忘过去必将重蹈覆辙。"但我在这里不会这么做。）我们有无数关于软件行业最佳实践和各种主题教训的图书——包括本书。关于软件工程和项目管理的各个方面，已有大量的文献。然而，许多项目仍然陷入困境，因为它们没有实践我们所知道的一些有助于项目成功的活动。

学习之益

Standish Group 自 1994 年以来，每隔几年就会发布一次其 CHAOS 报告。CHAOS 不是一个单词，而是一个巧妙的缩写，意为原创软件的综合人力评价（Comprehensive Human Appraisal for Originating Software）。基于数千个项目的数据，CHAOS 报告显示了最近项目中成功、以某种方式受挑战或失败的百分比。成功的定义是，在大致按时、按预算完成的基础上，实现客户和用户满意度（Standish Group, 2015）。CHAOS 报告的结果多年来一直在变化，但完全成功的项目比例仍然难以超过 40%。也许更令人沮丧的是，年复一年，部分相同的因素导致了受挑战和失败的项目。

结果的观察模式是通往新工作范式的一条途径。例如，分析瘫痪和长期项目中过时的需求有助于推动渐进式开发。一些 CHAOS 报告数据显示，敏捷开发项目的平均成功率高于瀑布式开发项目（Standish Group, 2015）。

一名初级程序员与一名熟练软件工程师之间，还有着巨大的鸿沟。

软件开发不同于其他技术领域，因为至少在某种程度上，在这个领域可以通过较少的正规教育和背景来进行工作。没有人会请一位业余医生为他们摘除阑尾，但许多业余程序员能具有足够多的知识来编写小型应用程序。然而，一名初级程序员与一名能够与他人合作执行大型复杂项目的熟练软件工程师之间，还有着巨大的鸿沟。

如今，许多年轻的专业人士通过计算机科学、软件工程、信息技术或相关领域的学术项目进入这个行业。无论是接受正规教育还是自学，每位软件专业人士都应该持续补充不断增长的知识体系，并学会如何有效地应用。软件领域的许多方面变化迅速。跟上当前技术的发展步伐就像在跑步机上奔跑。幸运的是，像我在这里收集的见解，随着时间推移，仍具持久性。

每个软件组织都会积累一套非正式的、基于经验的本地化知识。我建议组织将这些从痛苦经历中获得的知识记录在一个经验教训的收藏集中（Wiegers, 2007），而不是以口头的传统形式在篝火旁传播。谨慎的项目经理和软件开发人员在开始新的努力时，会参考这些收集到的智慧。

思考之益

在我职业生涯初期当研究科学家时，我认识了一位名叫 Amanda 的科学家。当 Amanda 开始一个新的研究项目时，我有时发现她会靠在办公室椅子上，盯着天花板。她在思考。Amanda 认真研究公司的内部技术文献，了解与类似项目有关的信息。在开始实验之前，她会尽可能多地了解问题领域以及过去哪些方法奏效，哪些方法没有作用。Amanda 的实验耗时又昂贵；她不想走错方向。她对先前研究的钻研使她成为一名高效的科学家。对 Amanda 的观察让我认识到了在一头扎进一个新项目前，先从行业历史及内部经验中进行学习的重要性。

本章讨论了软件过程改进。个人、项目团队和组织都需要不断提升他们的软件工程和管理技能。五级过程成熟度模型的初始目标是建立可以从一个项目到另一个项目，从一个团队到另一个团队复刻成功的过程。无论组织选择哪种特定的方法论或框架来构建其改进工作，我相信每个软件开发组织都希望能够取得持续的成功。

下一步：软件过程改进

1. 确定本章所述内容中的哪些经验与你在软件过程改进方面的经验有关。
2. 你能从你自己的经验中想到任何其他与 SPI 相关的教训吗，它们值得与同事分享吗？
3. 找出你的三个最大痛点问题，并进行根因分析，以揭示你可以针对哪些因素进行一些初步改进？
4. 理解本章描述的每个实践，它们可能是你在本章开头“初体验”中确定的与软件过程改进有关的问题的解决方案，每种做法能否提高项目团队的效率和效能？
5. 你如何判断第 4 项中的每项实践都产生了预期结果？这些结果对你有什么价值？
6. 找出任何使你难以应用第 4 项中提到的实践的障碍，如何打破这些障碍，或者能否找到盟友来帮助你实现这些做法？
7. 将培训、材料、指导文档及其他资源落实到位，以帮助未来的项目团队更成功地开展过程改进活动。

第8章

然后呢

到目前为止，我们已经介绍了很多内容。我与你分享了自我五十年前开始编程以来关于软件工程和项目管理的59个经验教训。这些教训分为6个领域：需求、设计、项目管理、文化与团队协作、质量、过程改进。当然，还有其他我在这里没有涉及的软件开发的重要方面，包括编码、测试和配置管理。

现在，我只有一个问题要问：阅读这本书后，你将在哪些方面变得有所不同？

如果你完成了每章的“初体验”和“下一步”，你应该在这6个领域列出了项目团队或组织的问题清单。也许你分析了每个问题以了解其根本原因和影响。你可能已经确定了解决这些问题可能带来的好处。我希望你已经写下了许多可以解决这些问题并为你的项目和客户增值的实践方法。

每当有人学习完，却没有做任何与以往不一样的事情时，他们就无法从学习投资中获得价值。我希望你能从阅读这本书所投入的时间中获得高回报。这意味着你需要选择接下来的行动。在我们探讨如何做到这一点的一些想法时，请牢记最后一个教训。

经验教训60 一口气吃不成胖子

无论你确定了多少个痛点问题、改进想法或期望的目标，人和组织只能以有限的速度接受变革。我知道一个由20人组成的高度积极的项目团队，他们同时进行了7个主要的改进活动。优先次序不明确，资源分摊得很薄。尽管他们充满热情，但在变革过程中，这个团队几乎没有取得什么成果。此外，同时改变太多事物——一个多变量实验——会让人难以判断哪种改变产生了观察到的结果。

所有的个体都有以自己的速度改善结果的能力。然而，管理层强制实施的大规模变革计划可能会让受影响的人不堪重负。一次尝试改变太多事情会让人们在试图理解和遵循新的策略时，难以完成项目工作。自下而上的改进计划更容易管理变革的速度。尽管低层努力在团队层面可以运作得很好，但在这个层面之外，很难在没有管理层协助的情况下影响相关团队。正如 Mary Lynn Manns 和 Linda Rising 在《拥抱变革：从优秀走向卓越的 48 个组织转型模式》一书中所解释的那样：

> 自下而上的变革侧重于参与和让人们了解正在发生的事情，以便尽量减少不确定性和抵触。根据我们的经验，我们认为变革最好是自下而上引入的，在适当的时候得到管理层——无论是当前层级还是更高层次的支持。

与个人成长一样，软件过程改进也是一段旅程，而不是一个终点。它是一个循环，而不是一条直线。有很多方法可以描述变革周期。也许最著名的是质量改进先驱 W. Edwards Deming 博士的"计划 - 执行 - 检查 - 处理"(Plan-Do-Check-Act)，也称为休哈特循环(Shewhart Cycle)(Praxis，2019；American Society for Quality，2021d)。图 8.1 展示了一个类似的改进周期，我更喜欢这个周期而不是 Deming 的周期。

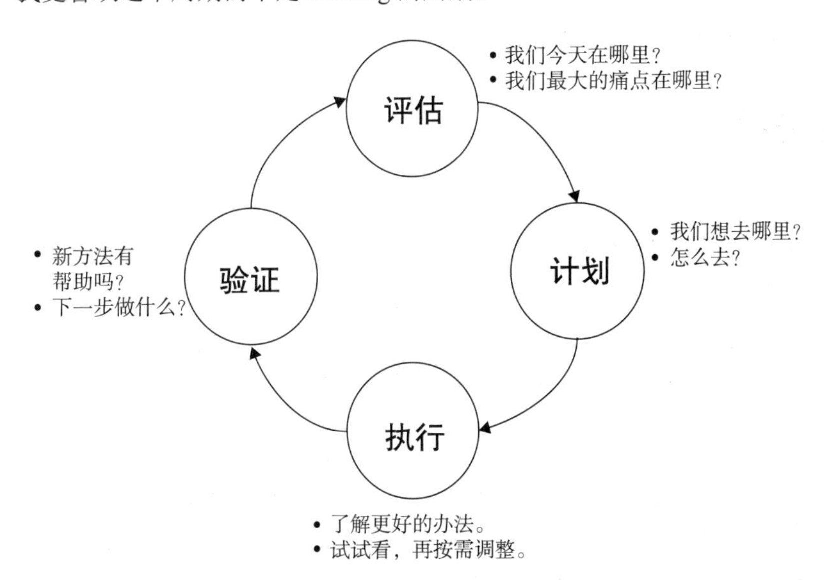

图 8.1：一个典型的过程改进周期有四个步骤——评估、计划、执行、验证

第一步：评估。了解目前的状况——你的项目目前取得的成果以及事情进展得如何；确定最大的问题领域和最大的改进机会；完成前 6 章中的"初体验"相当于进行了一次非正式的评估活动。

第二步：计划。确定你希望在未来达到的目标——商业和技术改进的目标；规划一张从现在到未来的计划蓝图；本书中的"下一步"建议了一些开始规划通往更理想未来的起点。

第三步：执行。现在来到了困难的部分——做一些不同的事情。你需要了解可能带来更好结果的实践和方法，尝试在一个愿意接受变革的团队中进行试点活动，并进行调整，使其适应你的环境。保留有效的方法，修改、替换或丢弃无效的方法。

第四步：验证。让新技术生效，然后检查它们是否带来了你期望的结果。改变策略和方向需要时间，要有耐心，学习曲线是不可避免的。更好的商业成果是衡量你的项目方法是否有效的长期但滞后的指标。尝试定义一些临时指标，以判断你尝试的方法是否看起来有回报。

请记住，改变是一个循环过程。总会有其他事情需要处理。在每个循环结束时回到评估步骤，审视你的新情况，然后选择下一轮的变革活动。

软件过程改进是一段旅程，而不是一个终点。它是一个循环，而不是一条直线。

确定优先级

专注是任何变革计划中的关键词。你可能想到了更多你想要进行的改变，但时间有限。你需要确定优先级，以便将精力集中在获得最大收益的地方。然后，你必须抽出时间来实际实施每一个改变。

从你可能改进的领域列表中选择最紧迫的问题，从明天开始着手解决。

永远没有方便进行过程或质量改进活动的时候。除非你有意腾出时间，否则永远不会有闲暇时期，其他事情总在进行中。但是，如果你不采取第一步进行变革——作为个人和组织——你将无法取得进展。每个人都应该花一些时间来学习如何改进自己的表现。从你可能改进的领域列表中选择最紧迫的问题，从明天开始着手解决。拿出吃奶的劲儿：从明天开始！

回顾一下你在本书每一章的“初体验”和“下一步”中做的笔记。你在哪些方面看到了一些改进，在哪些方面减少不愉快结果会最令人满意？哪些变化可以为你的组织带来最大的商业价值？哪些变化在合理的精力和资金投入下是最容易实现的？

在确定了最主要的问题领域后，你需要选择具有较高回报率的可能解决方案。本书中描述的数十种实践为你提供了一些想法。我提供了许多参考资料，你可以从中了解更多关于那些看似有前途的实践。在根据重要性、紧迫性和成本对行动进行优先级排序时，从可以快速实施的变更开始，或者从那些能很快产生最大影响的变更开始。寻找那些低悬的果实，迅速取得成功——并庆祝这些成功。当团队看到他们正在取得进展并开始收获成果时，这是一种激励。这证明了在他们的世界中，变革是可能的。

现实查验

在考虑你认为会产生更好结果的行动时，请牢记我作为顾问所采用的一种理念。在我给客户提供建议之前，我会进行一个小小的心理检查，以确认我提出的行动满足以下两个标准：

1. 必须具有很高的解决客户问题的可能性。
2. 在客户的环境中必须是实际可行的。

这种现实查验可确保我提供了明智的建议，而不是为客户在项目或文化上建议了不适当的内容。我建议你在对自己或你的组织推荐任何变革前都应用同样的过滤器。

考虑一下组织可能已经准备接受哪些变革，以及在解决它们之前应该等待一些文化或技术的变革。第 5 章指出了健康和不那么健康的软件工程文化的一些特点。由于文化变革需要的时间比实施新的技术实践要长，领导者应该在早期就开始引导文化朝着理想的方向发展。这将为团队在以后吸收更大转变奠定基础。

我建议你采取系统的方法，即使在个人层面上也是如此。当我开始一个新的开发项目时，我总是会确定两个我想要改进的软件工程或项目管理领域。它们可以是单元测试、估计、算法设计、同行评审、构建管理或其他任何内容。当我在每个项目中工作时，我会分配部分时间来学习关于我选择的主题。我可能会参加培训课程或会议。我会寻找应用我所学到的知识的机会，认识到确定如何有效应用它需要一些努力。我现在还在以同样的方式继续我的录制歌曲的爱好。对于每首歌，我都尝试学习更多关于在吉他上演奏的知识、录音和制作技巧及在我的录音软件中使用大量功能。这样，我制作的每一首歌都比之前的一首稍微好一些。

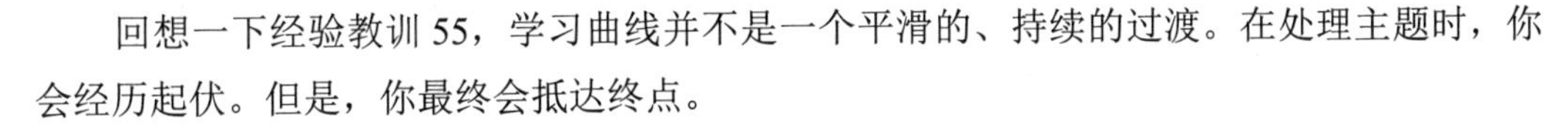

回想一下经验教训 55，学习曲线并不是一个平滑的、持续的过渡。在处理主题时，你会经历起伏。但是，你最终会抵达终点。

行动规划

变革不会自动发生。只确定优先事项和选择改进行动是不够的。如果你认真对待变革，就必须把它当作一个具有目标、计划、资源、状态跟踪和问责的项目。根据你所探讨的变革范围，你可以为自己、项目团队或整个组织制订行动计划。对于负责领导组织范围内的改进计划的人来说，《软件过程改进简明实践》这本书会很有帮助（Potter 和 Sakry, 2002）。简单一点儿——但仍然有结构——的方法在个人和团队层面上可运作得很好。

图 8.2 展示了一个简单的行动计划模板。展望未来的一周、大约一个月和大约六个月。列出你想在这些时间段内尝试的新技术或管理实践。描述你认为可以应用它们的情境以及你期望的效益。也许你需要更多资源来帮助你学习如何应用这些新实践，例如培训、工具、书籍或咨询帮助。有些实践只适用于你个人的工作，但其他实践会影响到多个团队，因此请考虑在每次变革中你需要与谁合作，考虑可能阻碍成功实施新事物的障碍也很有帮助。然后试着找到可以帮助打破这些障碍的盟友。

	下周	下个月	下半年
尝试的新实践			
可能适用的场景			
期望获得的收益			
可能需要的帮助或其他信息			
可能需要与谁合作			
阻碍成功的绊脚石			
谁能清理绊脚石			

图 8.2：一个简单的行动规划模板帮助你计划近期、中期与长期的改进行动

进行一些计划可大大增加你成功实施变革的概率。然而，这里有一个陷阱需要注意。回顾图 8.1 所示的变革循环：评估、计划、执行、验证。我见过太多组织在评估当前现状、确定改进后的未来状态及规划如何实现这一目标方面做得很好，但在执行阶段却陷入停滞。这是最困难的部分，迫使自己从当前项目工作中抽身，执行行动计划中的事项并将其完成。无论出于何种良好意图，未能付诸实践的改进行动计划都是无用的。因此，请注意继续按照你和你的团队成员以往的工作方式进行工作的习惯，那不是通向更好业务成果的途径。

你自己的经验教训

每位经验丰富的软件专业人士都从他们的经验中积累了一系列教训。这本书包含了我收集到的许多经验教训；我相信你们也有自己的经验教训。考虑让你的团队齐心协力，沿着本书教授的线索汇集他们的关键见解。思考一下如何在组织内部分享这些教训，以加速每个人的学习过程。你的下一步工作将是基于这些收集到的经验教训，选择那些能为你的团队带来更好成果的实践。

构建一个学习型、不断进步的组织，始于那些已经内化了从自身经验中凝练智慧珍珠，并与他人分享价值观的个体。我希望你能抓住这个机会，将你在这里读到的部分内容付诸实践。邀请你的团队成员加入你的队伍，这可能会是一段有趣的旅程。

附录A

经验教训划重点

需求

1. 如果需求没搞对，再怎么执行项目剩下的部分都无济于事。
2. 需求开发的关键成果是共同的愿景和理解。
3. 项目各方涉众的利益在需求方面交汇得最多。
4. 以用途为中心的需求策略比以功能为中心的策略更能满足客户需求。
5. 需求开发需要迭代。
6. 敏捷需求与其他需求没有区别。
7. 记录知识的成本远小于获取知识的成本。
8. 需求开发的首要目标是清晰有效的沟通。
9. 需求质量的好坏取决于诉求方眼中的判断。
10. 需求必须足够好，才能让构建的过程在可接受的风险水平下进行。
11. 人们不仅仅是在收集需求。
12. 需求的提炼必须让客户的声音紧贴开发者的耳朵。
13. 两种常用的需求提炼方法是他心通和天眼通；但它们都不管用。
14. 一大群人都无法达成共识立即离开一个着火的房间，更别说在一个需求的措辞上达成一致了。

15. 在决定要包含哪些功能时，避免以嗓门排优先级。
16. 没有经过记录和达成一致的项目范围，你如何判断它是否在悄无声息地扩大？

设计

17. 设计需要迭代。
18. 在更高层次的抽象中，迭代成本更低。
19. 让产品易于正确使用，难以错误使用。
20. 你无法优化所有理想的质量属性。
21. 一丈设计抵得上一仞重写代码。
22. 许多系统问题都出现在接口上。

项目管理

23. 工作计划必须考虑摩擦。
24. 不要随意给出估算。
25. 冰山总是比看上去的要大。
26. 当有数据支撑你的论点时，你的谈判更有优势。
27. 除非你记录估算并将其与实际情况进行比较，否则你永远都只是在猜测，而非估算。
28. 不要根据接收者想听到的内容改变估算。
29. 远离关键路径。
30. 任务要么全部完成，要么未完成，没有部分完成一说。
31. 项目团队在范围、排期、预算、职员和质量五个方面至少有一个方面需要有一定的灵活性。
32. 如果你不控制项目风险，风险就会控制你。
33. 客户并非总是对的。
34. 在软件领域，我们假设得太多了。

文化与团队协作

35. 知识并非零和。
36. 无论别人给你施加多大压力，你永远不要承诺自知无法实现的事情。
37. 没有进行培训和更好地进行实践，别指望生产力会神奇地提高。
38. 人们经常谈论他们的权利，但每个权利背后都有责任。
39. 很短的物理距离就足以阻碍沟通和合作。
40. 适用于小型同地团队的非正式方法并不具有良好的可扩展性。
41. 不要低估改变组织文化的挑战，因为它正在朝着新的工作方式迈进。
42. 如果你和不讲道理的人打交道，任何工程或管理技巧都行不通。

质量

43. 在软件质量方面，你可以现在花一些钱，或者以后花更多钱。
44. 高质量自然会带来更高的生产力。
45. 组织永远没有时间正确地构建软件，但他们之后会找到资源来修复它。
46. 当心烂货水沟。
47. 永远不要让你的老板或客户说服你做一项糟糕的工作。
48. 力求让同行而不是客户发现缺陷。
49. 软件开发人员热爱工具，但是一个拿着工具的傻瓜就是一个被放大的傻瓜。
50. 今天的“必须立即完成”的开发项目，到明天就会发展为维护的噩梦。

过程改进

51. 当心“人云亦云式管理”。
52. 不要问“对我有什么好处？”而要问“对我们有什么好处？”
53. 改变人们工作方式的最佳动力是让人们感受到痛苦。
54. 在引导组织朝新的工作方式迈进时，要持续施加温和的压力。
55. 你没有时间去犯每一个你的前辈已经犯过的错误。

56. 良好的判断力和经验有时比明确定义的过程更重要。

57. 对文档模板采用自适应的哲学。

58. 除非你花时间学习和改进，否则不要指望下一个项目比上一个进行得更顺利。

59. 软件行业取得的最显著的可重复性就是一遍又一遍地做同样低效的事情。

通用

60. 你不能一次改变所有的事情。